程序员 的 数学基础课

从理论到 Python 实践

黄申◎著

U0344680

人民邮电出版社

北京

图书在版编目（ＣＩＰ）数据

程序员的数学基础课：从理论到Python实践 / 黄申
著. -- 北京 : 人民邮电出版社, 2021.3（2021.5重印）
ISBN 978-7-115-55361-4

Ⅰ．①程… Ⅱ．①黄… Ⅲ．①电子计算机－数学基础
Ⅳ．①TP301.6

中国版本图书馆CIP数据核字(2020)第229054号

内 容 提 要

  本书紧紧围绕计算机领域，从程序员的需求出发，精心挑选了程序员真正用得上的数学知识，通过生动的案例来解读知识中的难点，使程序员更容易对实际问题进行数学建模，进而构建出更优化的算法和代码。本书共分为三大模块："基础思想"篇梳理编程中常用的数学概念和思想，既由浅入深地精讲数据结构与数学中基础、核心的数学知识，又阐明数学对编程和算法的真正意义；"概率统计"篇以概率统计中核心的贝叶斯公式为基点，向上讲解随机变量、概率分布等基础概念，向下讲解朴素贝叶斯，并分析其在生活和编程中的实际应用，使读者真正理解概率统计的本质，跨越概念和应用之间的鸿沟；"线性代数"篇从线性代数中的核心概念向量、矩阵、线性方程入手，逐步深入分析这些概念是如何与计算机融会贯通以解决实际问题的。本书除了阐述理论知识，还通过 Python 语言分享通过大量实践积累下来的宝贵经验和编码，使读者能够真正学以致用。

  本书内容从概念到应用，再到本质，层层深入，不但注重培养读者的数学思维，而且努力使读者的编程技术上一个台阶，非常适合希望有一定数据结构和编程经验，想从本质上提升编程质量的程序员阅读和学习。

  ◆ 著   黄 申
   责任编辑   杨海玲
   责任印制   王 郁   焦志炜

  ◆ 人民邮电出版社出版发行   北京市丰台区成寿寺路 11 号
   邮编 100164   电子邮件 315@ptpress.com.cn
   网址 https://www.ptpress.com.cn
   固安县铭成印刷有限公司印刷

  ◆ 开本：800×1000 1/16
   印张：21
   字数：465 千字   2021 年 3 月第 1 版
   印数：4 001－5 500 册   2021 年 5 月河北第 2 次印刷

定价：89.00 元

读者服务热线：(010)81055410   印装质量热线：(010)81055316
反盗版热线：(010)81055315
广告经营许可证：京东市监广登字 20170147 号

对本书的赞誉

我于十多年前创建了 FocusKPI 公司。作为数据行业的一员，我见证了数据科学快速发展的黄金年代。通过与各领域伙伴的合作，我深刻体会到了数据和数学的重要性，但很可惜很多想入门数据科学的技术人员，没有给予数学足够的重视。我觉得黄申博士为程序员写这样一本关于数学的书很有必要，也很及时。黄申博士在机器学习和人工智能领域有着多年的工业界经验，此前也出版过几本口碑不错的书。他撰写的内容既能从读者的角度出发，又能与实际项目紧密结合，会让读者有非常好的学习体验。

——朱穗生（Peter Zhu），FocusKPI 公司创始人兼 CEO

黄申博士是我相识多年的好友，他在智能搜索和推荐领域有着极深的造诣。我在创办计算机科学教育联合实验室和第一所计算机学校的时候，时常和黄博士讨论什么样的课程对学生才是最有价值的，他反复强调了数学和编程的重要性。其实，这两个主题永远不过时，无论是对于刚入门的新手、大学生，还是资深技术人员、技术管理人员，都有着非凡的意义。黄申博士的这本结合数学和编程的书，填补了这个领域的空白，凝聚了他多年的研究成果和独到的感悟，非常值得一读。

——聂巍，上海仙学智能科技有限公司 CEO

多年前我和黄申博士曾共事于 1 号店电子商务平台，他凭借在人工智能方面的专长，为 1 号店打造了更为个性化的搜索系统。离开电商行业之后，他在美国开始从事职场社交系统的研发，同样获得了成功。我很好奇为什么他能够这么快地切换行业领域。他给我的答复是：数学思维是关键。良好的数学思维可以让我们很快对生产业务进行建模，从中权衡各种利弊，最终挑选出合理的解决方案。确实是这样的，在科技兴国的时代，各行各业做到顶级的时候，数学都会是制高点。正因如此，当我拿到黄申博士的这本书的书稿时，就迫不及待地一睹为快。我认为这本书不仅对编程人员的日常工作有借鉴意义，而且可以成为进阶的梯子，助力编程人员重塑数学思维，为日后的进一步提升夯实基础。

——邵汉成，四衡商务信息咨询（上海）有限公司 CTO

几年前我创办了果钜信息技术公司，旨在为用户提供更精准的市场信息，其间遇到了不少技术难题。这个时候我想到了之前的同事兼好友黄申博士，请他帮忙答疑解惑。让我颇感意外的是，黄申博士对不同业务领域的理解非常到位，而且提出了很多创新性的想法。正因如此，我坚信他撰写的书一定会兼顾深度和创新，从全新的角度深度剖析问题，让你有种茅塞顿开、拨云见日的感觉。

——郭占星，上海果钜信息技术有限公司 CEO

最近几年，我一直在从事"技术领导力"方面的工作。黄申博士是我的旧识，同时也是一名优秀的技术型管理人才，因此邀请他做过几次采访。在这些采访中，我很惊讶于黄博士在做管理这么多年之后仍然保持着对技术的热情，尤其是对数学相关知识有深刻的理解。在我认识的技术管理人才中，这不多见。所以，我很好奇地问过他，为何还会热衷于算法中关于数学的细节？他告诉我"数学是基础，学好了数学，理解计算机领域的知识就不难了"。对此，我一直百思不得其解，直到最近看到他的这本新书，才恍然大悟。相信我，这是一本让你看了绝对不会后悔的书。

——黄哲铿，《技术人修炼之道》作者、"技术领导力"社区发起人

序

2013 年，我担任当时中国最大规模的大卖场大润发的技术部总经理，鉴于大润发的用户族群年龄老化，且线上业务尚未布局，因此当时我的首要任务是协助大润发转型为电商平台。恰好人工智能真正开始影响零售也是在 2013 年，智能语音处理、视觉处理和意图处理、决策处理、人机交互和智能行为的操控等逐渐普及，这些对人工智能领域的发展都有很大的推进作用。可是，人工智能运用到零售行业并非想象的那么一帆风顺。

电商最主要的问题之一是顾客忠诚度不高，因此对于忠诚顾客的培养成为电商的必争之地。要实现这个目标，基于顾客行为的大数据和人工智能就显得更为重要。我们需要充分利用数学模型，构建算法，并快速反馈到整个电商系统。如何做到个性化的搜索和推荐，如何进行有效的客户关系管理（CRM），如何做到精准的推送和营销，这些都是必然面对的问题。

人工智能在线下零售的开发成本颇高，线下卖场很难跟踪顾客的行为，若要安装各种复杂的信息采集设备，运营成本就会很高。当时我能想到的应用场景就是全面追踪消费者在店内的轨迹，从逛店到离店都可以通过摄像头捕捉消费者在店内移动的轨迹，系统处理的是人和商品之间的关系。通过分析用户的行为数据打造我们的模型和算法，设计应该有的场景，针对这些场景触发营销信息，让想要购买这些商品的消费者在合适的时间、地点买到合适的商品。但是，成本实在太高了。

随着个性化推荐和搜索广告精准投放技术的不断发展和普及，零售行业用户体验及营销转化率也在不断提升。采用深度学习、在线学习、强化学习等人工智能技术，能够高效准确地预测用户购买意向、提升用户购物体验和广告主营销效率。这些技术虽然取得了一定成效，但依旧面临用户行为偏好、商品长尾分布、热点事件营销等问题，为营销转化率预估带来挑战。顾客浏览网站时"凡走过必留下痕迹"，电商若想收集顾客的行为只需要读取站点的访问日志，可以说相对容易。

这时候，我意识到人工智能技术在电商领域的应用和发展，离不开顶级的科学家，因此我邀请黄申博士与我共事。黄申博士既是我的同事，也是我的大数据导师。我们之间有过许多沟通与讨论。

黄申博士在机器学习和搜索推荐领域的技术及经验，对我们的帮助很大。他和其带领的团队，快速建立了专业的搜索、推荐以及用户画像系统。这些都是我们分析顾客、理解顾客、提升顾客在线体验的核心，使得飞牛网和行业先锋之间的差距在短时间内大幅缩小了。

对于黄博士在其从事领域的专业性，我很是佩服，黄申博士曾说："很多搞程序研发的人，进入工作岗位之后就不怎么注重数学了，实际上是得不偿失的。要想在这个人工智能的时代保持自己的竞争力，不懂数学是会吃大亏的。"

本书是黄申博士的新作，我有幸提前拜读了他的初稿。如果你有幸阅读这本书，一定能从他的分享中理解数学和计算机科学的紧密关系，熟知数学是如何帮助人们设计高效和智能的信息系统的。这是一本从理论到实践深入剖析、循序渐进的好书，值得推荐。

王俊杰

苏宁零售技术研究院院长

前言

2006 年，我博士毕业于上海交通大学计算机科学与工程专业，在接下来的十余年时间里，我曾经在微软亚洲研究院、IBM 研究院、eBay 中国研发中心做机器学习方向的研究工作，也负责过大润发飞牛网和 1 号店这两家互联网公司的核心搜索和推荐项目。对于数学和计算机编程的联系，我之前并没有思考过。直到有一次在硅谷的一个技术交流会上，我听到一位嘉宾分享："如果你只想当一个普通的程序员，那么数学对你来说并不重要。但是，如果你想当一个顶级程序员，梦想着改变世界，那么数学对你来说就很重要了。"这句话立即让我产生了强烈的共鸣。数学对我们每一个程序员来说，都是最熟悉的陌生人。你从小就开始学习数学，那些熟悉的数学定理和公式陪伴你走过好多年。但是，自从当了程序员，你可能早就将数学抛在了脑后。毕竟，作为一个基础学科，数学肯定没有操作系统、数据结构、计算机网络这样的课程看起来"实用"。上大学的时候，我非常喜欢编程，不喜欢待在教室里听数学老师讲那些枯燥的数学理论和定理。再到后来，我读了硕士和博士，开始接触更多的算法和机器学习，猛然间才发现机器学习表面上是"写程序"，剥去外表，本质上是在研究数学。从那会儿开始，我对数学的认知才逐步客观和理性起来。从多年的工作经历来看，数学学得好不好将会直接决定一个程序员有没有发展潜力。往大了说，数学是一种思维模式，考验的是一个人归纳、总结和抽象的能力。将这个能力放到程序员的世界里，其实就是解决问题的能力。往小了说，不管是数据结构与算法还是程序设计，其实底层很多原理或者思路都源自数学，所以很多大公司在招人时也会优先考虑数学专业的毕业生，因为这些人的数学基础很好，学起编程来也容易上手。

如果编程语言是血肉，那么数学的思想和知识就是灵魂。它可以帮助你选择合适的数据结构和算法，提升系统效率，并且赋予机器智慧。在大数据和智能化的时代更是如此。举个例子，我们在小学就学过的余数，其实在编程的世界里也有很多应用。你经常用到的分页功能，根据记录的总条数和每页展示的条数来计算整体的页数，这里面就有余数的思想。再难一点，奇偶校验、循环冗余检验、散列函数、密码学等都有余数相关的知识。遇到这些问题的时候，你能说你不懂余数吗？我想你肯定懂，只是很多时候没有想到可以用余数的思想来解决相关问题罢了。所以在这本书里，我想和你重点讨论一下数学。当然，我知道数学博大精深，因此在撰写的时候，我将重点放在了"程序员需要学的数学知识"。首先，我梳理了编程中常用的数学概念，由浅入深剖析它们的本质，希望能够帮你彻底掌握这些基础、核心的数学知识。这其中包括那些你曾经熟悉的数学名词，如数学归纳法、迭代法、递归、排列、组合等。其次，我将线性代数和概率统计中的抽象概念、公式、定理都由内而外地讲了出来，并分析它们在编程中的应用案例，帮助你提升编程的高阶能力。对于这些内容，我会从基本的概念入手，结合生活和工作中的实际案例，让你更轻松地理解概念的含义。

按照这样的讲解路线，既能让你巩固基础的概念和知识，同时又能让你明白这些基础性的内容，对计算机编程和算法究竟意味着什么。不过话又说回来，我认为数学理论和编程实践的结合其实是"决裂"的，所以学习数学的时候，你不能太功利，觉得今天学完明天就能用得着，我觉得这个学习思路可以用在其他课程中，但放在数学里绝对不合适。因为数学知识总是比较抽象，特别是概率统计和线性代数中的概率、数据分布、矩阵、向量等概念。它们真的很不好理解，需要我们花时间琢磨，但是对高级一点的程序设计而言，特别是和数据相关的算法，这些概念就非常重要了，它们都是前人总结出来的经验。如果你能够将这些基本概念和核心理论都搞懂、搞透，那么面对系统框架设计、性能优化、准确率提升这些难题的时候，你就能从更高的角度出发去解决问题，而不只是站在一个"熟练工"的视角，去增删改查。最后，我希望数学能够成为你的一种基础能力，希望这本书能帮你用数学思维来分析问题和解决问题。数学思想是启发我们思维的中枢，如果你对数学有更好的理解，遇到问题的时候就能追本溯源，快、准、稳地找到解决方案。伽利略曾经说过，"宇宙这本书是用数学语言写成的"，数学是人类科学进步的重要基础，所以，你我都要怀着敬畏之心去学习、思考数学。编程的世界远不止条件和循环语句，程序员的人生应当是创造的舞台。最后，我希望，通过这本书的学习，能够让你切实感受到数学这个古老学科的活力和魅力。

最后，本书涵盖了大部分程序员所需要的数学知识，因此涉及面较广，内容较深，书中难免会出现一些不够准确或者遗漏的地方，恳请读者通过如下的渠道积极建议和斧正，我很期待能够听到你们的真挚反馈。读者可以通过电子邮件（s_huang790228@hotmail.com）与我联系。

谨以此书，献给我最亲爱的家人，以及众多热爱数学和编程的朋友们。

黄申

于美国硅谷，2020 年 10 月

致谢

首先，感谢上海交通大学和俞勇教授，你们给予我不断学习的机会，带领我进入了数学和人工智能的世界。同时，感谢天镶智能的创始人薛贵荣，你的指导让我树立了良好的科研态度。

其次，感谢 IBM 美国研究院的 Guangjie Ren，给了我很多机会参与到 IBM Waston 系统的设计和研发，积累了不少实战的经验。同时还要感谢 LinkedIn 的 Chi-Yi Kuan、Yongzheng Zhang 和 Michael Li，让我参与了很有价值的数据科学项目。

另外，我想感谢微软亚洲研究院、eBay 中国研发中心、1 号店、大润发飞牛网和 IBM 中国研发中心，在这些公司十多年的实战经验让我收获颇丰，也为我编写本书打下了坚实基础。

感谢曾经在 LinkedIn 一起工作的战友 Xiaojing Dong、Quan Wang、Jilei Yang、Qingbo Hu、Yuan Hu、Rachel Zhao、Hu Wang、Zhou Jin、Drizzle Wang、Lili Zhou、Burcu Baran、Fanbin Bu、Juanyan Li、Songtao Guo、Emily Huang、Yanchun Yang、Yi Yang、Xiaonan Duan 等；微软的战友陈正、孙建涛、Ling Bao、周明、曾华军、张本宇、沈抖、刘宁、严峻、曹云波、王琼华、康亚滨、胡健、季蕾等，eBay 的战友逄伟、王强、王骁、沈丹、Yongzheng Zhang、Catherine Baudin、Alvaro Bolivar、Xiaodi Zhang、吴晓元、周洋、胡文彦、宋荣、刘文、Lily Yu 等；1 号店的战友韩军、王欣磊、胡茂华、付艳超、张旭强、黄哲铿、沙燕霖、郭占星、聂巍、邵汉成、张珺、胡毅、邱仔松、孙灵飞、凌昱、王善良、廖川、杨平、余迁、周航、吴敏、李峰等，大润发飞牛网的战友王俊杰、陈俞安、蔡伯璟、陈慧文、夏吉吉、文燕军、杨立生、张飞、代伟、陈静、赵瑜、李航等，以及 IBM 的战友 Shun Jiang，Lei Huang，李伟、谢欣、周健、马坚、刘钧、唐显莉等。要感谢的同仁太多，如有遗漏敬请谅解，很怀念与你们并肩作战的日子，让我学到了很多。

感谢人民邮电出版社的杨海玲编辑，在最近半年中始终支持我的写作，你的鼓励和帮助引导我顺利完成了全部书稿。

最后，感谢我的太太、儿子和双方父母，为了本书，我周末陪伴你们的时间更少了。感谢你们对我写书的理解和支持。

资源与支持

本书由异步社区出品，社区（https://www.epubit.com/）为您提供相关资源和后续服务。

配套资源

本书提供源代码下载，要获得相关配套资源，请在异步社区本书页面中单击 配套资源 ，跳转到下载界面，按提示进行操作即可。注意：为保证购书读者的权益，该操作会给出相关提示，要求输入提取码进行验证。

提交勘误

作者和编辑尽最大努力来确保书中内容的准确性，但难免会存在疏漏。欢迎您将发现的问题反馈给我们，帮助我们提升图书的质量。

当您发现错误时，请登录异步社区，按书名搜索，进入本书页面，单击"提交勘误"，输入勘误信息，单击"提交"按钮即可。本书的作者和编辑会对您提交的勘误进行审核，确认并接受后，您将获赠异步社区的 100 积分。积分可用于在异步社区兑换优惠券、样书或奖品。

扫码关注本书

扫描下方二维码，您将会在异步社区微信服务号中看到本书信息及相关的服务提示。

与我们联系

我们的联系邮箱是 contact@epubit.com.cn。

如果您对本书有任何疑问或建议，请您发邮件给我们，并请在邮件标题中注明本书书名，以便我们更高效地做出反馈。

如果您有兴趣出版图书、录制教学视频，或者参与图书翻译、技术审校等工作，可以发邮件给我们；有意出版图书的作者也可以到异步社区在线投稿（直接访问 www.epubit.com/selfpublish/submission 即可）。

如果您来自学校、培训机构或企业，想批量购买本书或异步社区出版的其他图书，也可以发邮件给我们。

如果您在网上发现有针对异步社区出品图书的各种形式的盗版行为，包括对图书全部或部分内容的非授权传播，请您将怀疑有侵权行为的链接通过邮件发送给我们。您的这一举动是对作者权益的保护，也是我们持续为您提供有价值的内容的动力之源。

关于异步社区和异步图书

"异步社区"是人民邮电出版社旗下 IT 专业图书社区，致力于出版精品 IT 图书和相关学习产品，为作译者提供优质出版服务。异步社区创办于 2015 年 8 月，提供大量精品 IT 图书和电子书，以及高品质技术文章和视频课程。更多详情请访问异步社区官网 https://www.epubit.com。

"异步图书"是由异步社区编辑团队策划出版的精品 IT 专业图书的品牌，依托于人民邮电出版社近 40 年的计算机图书出版积累和专业编辑团队，相关图书在封面上印有异步图书的 LOGO。异步图书的出版领域包括软件开发、大数据、人工智能、测试、前端、网络技术等。

异步社区

微信服务号

目录

第一篇　基础思想

第二篇　概率统计

第三篇   线性代数

第一篇
基础思想

　　本篇将梳理编程中常用的数学概念和思想，如余数、迭代、排列和组合，既由浅入深地精讲数据结构与数学如何互相渗透，帮读者彻底掌握基础、核心的数学知识，同时又能让读者明白数学对编程和算法究竟意味着什么。

## 第 1 章

二进制、余数和布尔代数

在本章里，我们将阐述计算机领域中最基本和最常见的数学知识。其中，二进制是计算机系统的基础，余数被运用在很多常见的算法和数据结构中，而布尔代数是编程中控制逻辑的灵魂。

1.1 二进制

许多专业人士都认为计算机的起源来自数学中的二进制计数法。这样的观点颇有道理。可以说，没有二进制，就没有如今的计算机系统。那么什么是二进制呢？为什么计算机要使用二进制而不是我们日常生活中的十进制呢？如何在代码中操作二进制呢？在这里我们将从计算机的起源——二进制出发，讲解它在计算机中的"玄机"。

1.1.1 二进制计数法

为了让你更好地理解二进制计数法，我们先来简单地回顾一下人类计数的发展史。原始的人类用路边的小石子来统计放牧归来的羊的数量，这表明人类很早就产生了计数的思维。到了约 2500 年前，罗马人用手指作为计数的工具，并在羊皮上画出 Ⅰ、Ⅱ、Ⅲ来代替手指的数。表示一只手时，就写成"Ⅴ"，表示两只手时，就写成"ⅤⅤ"等。公元 3 世纪左右，印度科学家（也有说是阿拉伯人）发明了阿拉伯数字。阿拉伯数字由 0 到 9 共 10 个计数符号组成，并采取位值法，高位在左，低位在右，从左往右书写。由于阿拉伯数字本身笔画简单，演算便利，因此它们逐渐在各国流行起来，成为世界通用的数字。我们日常生活中广泛使用的十进制计数法也基于阿拉伯数字，因此它也是十进制计数法的基础。与其他计数方法相比，十进制最容易被人们所理解。让我们来观察一个数字：2871。在十进制里，它由千位 2、百位 8、十位 7 和个位 1 组成，所以这个数字可以写成：

$$2 \times 1000 + 8 \times 100 + 7 \times 10 + 1$$

换一种方式，我们可以将其表示为：

$$2\times10^3+8\times10^2+7\times10^1+1\times10^0$$

十进制的数位（千位、百位、十位等）全部都是 10^n 的形式。需要特别注意的是，任何非零数字的 0 次方均为 1。在这个新的表示式里，10 被称为十进制计数法的基数，也是十进制中"十"的由来，这和我们日常生活的习惯是统一的。明白了十进制，我们再试着用类似的思路来理解二进制的定义。以二进制数字 110101 为例，它究竟代表了十进制中的数字几呢？之前我们讨论了，十进制计数是使用 10 作为基数，那么二进制就是使用 2 作为基数，类比过来，二进制的数位就是 2^n 的形式。如果需要将这个数字转换为人们易于理解的十进制，需要通过这样的计算：

$$1\times2^5+1\times2^4+0\times2^3+1\times2^2+0\times2^1+1\times2^0=32+16+0+4+0+1=53$$

以此类推，我们还可以推导出八进制（以 8 为基数）、十六进制（以 16 为基数）等计数法，这里就不赘述了。至此，你应该已经理解了什么是二进制。但是仅有数学理论知识是不够的，结合相关的代码实践，相信你一定会有更深刻的印象。Python 作为数据科学领域出现的新贵，在许多应用中都体现出了其巨大的潜力，所以本书中我都会采用 Python 语言来示范（除非个别地方的确需要用其他编程语言来表示）。

我们先来看看二进制和十进制数据在 Python 语言中是如何互相转换的，并验证一下我们之前的推算。具体内容如代码清单 1-1 所示。

代码清单 1-1　二进制和十进制之间的转换

```python
# 二进制转换成十进制
def binary_to_decimal(n):
    return int(n, 2)

# 十进制转换成二进制
def decimal_to_binary(n):
    return bin(n).replace('0b', '')

if __name__ == '__main__':
    # 输出两者转换的结果
    print(decimal_to_binary(53))
    print(binary_to_decimal('110101'))
```

为了突出重点，以上代码并未进行边界检测，在实际生产项目中需要加上。这段代码运行的结果是：十进制数字 53 的二进制表示是 110101，二进制数字 110101 的十进制表示是 53。说到这里，你可能会好奇：为什么计算机使用的是二进制而不是十进制、八进制或者十六进制呢？计算机使用二进制的主要原因是现代计算机系统的硬件实现。组成这种系统的逻辑电路通常只有两种状态，即开关的接通与断开。断开的状态用"0"来表示，而接通的状态用"1"来表示。因为每位数只有断开与接通两种状态，所以即便系统受到一定程度的干扰，它仍然能够可靠地分辨出数字是"0"还是"1"。因此，在具体的系统实现中，二进制的数据表达方式具有抗干扰能力强、可靠性高等优点。相比之下，如果为十进制设计具有 10 种状态的电路，就会非常复杂，判断状态的时候出错的概率就会大大提高。

另外，二进制也非常适合逻辑运算。逻辑运算中的"真"和"假"，正好与二进制的"0"和"1"两个数字相对应。逻辑运算中的加法（"或"运算）、乘法（"与"运算）以及否定（"非"运算）都可以分别通过"0"和"1"的加法、乘法和减法来实现。

1.1.2　二进制的位操作

现代计算机是基于二进制的，几乎所有的计算机语言都提供了针对二进制的位操作。下面我们来看一下按位进行逻辑操作的相关知识。常见的二进制位操作包括向左移位和向右移位的移位操作，以及"或""与""异或"的逻辑操作。下面我们逐一来看一下。

1. 向左移位

二进制 110101 向左移一位，就是在末尾添加一位 0，因此 110101 变成了 1101010。请注意，这里讨论的是数字没有溢出的情况。所谓数字溢出，就是二进制数的位数超过了系统所指定的位数。目前主流的系统都支持至少 32 位的整型数字，而 1101010 远未超过 32 位，所以不会溢出。如果进行左移操作的二进制已经有了 32 位，左移后数字就会溢出，需要将溢出的位数去除，具体如图 1-1 所示。

在这个例子中，如果将 1101010 转换为十进制，就是 106，正好是 53 的 2 倍，所以我们可以得出一个结论：二进制左移一位其实就是将数字翻倍。

2. 向右移位

接下来我们看看向右移位。二进制 110101 向右移一位，就是去除末尾的那一位，因此 110101 就变成了 11010（最前面的 0 可以省略）。如果将 11010 转换为十进制，是 26，正好是 53 除以 2 的整数商，所以二进制右移一位就是将数字除以 2 并求整数商的操作，具体如图 1-2 所示。

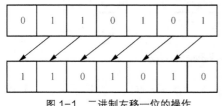
图 1-1　二进制左移一位的操作

图 1-2　二进制右移一位的操作

下面我们来看看用代码如何进行移位操作，并实现数字和 2 相关的乘法或除法。具体内容如代码清单 1-2 所示。

代码清单 1-2　二进制的左移和右移

```
# 二进制左移
```

```python
def left_shift(n, m):
    return n << m

# 二进制右移
def right_shift(n, m):
    return n >> m

if __name__ == '__main__':
    print(left_shift(53, 1))      # 输出 106
    print(right_shift(53, 1))     # 输出 26
    print(left_shift(53, 3))      # 输出 424
    print(right_shift(53, 3))     # 输出 6
```

在 Python 的代码中，<<表示左移，而>>表示右移。这段代码的运行结果是：数字 53 向左移 1 位是 106；数字 53 向右移 1 位是 26。数字 53 向左移 3 位是 424，数字 53 向右移 3 位是 6。其中，移位 1 次相当于乘以或除以 2，而移位 3 次就相当于乘以或除以 8（即 2^3）。如果你熟悉 Java 语言，就会知道 Java 中的右移有些不太一样，分为逻辑右移和算术右移，分别用>>>和>>表示。之所以有这两种表达方式，其根本原因是 Java 的二进制数值中最高位是符号位。当符号位为 0 时表示该数值为正数，为 1 时表示该数值为负数。我们以 32 位 Java 为例，数字 53 的二进制表示为 110101，从右往左数的第 32 位是 0，表示该数是正数，只是通常我们都将其省略。图 1-3 展示了 53 的二进制表示及其符号位。

图 1-3   数字 53 的二进制表示及其符号位

如果数字是-53，那么第 32 位就不是 0，而是 1。图 1-4 展示了-53 的二进制表示及其符号位。

图 1-4   数字-53 的二进制表示及其符号位

如果符号位为 1，那么这个时候向右移位，就会产生一个问题：我们是否也需要将非零的符号位右移呢？因此，Java 里定义了两种右移：逻辑右移和算术右移。逻辑右移 1 位，左边补 0 即可，如图 1-5 所示。

算术右移时保持符号位不变，除符号位之外的位右移 1 位并补 0，如图 1-6 所示。

如果你有兴趣，可以自己编码尝试一下，看看这两种操作符输出的结果有何不同。

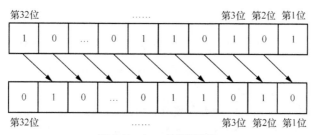

图 1-5 Java 的逻辑右移

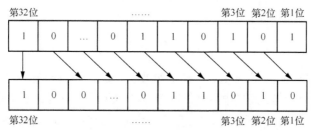

图 1-6 Java 的算术右移

3. 位的 "或"

我们刚才说过，二进制的 "1" 和 "0" 分别对应逻辑中的 "真" 和 "假"，因此可以针对位进行逻辑操作。逻辑 "或" 的意思是，参与操作的位中只要有一个位是 1，那么最终结果就是 1，也就是 "真"。将二进制 110101 和 100011 的每一位对齐，进行按位的 "或" 操作，就会得到110111，如图 1-7 所示。

4. 位的 "与"

同理，我们也可以针对位进行逻辑 "与" 的操作，它的意思是只有参与操作的位中必须全都是 1，最终结果才为 1（真），否则就为 0（假）。将二进制 110101 和 100011 的每一位对齐，进行按位的 "与" 操作，就会得到 100001，如图 1-8 所示。

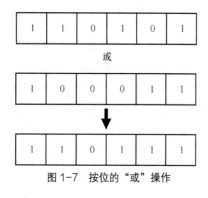

图 1-7 按位的 "或" 操作

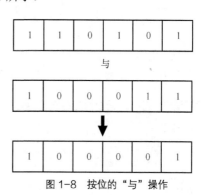

图 1-8 按位的 "与" 操作

5. 位的"异或"

逻辑"异或"和"或"有所不同，具有排异性。它的意思是参与操作的位如果相同，最终结果就为 0（假），否则为 1（真）。将二进制 110101 和 100011 的每一位对齐，进行按位的"异或"操作，就会得到 010110，如图 1-9 所示。

由于"异或"操作的本质，因此所有数值和自身进行按位的"异或"操作之后都为 0。而且要通过"异或"操作获得 0，也必须通过两个相等的数值进行按位"异或"操作。这表明，两个数值按位"异或"结果为 0 是这两个数值相等的充分必要条件，可以作为判断两个数值是否相等的条件。

6. 位的"取反"

取反是指将二进制的某一位反转，也就是如果原来是 0，就变换为 1；如果原来是 1，就变换为 0。因此，取反操作相当于逻辑中的"否"，如图 1-10 所示。这里需要注意以下两点。

（1）前面说的 3 种逻辑操作"或""与"和"异或"需要两个数值参与运算，属于二元运算，而按位的取反属于单元运算。

（2）图 1-10 中的例子没有考虑符号位，有些编程语言（包括 Python 和 Java）在取反的时候也会对符号位取反，这样就会将正数变为负数，而负数变为正数。有关具体的内容我们稍后会进一步阐述。

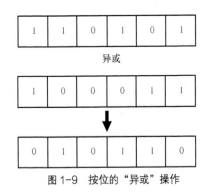

图 1-9 按位的"异或"操作

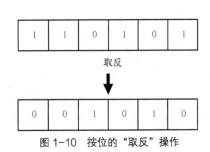

图 1-10 按位的"取反"操作

接下来，我们来学习一下在代码中如何实现二进制的逻辑操作。Python 中使用|表示按位或，&表示按位与，^表示按位异或，~表示按位取反。更多细节如代码清单 1-3 所示。

代码清单 1-3　二进制的各种按位操作

```python
# 按位或
def binary_or(n, m):
    return n | m

# 按位与
def binary_and(n, m):
```

```
        return n & m

# 按位异或
def binary_xor(n, m):
        return n ^ m

# 按位取反
def binary_not(n):
        return ~n

if __name__ == '__main__':
        # 输出: 53 的二进制是 110101，35 的二进制是 100011，两者按位或的结果是 110111
        print('53 的二进制是{}，35 的二进制是{}，两者按位或的结果是{}'
                .format(decimal_to_binary(53), decimal_to_binary(35),
                decimal_to_binary (binary_or(53, 35))))

        # 输出: 53 的二进制是 110101，35 的二进制是 100011，两者按位与的结果是 100001
        print('53 的二进制是{}，35 的二进制是{}，两者按位与的结果是{}'
                .format(decimal_to_binary(53), decimal_to_binary(35),
                decimal_to_binary (binary_and(53, 35))))

        # 输出: 53 的二进制是 110101，35 的二进制是 100011，两者按位异或的结果是 010110
        print('53 的二进制是{}，35 的二进制是{}，两者按位异或的结果是{}'
                .format(decimal_to_binary(53), decimal_to_binary(35),
                decimal_to_binary (binary_xor(53, 35))))

        # 输出: 53 的二进制是 110101，它按位取反的结果是-110110
        print('53 的二进制是{}，它按位取反的结果是{}'
                .format(decimal_to_binary(53), decimal_to_binary(binary_not(53))))
```

这段代码的运行结果验证了我们之前讲述的内容。唯一让人感到奇怪的是按位取反的结果。这和负数在二进制中的表示有关，在 1.1.3 节我们会详细解释。

7. 位操作的应用实例

位操作的第一个应用是验证奇偶性。仔细观察，你会发现偶数的二进制最后一位总是 0，而奇数的二进制最后一位总是 1，因此对于给定的某个数字，我们可以将它的二进制和数字 1 的二进制进行按位"与"的操作，取得这个数字的二进制最后一位，然后再进行判断。代码清单 1-4 展示了编码的细节。

代码清单 1-4 使用按位与判断奇偶数

```
def count_even_odd(n):
    even_cnt, odd_cnt = 0, 0
    for i in range(0, n):
        if i & 1 == 0:
```

```
            even_cnt += 1
        else:
            odd_cnt += 1
    print(even_cnt, odd_cnt)


if __name__ == '__main__':
    # 统计 0 到 998 之间有多少个偶数、多少个奇数
    count_even_odd(999)
```

第二个应用是交换两个数字。要想在计算机中交换两个变量的值，通常都需要一个中间变量来临时存放被交换的值。不过，利用异或的特性，我们可以省却这个中间变量。具体细节如代码清单 1-5 所示。

代码清单 1-5   使用按位异或来交换两个数字

```
def swap_numbers(n, m):
    print('original values: ', n, m)
    n = n ^ m
    m = n ^ m
    n = n ^ m
    print('new values: ', n, m)


if __name__ == '__main__':
    # 交换两个数字 53 和 35
    swap_numbers(53, 35)
```

乍一看这段代码，有点让人迷惑，因为全都是 n ^ m 这种操作，如何能交换两个数字呢？将第 3 行代码代入第 4 行代码，可以得到：

```
m = (n ^ m) ^ m = n ^ (m ^ m) = n ^ 0 = n
```

再将这个结果及第 3 行代码代入第 5 行，可以得到：

```
n = (n ^ m) ^ n = (n ^ n) ^ m = 0 ^ m = m
```

这里用到异或的两个特性，第一个特性是两个相等的数的异或为 0，如 x ^ x = 0；第二个特性是任何一个数和 0 异或之后，还是这个数，如 0 ^ y = y。

第三个应用是集合的操作。集合和逻辑的概念是紧密相连的，因此集合的操作也可以通过位的逻辑操作来实现。假设我们有两个集合{1, 3, 8}和{4, 8}。我们先将这两个集合转换为两个 8 位的二进制数，从右往左以 1 到 8 依次来编号。如果某个数字在集合中，相应的位置 1，否则置 0。那么第一个集合就可以转换为 10000101，第二个集合可以转换为 10001000。那么这两个二进制数的按位与就是 10000000，只有第 8 位是 1，代表了两个集合的交集为{8}。而这两个二进制数的按位或就是 10001101，第 8 位、第 4 位、第 3 位和第 1 位是 1，代表了两个集合的并集为{1, 3, 4, 8}。如果你使用过 Elasticsearch 的 BitSet，对此就会很熟悉。为了提升查询的效率，

Elasticsearch 的 Filter 查询并不考虑各种文档的相关性得分,而是将文档匹配关键词的情况转换成了一个 BitSet。BitSet 是一个巨大的位数组,每一位对应了某篇文档是否和给定的关键词匹配,如果匹配,这一位就置 1,否则置 0。每个关键词都可以拥有一个 BitSet,用于表示哪些文档和这个关键词匹配。那么要查看同时命中多个关键词的文档有哪些,就是对多个 BitSet 求交集。利用按位与,这一点是很容易实现的,而且效率相当高。

1.1.3　负数的二进制表示

1.1.2 节中提到了让人困惑的符号位和负数的二进制表示,本节会详细解答。

1. 符号位

首先要回答的问题是:什么是符号位?为什么要有符号位?用一句话来概括就是,符号位是有符号二进制数中的最高位,我们需要用它来表示负数。在实际的硬件系统中,计算机 CPU 的运算器只实现了加法器,而没有实现减法器。那么计算机如何做减法呢?我们可以通过加上一个负数来达到这个目的。例如,3 − 2 可以看作 3 + (−2)。因此,负数的表示对于计算机中的二进制减法至关重要。那么,接下来的问题就是,如何让计算机理解哪些是正数,哪些是负数呢?为此,人们将二进制数分为有符号数(signed)和无符号数(unsigned)。如果是有符号数,那么最高位就是符号位。当符号位为 0 时,表示该数值为正数;当符号位为 1 时,表示该数值为负数。例如,有一个 8 位的有符号位二进制数 10100010,其最高位是 1,这就表示它是一个负数。如果是无符号数,那么最高位就不是符号位,而是二进制数的一部分。例如,有一个 8 位的无符号位二进制数 10100010,它所对应的十进制数是 162。因为没有表示负数的符号位,所以无符号位的二进制数都代表正数。有些编程语言中,所有和数值相关的数据类型都是有符号位的。有些编程语言(如 C 语言)中,就有诸如 unsigned int 这种无符号位的数据类型。

2. 溢出

下面我们来看看什么是溢出。在数学的理论中,数字可以有无穷大,也有无穷小。可是,现实中的计算机系统,总有一个物理上的极限(如晶体管的大小和数量),因此不可能表示无穷大或者无穷小的数值。对计算机而言,无论是何种数据类型,都有一个上限和下限。Python 对数据处理的支持是很强大的,例如对 Python 3 中的数据类型而言,其长度是动态的,理论上支持无限大的数,你可以通过 sys.getsizeof() 函数来查看某个数值占用了多少字节。但是在其他编程语言中,数据类型可能就要受限制。例如,在 Java 中,int 型是 32 位,它的最大值(也就是上限)是 $2^{31}-1$(最高位是符号位,所以是 2^{31} 而不是 2^{32}),最小值(也就是下限)是 -2^{31};long 型是 64 位,它的最大值(也就是上限)是 $2^{63}-1$,最小值(也就是下限)是 -2^{63};对于 n 位的数值类型,符号位是 1,后面($n-1$)位全是 0,我们将这种情形表示为 -2^{n-1},而不是 2^{n-1}。一旦某个数值超出了这些限定值,就会溢出:如果超出上限,就叫上溢出(overflow);如果超出下限，就叫下溢出（underflow）。

那么溢出之后会发生什么呢？这里以上溢出为例来解释。n 位数字的最大的正值，其符号位为 0，剩下的 $n-1$ 位都为 1，再增大一个就变为符号位为 1，剩下的 $n-1$ 位都为 0，即 -2^{n-1}，具体过程如图 1-11 所示。

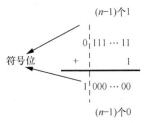

图 1-11　n 位数字的上溢出

也就是说，上溢出之后，又从下限开始，最大的数值加 1，就变成了最小的数值，周而复始，这就是余数和取模的概念，图 1-12 可以帮助理解。

其中右半部分的虚线表示已经溢出的区间，而为了方便理解，我将溢出后所对应的数字也标在了虚线的区间里。由此可以看到，计算机数据的溢出就相当于取模。而用于取模的除数就是数据类型的上限减去下限的值，再加上 1，也就是 $(2^{n-1}-1)-(-2^{n-1})+1=2\times2^{n-1}-1+1=2^{n}-1+1$。你可能会好奇，这个除数为什么不直接写成 2^n 呢？这是因为 2^n 已经是 $n+1$ 位了，已经超出了 n 位所能表示的范围。如果你仍然觉得不好理解，图 1-13 中的环形表示更为直观。

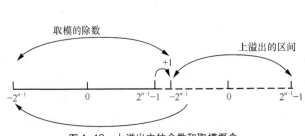

图 1-12　上溢出中的余数和取模概念

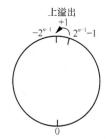

图 1-13　上溢出的环形表示

3. 二进制的原码、反码和补码

理解了符号位和溢出，接下来介绍什么是二进制的原码、反码和补码，以及为什么需要它们。原码就是我们看到的二进制的原始表示。对有符号的二进制来说，原码的最高位是符号位，而其余的位用来表示该数字绝对值的二进制。所以 +2 的原码是 $000\cdots010$，-2 的原码是 $100\cdots010$。那么，是否可以直接使用负数的原码来进行减法运算呢？答案是否定的。还是以 3+(-2) 为例。假设我们使用 Java 中的 32 位整型来表示 2，它的二进制是 $000\cdots010$。最低的两位是 10，前面的高位都是 0。如果我们使用 -2 的原码，也就是 $100\cdots010$，然后将 3 的二进制原码 $000\cdots011$ 和 -2 的二进制原码 $100\cdots010$ 相加，会得到 $100\cdots0101$。具体计算过程参见图 1-14。

$$
\begin{array}{r}
000\cdots011 \\
+\quad 100\cdots010 \\
\hline
100\cdots101
\end{array}
$$

图 1-14　数字 +3 的原码和 -2 的原码相加

二进制的加减法和十进制类似，只不过，在加法中，十进制是满 10 才进一位，二进制只要满 2 就进一位；同样，在减法中，二进制借位后相当于 2 而不是 10。相加后的结果是二进制 $100\cdots0101$，它的最高位是 1，表示负数，而最低的 3 位是 101，表示 5，所以结果就是 -5 的原码了，而 $3+(-2)$ 应该等于 1，两者不符。如果负数的原码并不适用于减法操作，该怎么办呢？这个问题的解答还要依赖计算机的溢出机制。刚刚介绍了溢出以及取模的特性，这里可以充分利用这一点，对计算机里的减法进行变换。假设有 $i-j$，其中 j 为正数。如果 $i-j$ 加上取模的除数，就会产生溢出，并正好能够获得我们想的 $i-j$ 的运算结果。如果这些难以理解，可以参见图 1-15。

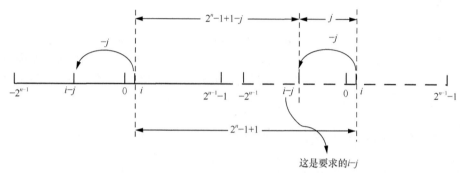

图 1-15 通过上溢出实现二进制的减法

将这个过程用表达式写出来就是 $i-j=(i-j)+(2^n-1+1)=i+(2^n-1-j+1)$。其中 2^n-1 的二进制码在不考虑符号位的情况下是 $n-1$ 位的 1，以 -2 为例，那么 2^n-1-2 的结果就如图 1-16 所示。

从结果可以观察出来，所谓 2^n-1-j 相当于对正数 j 的二进制原码，除符号位之外按位取反（0 变 1，1 变 0）。因为负数 $-j$ 和正数 j 的原码，除符号位之外都是相同的，所以，2^n-1-j 也相当于对负数 $-j$ 的二进制原码，除符号位之外按位取反。我们将 2^n-1-j 对应的编码称为负数 $-j$ 的反码。所以，-2 的反码就是 $1111\cdots1101$。有了反码的定义，那么就可以得出：

$$i-j=i+(2^n-1-j+1)=i\text{ 的原码}+(-j\text{ 的反码})+1$$

如果我们将 $-j$ 的反码加上 1 定义为 $-j$ 的补码，就可以得到 $i-j=i$ 的原码 $+(-j$ 的补码）。由于正数的加法无需负数的加法这样的变换，因此正数的原码、反码和补码三者都是一样的。最终，我们可以得到 $i-j=i$ 的补码 $+(-j$ 的补码）。换句话说，计算机可以通过补码，正确地运算二进制减法。我们再来用 $3+(-2)$ 验证一下。正数 3 的补码仍然是 $0000\cdots0011$，-2 的补码是 $1111\cdots1110$，两者相加，最后得到了正确的结果 1 的二进制，如图 1-17 所示。

$(n-1)$个1

$$\begin{array}{r} 11\cdots111 \\ - \quad 00\cdots010 \\ \hline 11\cdots101 \end{array}$$

$$\begin{array}{r} 0000\cdots0011 \\ + \ 1111\cdots1110 \\ \hline 0000\cdots0001 \end{array}$$

图 1-16 2^n-1-2 所产生的
按位取反效果

图 1-17 数字 +3 的补码和 -2 的补码
相加，得到正确的结果

可见，溢出本来是计算机数据类型的一种局限性，但在负数的加法上，它倒是可以帮大忙。再来回想一下之前数字 53 按位取反的结果，Python 按照原码输出-110110，也就是-54。你可以验证一下 53 按位取反后是不是-54 的补码。

1.2　余数

本节介绍"余数"。余数就是指整数除法中被除数未被除尽的部分，且余数的取值范围为 0 到除数之间（不包括除数自身）。例如，27 除以 11，商为 2，余数为 5。可能你会纳闷，小学生就能懂的内容，还需要在这里专门拿出来说吗？可不要小看余数，无论是在日常生活中，还是计算机领域中，它都发挥着重要的作用。

1.2.1　求余和同余定理

假如今天是星期三，我们想知道 50 天之后是星期几，那么拿 50 除以 7（因为一个星期有 7 天），然后余 1，最后在今天的基础上加一天，就能知道 50 天之后是星期四了。再如，我们做 Web 编程的时候，经常要用到分页的概念。如果要展示 1123 条数据，每页 10 条，那么该怎么计算总页数呢？其实就是拿 1123 除以 10，最后得到商是 112，余数是 3，所以你的总页数就是 112 + 1 = 113，而最后的余数就是多出来凑不够一页的数据。看完这两个例子，你会发现，余数总是在一个固定的范围内。例如，你拿任何一个整数除以 7，那么得到的余数肯定是 0～6 的某一个数。所以，只要我们知道 1900 年的 1 月 1 日是星期一，便可以知道这一天之后的第 1 万天、10 万天是星期几。整数是没有边界的，它可能是正无穷大，也可能是正无穷小。但是余数却可以通过某一种关系，让整数处于一个确定的范围内。

求余的另一个重点是同余定理。仍然以星期的例子来看，假如今天是星期一，从今天开始的 100 天里，有多少个星期呢？拿 100 除以 7，得到商 14 余 2，也就是说这 100 天里有 14 周多 2 天。换个角度看，可以说，这 100 天里的第 1 天、第 8 天、第 15 天等在余数的世界里都被认为是同一天，因为它们的余数都是 1，都是星期一。同理，第 2 天、第 9 天、第 16 天的余数都是 2，它们都是星期二。这些数的余数都是一样的，所以被归类到了一起。前人早已注意到了这一规律或者特点，所以他们将这一结论称为同余定理。同余定理简单来说就是，两个整数 a 和 b，如果它们除以正整数 m 得到的余数相等，就可以说 a 和 b 对于模 m 同余。换句话说，之前所说的 100 天里，所有星期一的这些天都是同余的，所有星期二的这些天都是同余的，同理，星期三、星期四等这些天也都是同余的。此外，我们经常提到的奇数和偶数，其实也是同余定理的一个应用。在这个应用中，它的模就是 2 了，2 除以 2 余 0，所以它是偶数；3 除以 2 余 1，所以它是奇数；2 和 4 除以 2 的余数都是 0，所以它们是一类，都是偶数；3 和 5 除以 2 的余数都是 1，所以它们是一类，都是奇数。

简单来说，同余定理其实就是用来分组的。整数有无限多个，如何能够全面、多维度地管理这些整数呢？同余定理提供了一个思路。因为不管模是几，最终得到的余数肯定都在一个范围内，可以保证分组的数量是有限的。例如，上面除以 7，就得到了星期几；除以 2，就得到了奇偶数。按照这种方式，可以将无限多个整数分成有限多个组。这一点在计算机中有很大的作用。

1.2.2　哈希

对于哈希（hash），程序员应该都不陌生，在每种编程语言中，都会有对应的哈希函数。简单来说，它就是将任意长度的输入，通过哈希算法，压缩为某一固定长度的输出。实际上，求余的过程就是在完成这件事情。

举个例子，假如你想要快速读写 100 万条数据记录，要实现高速地存取，最理想的情况当然是开辟一个连续的空间存放这些数据，这样就可以减少寻址的时间。但是受条件的限制，我们并没有能够容纳 100 万条记录的连续地址空间，这个时候该怎么办呢？我们可以考察一下，看看系统是否可以提供若干较小的连续空间，而每个空间又能存放一定数量的记录。例如，我们找到了 100 个较小的连续空间，也就是说，这些空间彼此之间是被分隔开来的，但是内部是连续的，并足以容纳 1 万记录连续存放，那么我们就可以使用余数和同余定理来设计一个哈希函数，并实现哈希表的结构。那么这个函数应该如何设计呢？下面是最基本的一种方法：

$$f(x) = x \bmod size$$

在这个公式中，x 表示待转换的数值，$size$ 表示有限存储空间的数量，mod 表示取余操作。通过求余，就能将任何数值转换为有限范围内的一个数值，然后根据这个新的数值来确定将数据存放在何处。具体来说，可以通过记录标号模 100 的余数，指定某条记录存放在哪个空间。这个时候，公式就变成了 $f(x) = x \bmod 100$。假设有两条记录，它们的记录标号分别是 1 和 101。我们将这些模 100 之后余数都是 1 的 1、101、201 等存放到第 1 个可用空间，将余数为 2 的 2、102、202 等存放到第 2 个可用空间……将 100、200、300 等存放到第 100 个可用空间。这样，我们就可以根据求余的快速数字变化对数据进行分组，并将它们存放到不同的地址空间里。求余操作本身非常简单，因此几乎不会增加寻址时间。图 1-18 展示了整个过程。

除此之外，为了增加数据散列的随机程度，还可以在公式中加入一个较大的随机数 max，于是，上面的公式就可以写成 $f(x) = (x + max) \bmod size$。假设随机数 max 是 590199，那么针对标号为 1 的记录进行重新计算，最后的计算结果就是 0，而针对标号为 101 的记录，如果随机数 max 取 627901，对应的结果应该是 2。这样先前被分配到空间 1 的两条记录，经过新的计算公式计算后，就会被分配到不同的可用空间中。你可以尝试记录 2 和 102，或者记录 100 和 200，最后应该也是同样的情况。你会发现，使用了 max 这个随机数之后，被分配到同一个空间中的记录就更加"随机"，更适合需要将数据重新洗牌的应用场景，如加密算法、MapReduce 中的数据分发、记录的高速查询和定位等。

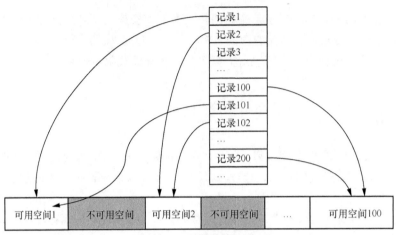

图 1-18　基于余数的哈希，将数据记录放入不同的可用空间

1.2.3　奇偶校验

前面介绍了二进制，其中很重要的一点是，二进制只有两种状态，其实现比较简单，有助于避免硬件系统所产生的错误。即便如此，偶尔的错误也还是无法完全避免的，特别是在互联网这种相对不稳定的环境下。试想一下，从网络上辛辛苦苦下载了几十 GB 的文件，之后突然发现由于传输错误而导致文件无法打开，多么令人沮丧啊！为此，人们设计了奇偶校验法来进行检测。而这种方法就是基于余数的特性。

为了更好地理解余数在奇偶校验法中的运用，我们先来看一位魔术师和他的助手所上演的戏法。这位魔术师对着台下的观众说："你们相信吗？我在蒙着眼睛的情况下也能看见你们的动作！"观众自然不信。魔术和他的助手进行了如下一番表演。

首先，魔术师蒙着眼睛，全程看不到助手和观众的行为，也不能和助手进行语言上的交流。

然后，助手邀请了一位现场的观众上台，让他随意选择 9 枚棋子，并在桌子上一字排开。请注意，这种棋子是特制的，一面是白色，另一面是黑色。所以放在桌上的棋子可能是黑面朝上，也可能是白面朝上。

接下来，助手观察了一下这些棋子，在棋子队列的最后，再加上一枚棋子。

下一步，助手让这位上台的观众，随机地决定翻转或不翻转一枚棋子。至此，助手还是不能和魔术师进行语言上的交流。

最后，魔术师解开了蒙住眼睛的布，观察一下目前所有 10 枚棋子排列的情况，竟然准确地猜中了观众是否进行了一次棋子的翻转。

魔术师是如何识破观众的行为的呢？毕竟，助手只是多放了一枚棋子，而且放棋子的动作是在观众决定是否要翻转棋子之前。那么，他是如何向魔术师传递观众有没有翻转棋子的信息呢？其中的奥妙就是奇偶数。助手在观众面前摆放的 9 枚棋子中，数出黑面朝上的棋子个数，若为奇数，就在末尾添加一枚黑棋。若为偶数，则添加一枚白棋。不管哪种情况，在最终的 10 枚棋子中，黑面朝上的棋子的个数必为偶数。那么接下来，观众的行为可能有以下 3 种。

- 观众翻转白面朝上的棋，使其黑面朝上，那么黑棋就增加了一枚，黑棋总数变为了奇数。
- 观众翻转黑面朝上的棋，使其白面朝上，那么黑棋就减少了一枚，黑棋总数也变为了奇数。
- 观众不翻转任何棋子，那么黑棋总数仍然是偶数。

当魔术师睁开双眼之后，他只需要数出黑棋的个数就能进行判断了。如果黑棋的个数为奇数，他就能知道观众翻转了某个棋子。如果黑棋的个数是偶数，就说明观众没有翻转棋子。所以，魔术师徒二人的戏法就是基于数字的奇偶性。而奇偶性的本质就是除以 2 后余 1 还是 0。可见普普通通的余数，却能在魔术表演中发挥重要的作用！不过更神奇的地方，不是这个魔术本身，而是其核心思想在计算机奇偶校验法中的运用。在魔术师和助手表演的戏法中，如果做如下假设，那么奇偶校验法就可以总结为：根据被传输的一组二进制代码的数位中"1"的个数是奇数或偶数来进行校验。采用奇数的称为奇校验，反之称为偶校验。

- 白棋为二进制的 0，黑棋为二进制中的 1。
- 助手和魔术师分别是数据的发送方和接收方。
- 中途翻转棋子的观众是干扰信号。

采用何种校验是事先规定好的。通常专门设置一个奇偶校验位，用它使这组代码中"1"的个数为奇数或偶数。当数据接收方读取存储的数据时，它会再次将数据中"1"的个数相加，并检查其结果是否与校验位一致，从而在一定程度上检测错误。由此可见，奇偶校验法的优点是实现简单，效率很高。当然，奇偶校验也有其局限性，例如只能检测出错误而无法对其进行修正，而且无法检测出 2 位、4 位甚至更多偶数位的错误。

1.2.4 交叉验证

在统计和机器学习的领域中，经常要对数据进行采样，或者进行不同数据集之间的相互校验，这时使用余数的原理对数据进行分组是非常必要的。这里让我们以监督学习中的交叉验证为例。通常机器学习的研究人员会进行离线的测试，以确保监督式分类器足够准确。鉴于此，人们发明了一种称为交叉验证（cross validation）的数据划分和性能测试方式。其核心思想是在每一轮中，拿出大部分数据实例进行建模，然后用建立的模型对剩余的小部分实例进行预测，最终对本次预测结果进行评估。这个过程反复进行若干轮，直到所有的标注样本都被预测了一次而且仅一次。用交叉验证的目的是为了得到可靠稳定的模型，最常见的形式是留一验证和 k 折交叉验证。留一验证（leave one out）是交叉验证的特殊形式，意指只使用标注数据中的一个数据实例来当作验证资料，而剩余的则全部当作训练数据。这个步骤一直持续到每个实例都被当作一次验证资料。而 k 折交叉验证（k-fold cross validation）是指训练集被随机地划分为 k 等分，每次都采用 $k-1$ 份样本用来训练，最后 1 份被保留作为验证模型的测试数据。如此交叉验证重复 k 次，每个 $\frac{1}{k}$ 子样本验证一次，通过平均 k 次的结果可以得到整体的评估值。假设有数据集 D 被划分为 k 份（$d_1, d_2, \cdots, d_k$），交叉过程则按如下形式表示：

$$Validation_1 = d_1 \quad Test_1 = d_2 \cup d_3 \cup \cdots \cup d_k$$

$$Validation_2 = d_2 \quad Test_2 = d_1 \cup d_3 \cup \cdots \cup d_k$$

$$\vdots$$

$$Validation_k = d_k \quad Test_k = d_1 \cup d_2 \cup \cdots \cup d_{k-1}$$

那么在每一轮中，如何确定每个数据点是训练数据还是测试数据呢？其实，这就是余数思想的运用。假设我们对每个数据点都进行从 1 到 n 的编号（n 为数据点的总数），那么 k 折交叉验证中，使用 k 作为除数，数据点的编号作为被除数，所得的余数就是数据的分组编号，确定了该数据在某一轮中是作为训练数据还是测试数据。

1.3   布尔代数

在实际生活中，需要遵守各种各样的规则。那么，如何将这些规则表述清楚并且没有异议呢？逻辑和集合就是我们最好的帮手。它们可以消除自然语言所产生的歧义，并严格准确地描述事物。对于以"严谨"而著称的计算机，逻辑命题及其相关的运算就更显得意义重大了。作为程序员，如果不能很好地理解这些概念，就会对计算机无从下手。所以，很有必要来讲一下逻辑和集合，以及它们的基础——布尔代数。

1.3.1   逻辑

我们先从逻辑开始，讲述什么是逻辑命题，如何进行逻辑运算，以及怎样在编程中运用逻辑。

1. 逻辑命题

先看一个生活中常见的例子。在很多公园的售票处，你都可以看到类似这样的规则：

（1）2 岁以下儿童免票；

（2）2 岁到 16 岁未成年人，未到 1.2 米的购半票，超过 1.2 米的购全票；

（3）成人购全票；

（4）60 岁及以上长者，凭退休证购半票。

这些规则就是逻辑运用在生活中的典型案例。而这些能够帮助你做出判断的陈述也称为命题。因此，上述的 4 条规则，你可以认为它们是 4 个命题。而命题成立的时候，我们说该命题为"真"，否则为"假"。假如某位游客今年 40 岁，规则（命题）1、2、4 对他而言都不成立，它们都是假命题。唯有规则（命题）3 对他成立，是真命题。所以这位游客应该购全票。从这个例子可以看出，一个完善的规则需要同时具备完整性和排他性。完整性是指命题需要覆盖所有可能的情况，而排他性是指规则和规则之间不能有相互矛盾的地方。仔细看看上述的公园购票规则，我们会发现以下两个问题。

（1）规则 2 不具备完整性。它未对正好 1.2 米的未成年人做出判断。所以需要改为"2 岁到 16 岁未成年人，未到 1.2 米的购半票，超过 1.2 米（包含 1.2 米）的购全票"。

（2）规则 3 不具备排他性。成人也包括 60 岁以上的长者，那么针对这样的游客，到底是根据规则 3 还是规则 4 买票呢？所以规则 3 需要改为"16 岁（不含 16 岁）到 60 岁（不含 60 岁）的成人购全票"。类似地，规则 2 也需要进一步明确是否包含 2 岁和 16 岁来满足排他性。

日常生活中的规则也许不会写得如此啰唆，人们凭着自己的常识会对规则加以推理。这样的做法并不严谨，容易产生误解和纠纷。程序员需要严谨的精神，写出的规则必须考虑所有可能的情况，并确保不会前后矛盾。这样计算机才可以按照我们所期望的那样，正常地运行。

2. 逻辑运算和逻辑表达式

讲完了逻辑命题，现在来看一下逻辑运算。之前我们提到过二进制位的逻辑运算。这些对于逻辑命题也是同样适用的，包括了逻辑与、逻辑或和逻辑非。两个命题的逻辑与表示两个命题必须同时成立，最终的逻辑值才为"真"，否则为"假"。例如，之前讨论的购票规则 4，其实是"60 岁及以上"和"凭退休证"这两个子命题的"与"。游客必须同时满足这两个条件才能按照规则 4 购半票。两个命题的逻辑或表示两个命题之一成立，最终的逻辑值就为"真"。如果两个都不成立，逻辑值就为"假"。例如，我们可以将购票规则 2 和 4 合并为一条购半票规则："未到 1.2 米的 2～16 岁未成年人，持退休证的 60 岁及以上长者，购半票。"游客只要满足两个条件其中之一，就可以享受购半票的优惠。命题的逻辑非，表示和原命题完全相反的命题。例如，"2 岁以下儿童"的非就是"2 岁及以上儿童"。

不过说了这些，还是基于自然语言的表述。为了严谨地表述逻辑，人们发明了布尔代数（Boolean algebra），或称逻辑代数。布尔代数描述了客观事物之间的逻辑关系，具有一套完整的运算规则。它被广泛地应用于开关电路和数字逻辑电路的转换，以及计算机高级语言的编程。布尔代数中包括以下几个主要组成元素。

- 逻辑（布尔）变量，可以将其认为是编程语言中的变量，不过这种变量必须是布尔类型，取值只能为"真"或"假"。
- 逻辑（布尔）运算符，主要是刚刚介绍的逻辑与（用∧表示）、逻辑或（用∨表示）和逻辑非（用¬表示）。
- 逻辑表达式，它是由逻辑值（真或假）、逻辑变量、逻辑运算符和改变运算优先级的括号，按一定语法规则所组成的式子。多个逻辑表达式可以组成更为复杂的表达式。

无论是逻辑变量还是逻辑表达式，都只能取逻辑值"真"或"假"。在计算机系统内，通常用 1（或非零整数）表示真（true），用 0 表示假（false），这和二进制中的按位逻辑运算是一致的，稍有不同的是，除 1 之外，还可以使用其他非零整数表示真。有了逻辑表达式，我们还需要了解其相关的常用定理。

- 结合律，和加减乘除法的结合律类似。
  - ◆ $(a \vee b) \vee c = a \vee (b \vee c)$：在所有条件中，满足任何一个就为真，和结合的先后顺序无关。
  - ◆ $(a \wedge b) \wedge c = a \wedge (b \wedge c)$：所有条件都必须满足才为真，和结合的先后顺序无关。
- 交换律，和加减乘除法的交换律类似。
  - ◆ $a \vee b = b \vee a$
  - ◆ $a \wedge b = b \wedge a$
- 分配律，和加减乘除法的分配律类似。
  - ◆ $a \wedge (b \vee c) = (a \wedge b) \vee (a \wedge c)$
  - ◆ $a \vee (b \wedge c) = (a \vee b) \wedge (a \vee c)$
- 反演律（德·摩根律），请注意这是逻辑运算中非常重要的定理。
  - ◆ $\neg(a \vee b) = \neg a \wedge \neg b$，可以扩展为 $\neg(a_1 \vee a_2 \vee \cdots \vee a_n) = \neg a_1 \wedge \neg a_2 \wedge \cdots \wedge \neg a_n$
  - ◆ $\neg(a \wedge b) = \neg a \vee \neg b$，可以扩展为 $\neg(a_1 \wedge a_2 \wedge \cdots \wedge a_n) = \neg a_1 \vee \neg a_2 \vee \cdots \vee \neg a_n$

3. 逻辑在编程中的应用

我们先以 Python 语言为例，展示逻辑在编程中的应用。编程语言通常将逻辑称为布尔，以下不做特别的区分。布尔表达式在 Python 中的组成元素包括逻辑运算符、比较运算符、算术运算符以及子布尔表达式，其中子布尔表达式也是由逻辑运算符、比较运算符和算术运算符组成的。

- 逻辑运算符，它用于连接布尔值或其他布尔表达式。
  - ◆ and——逻辑与，Python 的语法比较贴近自然语言，所以直接使用 and 作为逻辑与。当 and 所连接的两个表达式同时为 true 时，最终输出 true（1）；当 and 所连接的两个表达式不同时为 true 时，最终输出 false（0）。
  - ◆ or——逻辑或，当 or 所连接的两个表达式中有一个为 true 时，最终输出 true（1）；当 or 所连接的两个表达式同时为 false 时，最终输出 false（0）。
  - ◆ not——逻辑非，当 not 所包含的表达式为 true 时，最终输出 false（0）；当 not 所包含的表达式为 false 时，最终输出 true（1）。
- 比较运算符，虽然它本身和逻辑并无直接关联，但是布尔表达式中的比较运算符可以帮助我们进行判断并获取逻辑值。例如，a = num1 > num2，在变量 num1 大于变量 num2 的情况下，变量 a 的取值为 true，否则为 false。
- 算术运算符，它和比较运算符一样，将辅助我们进行判断并获取逻辑值。例如，a = (num1 + 3) × 2 > num2，如果变量 num1 加上 3 再乘以 2 之后的结果大于变量 num2，变量 a 的取值为 true，否则为 false。

运算符优先级别从高到低依次为逻辑非、算术运算符、比较运算符、逻辑与、逻辑或，结合性的顺序均为从左到右。运算的优先级可以帮助我们节省不必要的括号。

在编程语言中，通常仅有布尔表达式是不够的，还需要将其和控制语言结合起来，如 Java 语言的 if 语句。以下是 Python 中常见的 if 语句格式。

- if(布尔表达式): 函数体。若表达式的值为真，执行函数体；否则执行函数体后面的语句。
- if(布尔表达式): 函数体 1 else: 函数体 2。若表达式为真，执行函数体 1，否则执行函数体 2。

在其他高级编程语言中，虽然具体的逻辑符号和程序编码可能和 Python 有所不同，但是布尔表达式和条件语句的核心思想都是一致的，那就是：通过 if 条件语句中的布尔表达式，让计算机进行判断并控制整个流程。

基于逻辑的条件判断语句在非常复杂的程序模块中也扮演了关键的角色。下面来介绍一下机器学习常用的决策树算法，它是一个复杂逻辑的典型应用。如果你对机器学习并不了解也没有关系，这里只讲一个基于决策树的分类问题，来看它是如何将复杂问题转化为基于逻辑的控制的。为了帮助你更好地理解，这里使用一个非常生活化的例子。假设这样的场景：将 1000 颗水果放入一个黑箱中，同时事先告诉果农，黑箱里只可能有苹果、甜橙和西瓜这 3 种水果，没有其他种类，然后每次随机摸出一颗，让果农判断它是 3 种水果中的哪一种。这就是最基本的分类问题，只提供有限的选项，而减少了潜在的复杂性和可能性。而决策树算法就充分利用了逻辑判断，让计算机在特定条件下协助人类进行思考和决策，高效率地进行分类。决策树学习属于归纳推理算法之一，其学习后的模型函数是通过一棵树来表示的，这也是"决策树"这个名字的由来。决策树让数据实例从树的根结点走到叶结点，然后逐个通过每个结点对某维度特征值进行判断，最后确定其分类。图 1-19 展示了水果案例中做决策的过程。

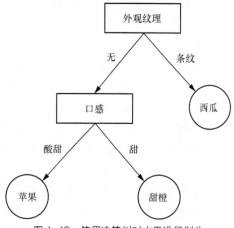

图 1-19　使用决策树对水果进行划分

1.3.2　集合

在公园购票的案例中，人们可以通过规则确定自己应该购半票还是全票。如果将这些逻辑转换成逻辑表达式，并且和计算机的条件语句相结合，就能设计自助售票的系统了。假设这个系统投入了使用，并且顺畅地运行了一段时间，就能收集不少的游客信息。有了这些数据，我们就会思考另一些问题：所有游客中，有多少身高超过 1.2 米的未成年人？有多少成人？有多少退休的长者？那么，这里就要引入另一个和逻辑关系紧密的概念——集合。很多情况下，逻辑命题决定了集合里的元素，逻辑运算对应了集合的操作。反之，集合的操作也可以解释为逻辑运算。本节还是继续使用公园购票的案例，解释集合的概念，然后通过数据库的 SQL 语言来展示集合的应用。

1. 集合的特性、类型和运算

集合是指由某种对象汇总而成的集体。其中，构成集合的这些对象称为该集合的元素。在公园购票的例子中，所有购票者的集合，它的元素就是每一位购票的游客。通常使用大写字母（如 A, B, S, T, …）表示集合，而用小写字母（如 a, b, x, y, …）表示集合的元素。若 x 是集合 S 的元素，则称 x 属于 S，记为 $x \notin S$。若 y 不是集合 S 的元素，则称 y 不属于 S，记为 $y \notin S$。它有以下特性。

- 确定性：给定一个集合，任意给定一个元素，该元素或者属于，或者不属于该集合，二者必居其一，不允许有模棱两可的情况出现。
- 互异性：一个集合中，任何两个元素都被认为是不相同的，即每个元素只能出现一次。
- 无序性：一个集合中，每个元素的地位都是等同的，元素之间是无序的。集合上可以定义序关系，定义了序关系后，元素之间就可以按照序关系排序。但就集合本身的特性而言，元素之间没有必然的序。

集合的常见类型有以下几种。

- 空集：有一类特殊的集合，它不包含任何元素，称为空集，记为 $\varnothing$。
- 全集：包含所有元素的集合，称为全集，记为 U。
- 子集：设 S、T 是两个集合，如果 S 的所有元素都属于 T，则称 S 是 T 的子集，记为 $S \subseteq T$。我们可以将 1.3.1 节中整个游客群体认为是一个集合的全集，而根据购票规则所产生的儿童票、未成年人票、成人票、老年票分组是游客全集的子集。换言之，逻辑命题可以帮助我们对集合进行划分。由于逻辑命题的完整性，每个游客都可以得到自己的分组，归属到对应的子集。由于排他性，每个游客只可能出现在一个子集里，而不可能出现在多个子集里，这和集合的确定性一致。
- 交集：由属于 A 且属于 B 的相同元素组成的集合，记作 $A \cap B$（或 $B \cap A$），读作"A 交 B"（或"B 交 A"），即 $A \cap B = \{x \mid x \in A$ 且 $x \in B\}$。两个集合的交等同于两个命题的逻辑与。例如，之前讨论的购票规则 4，它是"60 岁及以上"和"凭退休证"这两个子命题的"与"，也是"60 岁及以上的游客"之集合和"拥有退休证的游客"之集合的交，如图 1-20 所示。游客必须同时满足这两个条件才能按照规则 4 购半票。

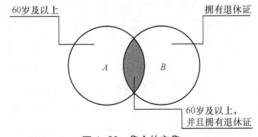

图 1-20　集合的交集

- 并集：由所有属于集合 A 或属于集合 B 的元素所组成的集合，记作 $A \cup B$（或 $B \cup A$），读作"A 并 B"（或"B 并 A"），即 $A \cup B = \{x \mid x \in A$ 或 $x \in B\}$。两个集合的并等同于两个命题的逻辑或。例如，我们可以将购票规则 2 和 4 合并为一个购半票规则："未到 1.2 米的 2 岁到 16 岁未成年人，持退休证的 60 岁及以上长者，购半票。"游客只要满足这两个条件其中之一，就可以享受购半票的优惠，这也是"未到 1.2 米的 2 岁到 16 岁未成年人"之集合和"持退休证的 60 岁及以上长者"之集合的并，如图 1-21 所示。

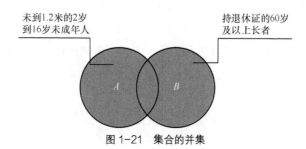

图 1-21　集合的并集

- 补集：补集又可分为相对补集和绝对补集。
  - ♦ 绝对补集：A 关于全集的相对补集称为 A 的绝对补集，记作 A' 或 $\sim A$。有 $U' = \varnothing$；$\varnothing' = U$。集合的绝对补集等同于命题的逻辑非。"16 岁及以上的游客"之集合的绝对补集就是"16 岁以下游客"之集合，如图 1-22 所示。

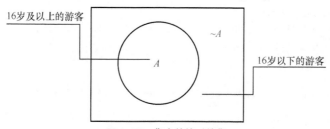

图 1-22　集合的绝对补集

  - ♦ 相对补集：由属于 A 而不属于 B 的元素组成的集合，称为 B 关于 A 的相对补集，记作 $A-B$ 或 $A \backslash B$，即 $A-B = \{x \mid x \in A$ 且 $x \notin B\}$。B 关于 A 的相对补集等同于命题 B 的逻辑非和命题 A 的逻辑与。

集合的常见运算定理有以下几个。

- 结合律：$A \cup (B \cup C) = (A \cup B) \cup C$；$A \cap (B \cap C) = (A \cap B) \cap C$。
- 交换律：$A \cap B = B \cap A$；$A \cup B = B \cup A$。
- 分配律：$A \cap (B \cup C) = (A \cap B) \cup (A \cap C)$；$A \cup (B \cap C) = (A \cup B) \cap (A \cup C)$。
- 反演律（德·摩根律）：$(A \cup B)' = A' \cap B'$；$(A \cap B)' = A' \cup B'$。

你会发现集合的结合律、交换律、分配率和反演律，分别对应于逻辑表达式的结合律、交换律、分配率和反演律，虽然所用的符号有所不同。由于两者的一致，因此我们可以通过集合的可视化来辅助理解逻辑表达式的复杂性。例如，我们可以将逻辑表达式的反演律$\neg(a \lor b) = \neg a \land \neg b$ 表示为集合的反演律$(A \cup B)' = A' \cap B'$。

2. 集合在编程中的应用

由于集合和逻辑存在紧密的联系，因此它也在日常的编程中扮演了举足轻重的角色。你所熟悉的数据库 SQL 语言就运用了不少集合的概念。这里重点讲述一下其中的 SELECT 查询和 JOIN 操作。

SELECT 是 SQL 查询语言中十分常用的语句。该语句将根据指定的条件（也就是逻辑表达式），在一个数据库中进行查询并返回结果，而返回的结果就是满足条件的记录之集合。其基本语法为：

```
SELECT [predicate] { * | table.* | [table.]field1 [AS alias1] [, [table.]field2
[AS alias2] [, ...]]} FROM tableexpression [, ...] [IN externaldatabase] [WHERE... ]
[GROUP BY... ] [HAVING... ] [ORDER BY... ] [WITH OWNERACCESS OPTION]
```

其中 WHERE 部分允许设置逻辑表达式，SQL 语言会根据其内容确定所要返回的集合。针对之前所讨论的问题，我们可以进行代码清单 1-6 中的查询。

代码清单 1-6　SQL 中的逻辑表达式和结果集

```
-- 表 Visitors 包含所有的游客记录
-- 有多少身高超过 1.2 米的儿童?
SELECT * FROM Visitors WHERE (Visitors.age >= 2 AND Visitors.age < 16) AND
Visitors.height > 1.2;

-- 有多少成人?
SELECT * FROM Visitors WHERE Visitors.age >= 16 AND Visitors.age < 60;

-- 有多少退休的长者?
SELECT * FROM Visitors WHERE Visitors.age >= 60 AND Visitors.retired = true;
```

随着游客数量的不断增加，你可能会发现需要对数据库进行拆分。如果你采用的是垂直拆分方案，那么你需要将游客的不同属性分别放入不同的数据表或者数据库中。这里，假设我们将年龄、身高、是否退休的信息分别放在 Age、Height 和 Retired 这 3 张不同的表中。采用垂直拆分方案之后，你就需要使用 SQL 的 JOIN 操作进行记录的查询。该操作可以帮助我们从多个表中获取记录，然后拼接成完整的结果。JOIN 操作有多种类型，每种类型其实都对应了一种集合的操作。我们来看看最常见的几种。

- 内连接（inner join）：内连接查询能将左表和右表中能关联起来的数据连接后返回，返回的结果就是两个表中所有相匹配的数据。内连接查询 Age 和 Height 表可以让我们同时获得游客的年龄和身高信息，而且被返回的游客记录必须同时具有年龄和身高信息。

从集合的角度来说，如果我们认为 Age 表是集合 A，Height 表是集合 B，然后使用游客的唯一 id 作为关联的键值，那么内连接产生的结果是 A 和 B 的交集，如图 1-23 所示。具体的 SQL 写法如下：

```
SELECT * FROM Age AS A INNER JOIN Height AS B ON A.id = B.id;
```

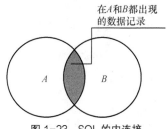

图 1-23　SQL 的内连接

- 外连接（outer join）：外连接可以保留左表、右表或全部表。根据这些行为的不同，可分为左外连接（left join）、右外连接（right join）和全连接（full join）。

  - 左外连接：左外连接查询 Age 和 Height 表可以让我们同时获得游客的年龄和身高信息，但是返回的游客记录可以缺少身高信息。从集合的角度来说，如果我们认为 Age 表是集合 A，Height 表是集合 B，该连接产生的结果分为两部分，一部分是 A 和 B 的交集$(A \cap B)$，这部分的数据具有分别来自 A 和 B 的数据字段，另一部分是存在 A 而并不存在 B 中$(A - A \cap B)$，这部分的数据只具有来自 A 的数据字段，对应于 B 的数据字段被 null 填充，如图 1-24 所示。具体的 SQL 写法如下：

```
SELECT * FROM Age AS A LEFT JOIN Height AS B ON A.id = B.id;
```

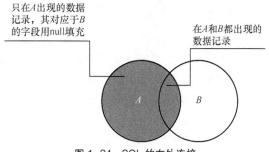

图 1-24　SQL 的左外连接

  - 右外连接：右外连接查询 Age 和 Height 表可以让我们同时获得游客的年龄和身高信息，但是返回的游客记录可以缺少年龄信息。从集合的角度来说，如果我们认为 Age 表是集合 A，Height 表是集合 B，该连接产生的结果分为两部分，一部分是 A 和 B 的交集$(A \cap B)$，这部分的数据具有分别来自 A 和 B 的数据字段，另一部分是存在 B 而并不存在 A 中$(B - A \cap B)$，这部分的数据只具有来自 B 的数据字段，对应于 A 的数据字段被 null 填充，如图 1-25 所示。具体的 SQL 写法如下：

```
SELECT * FROM Age AS A RIGHT JOIN Height AS B ON A.id = B.id;
```

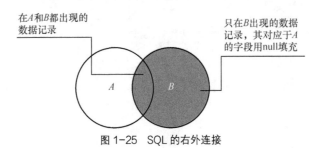

图 1-25　SQL 的右外连接

◆ **全连接**：全连接查询 Age 和 Height 表可以让我们同时获得游客的年龄和身高信息，返回的游客记录既可以缺少年龄信息又可以缺少身高信息。从集合的角度来说，如果我们认为 Age 表是集合 A，Height 表是集合 B，该连接产生的结果是 A 和 B 的并集（如果没有相同的值会用 null 作为值），如图 1-26 所示。具体的 SQL 写法如下：

```
SELECT * FROM TableA AS A FULL JOIN TableB AS B on A.PA = B.PK;
```

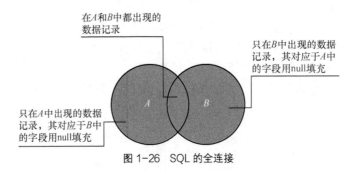

图 1-26　SQL 的全连接

读到这里，你也许会问，怎么会存在游客缺少年龄或身高信息的情况呢？这是因为处理现实世界中的海量数据远比我们想象的复杂，各种业务的特殊性以及信息系统的错误都可能导致数据丢失的情况。所以，我们要充分理解不同类型的连接操作所对应的集合概念，并加以合理运用，才能有效地避免错误被进一步放大。

第 2 章

迭代、数学归纳和递归

本章介绍和基础编程关系非常紧密的两个概念：迭代和递归，以及与它们相关的数学归纳。

2.1 迭代法

迭代法（iterative method）的基本思想是基于当前的值来推导新的值，常见于许多数学问题的求解中。将迭代法和计算机强大的处理能力相结合，我们能创造出很有价值的数据结构和算法。

2.1.1 迭代法简介

在解释这个重要的概念之前，我们先来看一个有趣的小故事。古印度国王舍罕酷爱下棋，他打算重赏国际象棋的发明人宰相西萨·班·达依尔。这位聪明的大臣指着象棋盘对国王说："陛下，我不要别的赏赐，请您在这张棋盘的第一个小格内放入 1 粒麦子，在第二个小格内放入 2 粒，第三个小格内放入 4 粒，以此类推，每一小格内都比前一小格增加一倍的麦子，直至放满 64 个小格，然后将棋盘上所有的麦子都赏给您的仆人我吧！"国王自以为小事一桩，痛快地答应了。可是，当开始放麦子之后，国王发现，还没放到第二十个小格，一袋麦子已经空了。随着一袋又一袋的麦子被放入棋盘的小格里，国王很快看出来，即便拿来印度的全部粮食，也兑现不了对达依尔的诺言。放满这 64 个小格到底需要多少粒麦子呢？这是一个相当大的数字，想要手工算出结果并不容易。如果你觉得自己厉害，可以试着拿笔算算。其实，这整个算麦粒的过程，在数学上是有对应方法的，这也正是本节要讲的概念——迭代法。简单来说，迭代法其实就是不断地用旧的变量值递推计算新的变量值。这么说可能还是比较抽象，不容易理解。我们回到刚才的故事。大臣要求每一小格的麦子都是前一小格的两倍，那么前一小格里麦子的数量就是旧的变量值，可以先记作 x_{n-1}；当前小格里麦子的数量就是新的变量值，记作 x_n，这两个变量的递推关系是这样的：

$$f(x_n) = f(x_{n-1}) \times 2$$
$$f(1) = 1$$

如果你有编程经验，就会发现迭代法的思想很容易通过计算机语言中的循环语言来实现。我们知道，计算机本身就适合做重复性的工作，我们可以通过循环语句，让计算机重复执行迭代中的递推步骤，直至推导出变量的最终值。接下来，我们就用循环语句来算算填满小格到底需要多少粒麦子。代码清单 2-1 使用 Python 语言进行了展示。

代码清单 2-1   计算 64 个小格需要多少粒麦子

```python
def get_number_of_wheat(grid):
    # 麦粒总数
    sum = 0

    # 当前小格内的麦粒数，第一个小格里麦粒的数量为 1
    number_of_wheat_in_grid = 1
    sum += number_of_wheat_in_grid

    for i in range(2, grid + 1):
        # 当前小格里麦粒的数量是前一小格里麦粒数量的 2 倍
        number_of_wheat_in_grid *= 2

        # 累计麦粒总数
        sum += number_of_wheat_in_grid

    return sum

if __name__ == '__main__':
    print(get_number_of_wheat(64))
```

计算的结果是 18446744073709551615，多到数不清了。我大致估算了一下，按一袋 50 斤的麦子有 130 万粒麦子计算，那么结果相当于 14 万亿袋 50 斤的麦子！

2.1.2   迭代法的应用

迭代法无论是在数学还是计算机领域都有很广泛的应用。大体上，迭代法可以运用在以下几个方面。

（1）求数值的精确解或者近似解。典型的方法包括二分法（bisection method）和梯度下降（gradient descent）。

（2）在一定范围内查找目标值。典型的方法包括二分搜索（binary search）。

（3）机器学习算法中的迭代。相关的算法或者模型有很多，如 k 均值聚类（k-means clustering）、决策树（decision tree）的生成、PageRank 基于马尔可夫链（Markov chain）的计算等。迭代法之所以在机器学习中有广泛的应用，是因为很多时候机器学习的过程，就是根据已知的数据和一定的假设,求一个全局或者局部的最优解。而迭代法可以帮助学习算法逐步搜索,直至发现这种解。

这里,我详细讲解一下求数值的解和查找匹配记录这两个应用。

1. 求方程的精确解或者近似解

迭代法不仅可以计算庞大的数值,还可以通过无穷次地逼近,求得方程的精确解或者近似解。例如,我们想计算某个给定正整数 n($n>1$)的正平方根,如果不使用编程语言自带的函数,你会如何来实现呢?假设有正整数 n($n>1$),那么 n 的平方根一定小于 n 本身,并且大于 1。那么这个问题就转换成,在 1 到 n 之间找一个数值等于 n 的平方根。这里采用迭代法中常见的二分法。每次查看区间内的中间值,检验它是否符合标准。例如,找到 10 的平方根。我们需要先看 1 到 10 的中间值,也就是 $11/2=5.5$。5.5 的平方是大于 10 的,所以我们要一个更小的数值,就看 5.5 和 1 之间的 3.25。3.25 的平方也是大于 10 的,继续查看 3.25 和 1 之间的数值,也就是 2.125。这时,2.125 的平方小于 10 了,所以看 2.125 和 3.25 之间的值,一直继续下去,直到发现某个数的平方正好是 10,图 2-1 展示了这几个步骤。

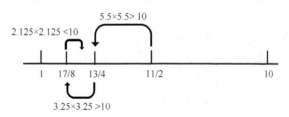

图 2-1 使用二分法求解 10 的平方根

基于 Python 的示范代码如代码清单 2-2 所示。

代码清单 2-2 二分法计算平方根

```python
# 计算大于 1 的正整数之平方根
# n 表示待求的数,delta_threshold 表示误差的阈值,max_try 表示二分搜索的最大次数
# 返回值是平方根的解
def get_square_root(n, delta_threshold, max_try):
    if n <= 1:
        return -1.0      # -1.0 表示 n 值不合要求

    min_val, max_val = 1.0, n
    for i in range (0, max_try):
        mid_val = min_val + (max_val - min_val) / 2
        square_val = mid_val ** 2
        delta = abs((square_val / n) - 1)
        print('第{}次迭代,估计值{},相对误差{}'.format(i, mid_val, delta))
        if delta <= delta_threshold:
            return mid_val
```

```
        else:
            if square_val > n:
                max_val = mid_val
            else:
                min_val = mid_val

    return -2.0      # -2.0表示在规定次数内未能找到足够精确的平方根

if __name__ == '__main__':
    number = 10
    square_root = get_squre_root(number, 0.000001, 10000)
    if square_root == -1.0:
        print('请输入大于 1 的整数')
    elif square_root == -2.0:
        print('未能找到解')
    else:
        print('{}的平方根是{}'.format(number, square_root))
```

经过 20 次迭代，最后计算出 10 的平方根是 3.1622767448425293。这段代码的实现思想就是之前所讲的迭代，其中有几个细节需要注意。

（1）中间值的计算。第 10 行的代码使用了特殊的方式，从而避免了值的溢出。在第 1 章介绍负数的加法时，我们已经解释了什么是溢出。这里为什么可能会溢出呢？从理论上来说，(min_val + max_val) / 2 = min_val + (max_val - min_val) / 2。我们之前说过，计算机系统有自身的局限性，无论何种数据类型，都有一个上限或者下限。一旦某个数值超出了这些限定值，就会溢出。如今的 Python 语言理论上支持无限大的数值，所以对它来说溢出可能并不是问题。对其他编程语言（如 Java）的变量 min_val 和 max_val 而言，在定义的时候都指定了数据类型。虽然初始化的时候，这两个变量不会超出范围，但是两者的和就不一定了。从图 2-2 可以看出，当 min_val 和 max_val 都已经很接近某个数据类型的最大值时，两者的和就会超出这个最大值而上溢。这也是最好不要通过(min_val + max_val) / 2 来求两者的中间值的原因。那么为什么 min_val + (max_val - min_val) / 2 就不会溢出呢？首先，max_val 没有超出最大值，那么(max_val - min_val) / 2 自然也就没有超出范围，即使 min_val 加上了 (max_val - min_val) / 2，也不会超过 max_val 的值，所以运算的整个过程都不会溢出，图 2-2 展示了这一点。

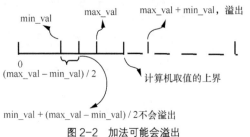

图 2-2　加法可能会溢出

（2）使用 delta_threshold 参数来控制解的精度。虽然理论上来说，可以通过二分的无限次迭代求得精确解，但是考虑到实际应用中耗费的大量时间和计算资源，绝大多数情况下，我们并不需要完全精确的数据。另外，这里使用了误差的百分比，也就是误差值占输入值 n 的百分比。如果 n 是一个很小的正整数，如个位数，那么误差可能要精确到 0.00001。但是，如果 n 是一个很大的数，如几个亿，那么精确到 0.00001 可能没有太大必要，精确到 0.1 就可以了。使用误差的百分比可以避免不同的 n 导致的迭代次数有太大差异。因为这里 n 是大于 1 的正整数，所以可以直接拿平方值 square_val 除以 n。否则，代码要单独判断 n 为 0 的情况。

（3）使用 max_try 参数来控制循环的次数。之所以没有使用 while true 循环，是为了避免死循环。虽然这里使用 delta_threshold 理论上是不会陷入死循环的，但是出于良好的编程习惯，还是尽量避免其产生的可能性。

另一种常见的迭代求值法是梯度下降。梯度下降算法使用迭代的优化过程，向函数上当前点所对应的梯度之反方向，按照规定步长进行搜索，最终发现局部的极小值。假设 $f(x)$ 是一个关于变量 x 的函数，为了求得 $f(x)$ 的极小值 $f_{\min}(x)$，我们为 x 随机选取一个初始值，然后根据如下方式更新 x：

$$x_{n+1} = x_n - \alpha \times \frac{\partial f(x)}{\partial x}$$

其中 x_n 表示当前的 x 值，x_{n+1} 表示新的 x 值，α 是前进的步长，这就是梯度下降中的递推关系。整个过程如图 2-3 所示。

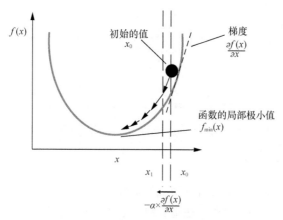

图 2-3　梯度下降算法的原理示意

从图 2-3 可以看出，当梯度绝对值较大的时候，值 x 的修正幅度较大，而当梯度绝对值较小的时候，我们认为已经趋近于局部极值了，所以修正幅度较小。另外，步长 α 不能太大，因为这样更容易错过真实的局部极小值了。下面仍然使用求解平方根的例子，来展示该算法是如何工作的。假设输入的值是正数 y，而要求解 y 的平方根。首先，我们随机地猜测一个正数 x_0，将其作为 y 的平方根，当然直接猜中的可能性几乎为 0。此时，我们将 x_0 的平方与 y 之间的差的平方，定义为损失函数，具体如下：

$$f(x) = (y - x^2)^2$$

之所以要使用两者差值的平方，是为了保持函数 $f(x)$ 的连续性，并可以求导。这个时候，当 $f(x)$ 的导数为 0 的时候，我们就可以获得 $f(x)$ 的极小值，也就是 y 和 x^2 直接差距最小的时候，我们可以将 x 作为 y 的平方根的近似解或精确解。根据梯度下降和损失函数 $f(x)$ 的定义，我们可以获得如下递推式：

$$x_{n+1} = x_n - \alpha \times \frac{\partial f(x)}{\partial x} = x_n - \alpha \times \frac{\partial (y - x^2)^2}{\partial x} = x_n - \alpha \times (2 \times (y - x^2) \times (-2x)) = x_n + \alpha \times 4x(y - x^2)$$

注意，该式的求导过程使用了求导的链式法则。根据上述递推关系，我们就可以使用迭代法来进行推算，代码清单 2-3 展示了整个过程。

代码清单 2-3　梯度下降法计算平方根

```
# 计算大于 1 的正整数之平方根
# x 表示初始的猜测值，n 表示待求的数，derivative_threshold 表示导数的最小值，alpha 表示前进的步长，
# max_try 表示迭代的最大次数
def get_square_root_gradient_descent(x, n, derivative_threshold, alpha, max_try):
    for i in range(0, max_try):
        derivative = - 4 * x * (n - x ** 2)
        if abs(derivative) <= derivative_threshold:
            return x
        x -= alpha * derivative
        print('第{}次迭代，估计值{}，导数{}'.format(i, x, derivative))

if __name__ == '__main__':
    number = 10
    get_square_root_gradient_descent(1, number, 0.000001, 0.01, 10000)
```

在当前的参数设置下，算出的 10 的平方根是 3.162277655626331。

2. 查找匹配的记录

二分法中的迭代式逼近，不仅可以帮我们求得近似解，还可以帮助我们查找匹配的记录。这里使用一个查字典的案例来说明。在搜索引擎这类自然语言处理中，经常要处理同义词或者近义词的扩展。这时，你手头上会有一个同义词/近义词的字典。对于一个待查找的词，需要在字典中找出这个词，以及它所对应的同义词和近义词，然后进行扩展。例如，这个字典里有一个关于"西红柿"的词条，其同义词包括了"番茄"和"tomato"，如表 2-1 所示。

表 2-1　同义词字典示例

词条	同义词 1	同义词 2	同义词 3
西红柿	番茄	tomato	...
菠萝	凤梨	pineapple	...
...	...	...	...

在处理文章的时候，只要我们看到了"西红柿"这个词，就去字典里进行查找，找出"番茄""tomato"等，并添加到文章中作为同义词/近义词的扩展。这样，用户在搜索"西红柿"这个词的时候，我们就能确保出现"番茄"或者"tomato"的文章会被返回给用户。

乍一看到这个任务的时候，你也许想到了 1.2.2 节所讲述的哈希表。没错，哈希表是个好方法。不过，如果不使用哈希表，还有什么其他方法呢？这里介绍一下用二分搜索法进行字典查询的步骤。

（1）将整个字典先进行排序（假设从小到大）。二分法中关键的前提条件是，所查找的区间是有序的。这样才能在每次折半的时候，确定被查找的对象属于左半边还是右半边。

（2）使用二分法逐步定位到待查词。每次迭代的时候，都找到被搜索区间的中间点，看看这个点上的词是否和待查词一致。如果一致就返回；如果不一致，要看待查词比中间点上的词是小还是大。如果小，那么说明待查词如果在字典中，一定在左半边，否则在右半边。

（3）根据第 2 步的判断，选择左半边或者后半边，继续迭代式地查找，直到范围缩小到单个的词。如果到最终仍然无法找到，则返回不存在。

当然，你也可以对词进行从大到小的排序，如果是那样，在第 2 步的判断就需要相应地修改一下。这个方法的整体思路和二分法求解平方根是一致的，主要区别有两个方面。第一，每次判断是否终止迭代的条件不同。求平方根的时候，我们需要判断某个数的平方是否和输入的数据一致。这里我们需要判断字典中某个词是否和待查词相同。第二，二分搜索需要确保被搜索的空间是有序的。具体的 Python 示范代码如代码清单 2-4 所示。

代码清单 2-4 二分搜索指定的词

```python
# 二分搜索
def binary_search(word_list, word_to_find):
    # 边界检测
    if word_list == None or len(word_list) == 0:
        return False

    # 进行二分搜索
    left, right = 0, len(word_list) - 1
    while left <= right:
        # 避免溢出
        middle = int(left + (right - left) / 2)
        if word_list[middle] == word_to_find:
            return True
        if word_list[middle] > word_to_find:
            right = middle - 1
        else:
            left = middle + 1
    return False

if __name__ == '__main__':
```

```
word_list = ['I', 'am', 'the', 'author', 'of', 'this', 'book']
# 排序
word_list.sort()
print(binary_search(word_list, 'author'))
```

到这里，迭代法的基本思想就介绍完了。总结一下使用迭代法的基本步骤。

（1）确定用于迭代的变量：在可以用迭代法解决的问题中，至少存在一个可以由旧值不断地递推出新值的变量，例如在棋盘上每一小格的麦粒数、二分搜索法的中间值等。

（2）建立迭代变量之间的递推关系：这种递推关系是指从变量的前一个值推出其后一个值的公式。递推关系式的建立是解决迭代问题的关键。例如，棋盘上小格的麦粒数是前一小格的2倍；在二分搜索法中，新的中间值是左半范围或右半范围的中间值。

（3）控制迭代的过程：在什么时候结束迭代？无论是数学演算还是编写程序，迭代过程肯定不能无休止地执行下去。因此，可以将迭代过程的控制分为两种情况。一种是所需的迭代次数是一个确定的值，这种情况下可以构建一个固定次数的循环。例如，要放满64格的棋盘，我们就建立运行64次的循环。另一种是所需的迭代次数无法确定。在这种情况下，我们需要进一步分析得出可用来结束迭代过程的条件。例如，要找到某个正整数的平方根，我们就设置近似解的精度。

人类并不擅长重复性的劳动，而计算机却很适合做这种事。这也是以重复为特点的迭代法在编程中有着广泛应用的原因。不过，日常的实际项目可能并没有体现出明显的重复性，以至于让我们很容易忽视迭代法的使用。所以，要多观察问题的现象，思考其本质，看看通过不断更新变量值或者缩小搜索的区间范围，是否可以获得最终的解（或近似解、局部最优解），如果是，就可以尝试迭代法。

2.2　数学归纳法

2.1 节介绍了迭代法及其应用，并用编程实现了几个小例子。不过你知道吗，对于某些迭代问题，其实可以避免一步步的计算，直接从理论上证明某个结论，从而节约大量的计算资源和时间，这就是现在要说的数学归纳法。

我们平时谈的"归纳"，是一种从经验事实中找出普遍特征的认知方法。例如，人们在观察了各种各样的动物之后，通过它们的外观、行为特征、生活习性等得出某种结论，来区分哪些是鸟、哪些是猫等。表 2-2 列出了几个动物的例子。

表 2-2　几个动物和它们的特征

动物	皮毛	是否会飞	吃什么	类别
第 1 只麻雀	羽毛	是	小虫	鸟
第 2 只麻雀	羽毛	是	小虫	鸟
1 只老鹰	羽毛	是	小动物	鸟

动物	皮毛	是否会飞	吃什么	类别
1 只波斯猫	绒毛	否	小鱼、老鼠	猫
1 只狸花猫	绒毛	否	小鱼、老鼠	猫

通过上面的表格，我们可以进行归纳，并得出下面这样的结论。

• 如果是一只动物，身上长羽毛并且会飞，就属于鸟。

• 如果是一只动物，身上长绒毛，不会飞，而且吃小鱼和老鼠，就属于猫。

通过观察 5 个动物样本的 3 个特征，从而得到某种动物应该具有何种特征，这种方法就是我们平时所提到的归纳法。需要注意的是，日常生活中所说的这种归纳法和数学归纳法是不一样的，它们究竟有什么区别呢？数学归纳法可以具体用来做什么呢？我们接着上一节国王舍罕赏麦的故事继续讨论。

2.1.1 节中提到，在棋盘上放麦粒的规则是，第一小格放一粒，第二小格放两粒，以此类推，每一小格内都比前一小格多放一倍的麦子，直至放满 64 个小格。假想一下你穿越到了古印度，正站在国王的身边，看着这个棋盘，你发现第 1 小格到第 8 小格的麦子数分别是：1、2、4、8、16、32、64、128。这个时候，国王想知道总共需要多少粒麦子，你有没有办法直接找到答案呢？这里你会发现一个规律，如图 2-4 所示。

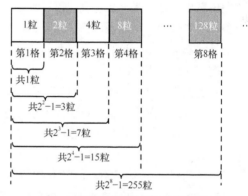

图 2-4　通过对棋盘的观察所发现的规律

根据这个规律，你是不是可以大胆假设，前 n 个小格的麦粒总数就是 $2^n - 1$ 呢？如果这个假设成立，那么填满 64 个小格需要的麦粒总数就是 $1+2+2^2+2^3+2^4+\cdots+2^{63} = 2^{64}-1 = 18\,446\,744\,073\,709\,551\,615$。这个假设是否成立，还有待验证。对于这种类似无穷数列的问题，通常可以采用数学归纳法来证明。在数论中，数学归纳法用来证明对于任意一个给定的情形都是正确的，也就是说，第一个、第二个、第三个，一直到所有情形，没有例外。下面是这个方法的一般步骤。

（1）证明基本情况（通常是 $n=1$ 的时候）是否成立；

（2）假设 $n=k-1$ 时成立，再证明 $n=k$ 时也是成立的（k 为任意大于 1 的自然数）。

为了更好地理解，我们将原有的命题分为两个子命题来证明。第一个子命题是，第 n 个小格的麦粒数为 2^{n-1}。第二个子命题是，前 n 个小格的麦粒总数为 2^n-1。首先，我们来证明第一个子命题。

（1）基本情况：我们已经验证了 $n=1$ 的时候，第一小格内的麦粒数为 1，和 2^{1-1} 相等。因此，命题在 $k=1$ 的时候成立。

（2）假设第 $k-1$ 个小格的麦粒数为 2^{k-2}，那么第 k 个小格的麦粒数为第 $k-1$ 个小格的 2 倍，也就是 $2^{k-2} \times 2 = 2^{k-1}$。因此，如果命题在 $k=n-1$ 的时候成立，那么在 $k=n$ 的时候也成立。

所以，第一个子命题成立。在这个基础之上，我们再来证明第二个子命题。

（1）基本情况：我们已经验证了 $n=1$ 的时候，所有小格的麦粒总数为 1。因此，命题在 $k=1$ 的时候成立。

（2）假设前 $k-1$ 个小格的麦粒总数为 $2^{k-1}-1$，基于前一个命题的结论，第 k 个小格的麦粒数为 2^{k-1}，那么前 k 个小格的麦粒总数为 $(2^{k-1}-1)+2^{k-1} = 2 \times 2^{k-1} - 1 = 2^k - 1$。因此，如果命题在 $k=n-1$ 的时候成立，那么在 $k=n$ 的时候也成立。

说到这里，我们已经证明了这两个命题都是成立的。和使用迭代法的计算相比，数学归纳法最大的特点就在于"归纳"二字。它已经总结出了规律。只要我们能够证明这个规律是正确的，就没有必要进行逐步的推算，可以节省很多时间和资源。我们也可以看出，数学归纳法中的"归纳"指的是从第一步正确，第二步正确，第三步正确，一直推导到最后一步是正确的。这就像多米诺骨牌，只要确保第一张牌倒下，而每张牌的倒下又能导致下一张牌的倒下，那么所有的骨牌都会倒下。这和开篇提到的广义归纳法是不同的。数学归纳法并不是通过经验或样本的观察，总结出事物的普遍特征和规律。

理解了数学归纳法，我们就可以直接计算最终需要多少麦粒，而无须通过迭代法一步步地进行计算。此外，我们不仅可以使用数学归纳法从理论上指导编程，还可以使用编程来模拟数学归纳法的证明。如果你仔细观察一下数学归纳法的证明过程，会不会觉得和函数的递归调用很像呢？这里通过麦粒总数的命题来示范一下。首先，我们要将这个命题的数学归纳法证明，转换成一段伪代码，这个过程需要经过以下两步。

（1）如果 n 为 1，那么我们就判断麦粒总数是否为 $2^{1-1}=1$。同时，返回当前小格的麦粒数，以及从第 1 小格到当前小格的麦粒总数。

（2）如果 n 为 $k-1$ 的时候成立，那么判断 n 为 k 的时候是否也成立。此时的判断依赖前一小格 $k-1$ 的麦粒数、第 1 个小格到 $k-1$ 小格的麦粒总数。这也是上一步我们所返回的两个值。

这两步分别对应了数学归纳法的两种情况。在数学归纳法的第 2 种情况下，我们只能假设 $n=k-1$ 的时候命题成立。但是，在代码的实现中，我们可以将伪代码的第 2 步转为函数的递归（嵌套）调用，直到被调用的函数回退到 $n=1$ 的情况。然后，被调用的函数逐步返回 $k-1$ 时命题是否成立。如果要写成具体的函数，类似于代码清单 2-5。

代码清单 2-5 通过递归模拟数学归纳法的证明

```
def prove(k, total_num):
    # 证明 k 为 1 的情况
    if k == 1:
        if 2 ** 1 - 1 == 1:
            return True
        else:
            return False
```

```
# 当 k=n-1 成立的时候，证明 k 为 n 的情况
else:
    prove_of_previous_one = prove(k - 1, total_num - 2 ** (k - 1))
    prove_of_current_one = False
    if 2 ** k - 1 == total_num:
        prove_of_current_one = True
    if prove_of_previous_one and prove_of_current_one:
        return True
    else:
        return False

if __name__ == '__main__':
    print(prove(64, 2 ** 64 -1))
```

从这个例子中，我们可以看出来，递归调用的代码和数学归纳法的逻辑是一致的。一旦你理解了数学归纳法，就很容易理解递归调用了。从 64 格的棋盘来看，函数从 $k = 64$ 开始，然后调用 $k-1$，也就是 63，一直到 $k = 1$ 的时候，嵌套调用结束，$k = 1$ 的函数体开始返回值给 $k = 2$ 的函数体，一直到 $k = 64$ 的函数体。从 $k = 64, 63, \cdots, 2$，一直到 1 的嵌套调用过程，就是体现了数学归纳法的核心思想，我们将其称为逆向递推。而从 $k = 1, 2, \cdots, 63$，一直到 64 的值返回过程，和之前基于循环的迭代是一致的，我们将其称为正向递推。

上一节我讲了迭代法是如何通过重复的步骤进行计算或者查询的。与此不同的是，数学归纳法在理论上证明了命题是否成立，而无须迭代那样反复计算，因此可以帮助我们节约大量的资源，并大幅地提升系统的性能。不过，数学归纳法需要我们能做出合理的命题假设，然后才能进行证明。

2.3 递归

除了迭代和数学归纳法，另一个相关的重要课题就是递归。在某些场景下，递归的解法比基于循环的迭代法更容易实现。这是为什么呢？我们继续来看国王舍罕赏麦的故事。假设国王舍罕和他的宰相西萨·班·达依尔来到了当代。这次国王学乖了，他对宰相说："这次我不用麦子奖赏你了，我直接给你货币。另外，我也不用棋盘了，我直接给你一个固定数额的奖赏。"宰相思考了一下，回答道："没问题，陛下，就按照您的意愿。不过，我有个小小的要求。那就是您能否列出所有可能的奖赏方式，让我自己来选呢？假设有 4 种面额的钱币，分别是 1 元、2 元、5 元和 10 元，而您一共给我 10 元，那么您可以奖赏我 1 张 10 元，或者 10 张 1 元，或者 5 张 1 元外加 1 张 5 元等。如果考虑每次奖赏的金额和先后顺序，那么最终一共有多少种不同的奖赏方式呢？"

我们再帮国王想想，如何解决这个难题吧。这个问题和之前的棋盘上放麦粒有所不同，它并不是要求你给出最终的总数，而是在限定总和的情况下，求所有可能的方式。你可能会

想，虽然问题不一样，但是求和的重复性操作仍然是一样的，因此是否可以使用迭代法？好，让我们用迭代法来试一下。这里仍然使用迭代法中的术语，考虑 $k = 1, 2, 3, \cdots, n$ 的情况。在第一步，也就是当 $n = 1$ 的时候，我们可以取 4 种面额中的任何一种，那么当前的奖赏就是 1 元、2 元、5 元和 10 元。当 $n = 2$ 的时候，奖金的总和就有很多可能性了。如果第一次奖赏了 1 元，那么第二次有可能取 1 元、2 元、5 元 3 种面额（如果取 10 元，总数超过了 10 元，因此不可能）。所以，在第一次奖赏 1 元，第二次奖赏 1 元后，总和为 2 元；第一次奖赏 1 元，第二次奖赏 2 元后，总和为 3 元；第一次奖赏 1 元，第二次奖赏 5 元后，总和为 6 元。好吧，这还没有考虑第一次奖赏 2 元和 5 元的情况。从图 2-5 可以看出，你就能发现这种可能性在快速地"膨胀"。

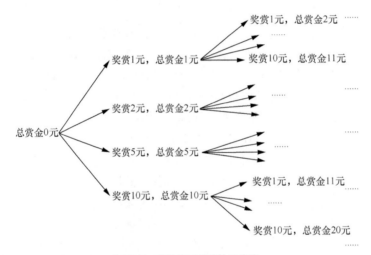

图 2-5   奖赏的可能性快速膨胀

你应该能看到，虽然迭代法的思想是可行的，但是如果用循环来实现，需要保存很多中间状态及其对应的变量。说到这里，我们很容易就想到编程常用的函数递归。在递归中，每次嵌套调用都会让函数体生成自己的局部变量，正好可以用来保存不同状态下的数值，为我们省去了大量中间变量的操作，极大地方便了设计和编程。不过，这里又有新的问题了。之前用递归模拟数学归纳法还是非常直观的。可是，这里不是要计算一个最终的数值，而是要列举出所有的可能性。那么应该如何使用递归来解决呢？上一节，我们使用递归编程体现了数学归纳法的思想，将这个思想泛化一下，递归就会有更多、更广阔的应用场景。

2.3.1   从数学归纳法到递归

数学归纳法考虑了两种情况。

（1）初始状态，也就是 $n = 1$ 时，命题是否成立。

（2）如果 $n = k - 1$ 时，命题成立。那么只要证明 $n = k$ 的时候，命题也成立。其中 k 为大于 1

的自然数。

将上述两点顺序调换，再抽象化一下，我们可以写出以下递推关系。

- 假设 $n = k - 1$ 时，问题已经解决（或者已经找到解），那么只要求解 $n = k$ 时问题如何解决（或者解是多少）。
- 初始状态，就是 $n = 1$ 时，问题如何解决（或者解是多少）。

我们认为这种思想就是将复杂的问题每次解决一点点，并将剩下的任务转化成为更简单的问题等待下次求解，如此反复，直到最简单的形式。回到开头的例子，我们再将这种思想具体化。

- 假设 $n = k - 1$ 时，我们已经知道如何去求所有奖赏的组合，那么只要求解 $n = k$ 时会有哪些金额的选择，以及每种选择后还剩下多少奖金需要支付就可以了。
- 初始状态，也就是 $n = 1$ 时，会有多少种奖赏。

有了这个思路，就不难写出这个问题的递归实现。代码清单 2-6 列出了一个基本的实现。

代码清单 2-6　通过递归找到所有奖赏的组合

```
def prove(k, total_num):
    # 证明 k 为 1 的情况
    if k == 1:
        if 2 ** 1 - 1 == 1:
            return True
        else:
            return False
    # 当 k=n-1 成立的时候，证明 k 为 n 的情况
    else:
        prove_of_previous_one = prove(k - 1, total_num - 2 ** (k - 1))
        prove_of_current_one = False
        if 2 ** k - 1 == total_num:
            prove_of_current_one = True
        if prove_of_previous_one and prove_of_current_one:
            return True
        else:
            return False
```

最终，程序运行后大致是这种结果：

```
[1, 1, 1, 1, 1, 1, 1, 1, 1, 1]
[1, 1, 1, 1, 1, 1, 1, 1, 2]
[1, 1, 1, 1, 1, 1, 1, 2, 1]
[1, 1, 1, 1, 1, 1, 2, 1, 1]
[1, 1, 1, 1, 1, 1, 2, 2]
...
[5, 5]
[10]
```

这里每一行都是一种可能。例如，第一行表示分 10 次奖赏，每次 1 元；第二行表示分 9 次奖赏，前 8 次每次 1 元，最后一次 2 元；以此类推。最终结果的数量还是挺多的，一共有 129

种可能。试想一下，如果总金额为 100 万的话，会有多少种可能？

这段代码还有几点需要注意的地方。

（1）因为一共只有 4 种面额的钱币，所以无论 $n=1$ 时还是 $n=k$ 时，我们只需要关心这 4 种面额对组合产生的影响，而中间状态和变量的记录和跟踪这些烦琐的事情都由函数的递归调用负责。

（2）这个案例的限制条件不再是 64 个棋格，而是奖赏的总金额，因此判断嵌套调用是否结束的条件其实不是次数 k，而是总金额。这个金额确保了递归不会陷入死循环。

这里从奖赏的总金额开始，每次嵌套调用的时候减去一张钱币的金额，直到所剩的金额为 0 或者小于 0，然后结束嵌套调用，开始返回结果值。当然，你也可以反向操作，从金额 0 开始，每次嵌套调用的时候增加一张钱币的金额，直到累计的金额达到或超过总金额。

递归和循环其实都是迭代法的实现，而且在某些场合下，它们的实现是可以相互转化的。但是，对于某些应用场景，递归的确很难被循环取代。主要有以下两个原因。

（1）递归的核心思想和数学归纳法类似，并更具有广泛性。这两者的类似之处体现在将当前的问题分解为两部分：一个当前所采取的步骤和另一个更简单的问题。对于一个当前所采取的步骤，这种步骤可能是进行一次运算（例如每个小格里的麦粒数是前一小格的两倍），或者做一个选择（例如选择不同面额的钱币），或者是不同类型操作的结合（例如上面讲的赏金的案例）等。对于另一个更简单的问题，经过上述步骤之后，问题就会变得更加简单一点。这里"简单一点"，指的是运算结果离目标值更接近（例如赏金的总额），或者是完成了更多的选择（例如钱币的选择）。而"更简单的问题"又可以通过嵌套调用进一步简化和求解，直至达到结束条件。我们只需要保证递归编程能够体现这种将复杂问题逐步简化的思想，它就能帮助我们解决很多类似的问题。

（2）递归会使用计算机的函数嵌套调用。函数的调用本身可以保存很多中间状态和变量值，因此在很大程度上方便了编程。

正因为如此，递归在计算机编程领域中有着广泛的应用，而不仅仅局限在求和等运算操作上。下一节将介绍如何使用递归的思想，进行分而治之（divide and conquer）的处理。

2.3.2　分而治之

上一节介绍了如何使用递归来处理迭代法中比较复杂的数值计算。说到这里，你可能会问，有些迭代法并不是简单的数值计算，而要通过迭代的过程进行一定的操作，过程更加复杂，需要考虑很多中间数据的匹配或者保存。例如，我们之前介绍的用二分搜索进行数据匹配，或者我们在本节将要介绍的归并排序中的数据排序等。那么，这种情况下，还可以用递归吗？具体又该如何来实现呢？

我们可以先分析一下，这些看似很复杂的问题，是否可以简化为某些更小的、更简单的子问题来解决，这是一般思路。如果可以，就意味着我们仍然可以使用递归的核心思想，将复杂的问题逐步简化成最基本的问题来求解。因此，本节我们会从归并排序开始，延伸到多台机器的并行处理，详细讲述递归思想在"分而治之"这个领域的应用。

1. 归并排序

首先，我们来看，如何使用递归编程解决数字的排序问题。对于一堆杂乱无序的数字，按照从小到大或者从大到小的顺序进行排序，这是计算机领域非常经典也非常流行的问题。小到 Excel 电子表格，大到搜索引擎，都需要对一堆数字进行排序。因此，计算机领域的前辈们研究排序问题已经很多年了，也提出了许多优秀的算法，如归并排序、快速排序、堆排序等。其中，归并排序和快速排序都很好地体现了分治的思想，现在来讨论其中之一的归并排序（merge sort）。

很明显，归并排序算法的核心就是"归并"，也就是将两个有序的数列合并起来，形成一个更大的有序数列。假设我们需要按照从小到大的顺序合并两个有序数列 A 和 B。这里我们需要开辟一个新的存储空间 C，用于保存合并后的结果。我们先比较两个数列的第一个数，如果 A 数列的第一个数小于 B 数列的第一个数，那么先取出 A 数列的第一个数放入 C，并将这个数从 A 数列里删除。如果是 B 数列的第一个数更小，那么先取出 B 数列的第一个数放入 C，并将它从 B 数列里删除。以此类推，直到 A 和 B 里所有的数都被取出来并放入 C。如果到某一步，A 或 B 数列为空，那么直接将另一个数列的数据依次取出放入 C 就可以了。这种操作，可以保证两个有序的数列 A 和 B 合并到 C 之后，C 数列仍然是有序的。

为了更好地理解，在图 2-6 中举例说明一下合并有序数组{1, 2, 5, 8}和{3, 4, 6}的过程。

为了保证得到有序的 C 数列，我们必须保证参与合并的数列 A 和 B 也是有序的。可是，待排序的数组一开始都是乱序的，如果无法保证这一点，那么归并又有什么意义？还记得上一节讨论的递归吗？这里我们就可以利用递归的思想，将问题不断简化，也就是将数列不断简化，一直简化到只剩一个数。而一个数本身是有序的。现在剩下的问题就是，每一次如何简化问题呢？最简单的想法是，我们将长度为 n 的数列每次简化为长度为 $n-1$ 的数列，直至长度为 1。不过，这样的处理没有并行性，要进行 $n-1$ 次的归并操作，效率就会很低，如图 2-7 所示。

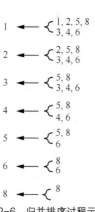

图 2-6 归并排序过程示例

所以，我们可以在归并排序中引入分而治之的思想。分而治之，通常简称为分治。它的思想就是，将一个复杂的问题分解成两个甚至多个规模相同或类似的子问题，然后对这些子问题再进一步细分，直到细分到最后的子问题变得很简单，很容易就能被求解出来，这样整个复杂的问题就被求解出来了。归并排序通过分治的思想，将长度为 n 的数列，每次简化为两个长度为 $n/2$ 的数列。这样更有利于计算机的并行处理，只需要 $\log_2 n$ 次归并，如图 2-8 所示。

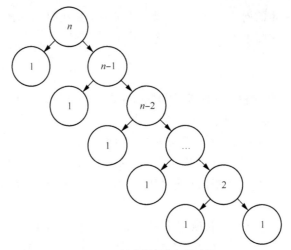

图 2-7   效率很低的归并过程

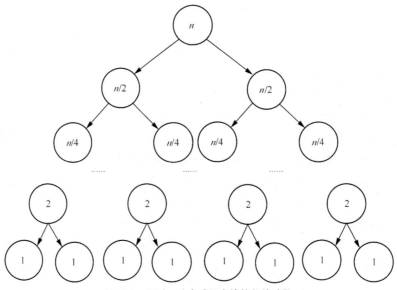

图 2-8   通过二分完成更高效的归并过程

我们将归并和分治的思想结合起来，这其实就是归并排序算法。这种算法每次将数列进行二等分，直到唯一的数字，也就是最基本的有序数列。然后从这些最基本的有序数列开始，两两合并有序的数列，直到所有的数字都参与了归并排序。我们通过一个包含 0～9 这 10 个数字的数组，详细讲解一下归并排序的过程。

（1）假设初始的数组为{7, 6, 2, 4, 1, 9, 3, 8, 0, 5}，要对它进行从小到大的排序。

（2）第一次分解后，变成两个数组{7, 6, 2, 4, 1}和{9, 3, 8, 0, 5}。

（3）将{7, 6, 2, 4, 1}分解为{7, 6}和{2, 4, 1}，将{9, 3, 8, 0, 5}分解为{9, 3}和{8, 0, 5}。

（4）如果细分后的数组仍然多于一个数字，就重复上述分解的步骤，直到每个数组只包含一个数字。到这里，这些其实都是递归的嵌套调用过程。

（5）开始进行合并。可以将{4, 1}分解为{4}和{1}。现在无法再细分了，开始合并。在合并的过程中进行排序，所以合并的结果为{1,4}。合并后的结果将返回当前函数的调用者，这就是函数返回的过程。

（6）重复上述合并的过程，直到完成整个数组的排序，得到{0, 1, 2, 3, 4, 5, 6, 7, 8, 9}。

图 2-9 展示了整个归并排序的过程，其中黑色方框表示分解的阶段，白色方框表示合并的阶段。

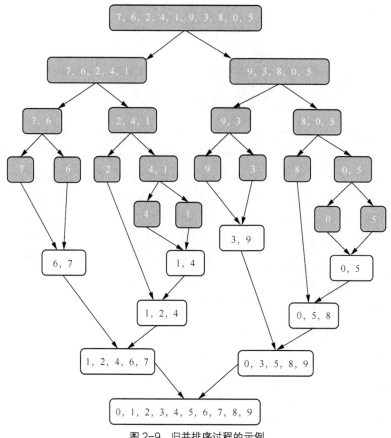

图 2-9　归并排序过程的示例

到这里，我想问一个问题：归并排序、分治和递归到底是什么关系呢？用一句话简单地说就是，归并排序使用了分治的思想，而这个过程需要使用递归来实现。归并排序算法用分治的思想将数列不断地简化，直到每个数列仅剩下一个单独的数，然后使用归并逐步合并有序的数列，从而达到将整个数列进行排序的目的。归并排序正好可以使用递归的方式来实现。为什么这么说呢？先来看一下图 2-10。分治的过程是不是和递归的过程一致呢？

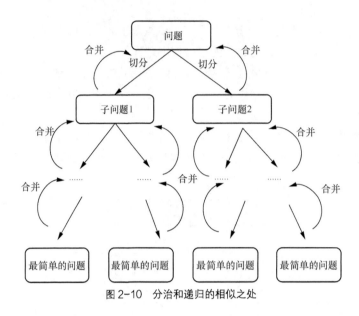

图 2-10　分治和递归的相似之处

　　分治的过程可以通过递归来表示，因此，归并排序最直观的实现方式就是递归。所以，我们从递归的步骤出发，来看一下归并排序是如何实现的。假设 $n = k - 1$ 时，我们已经对较小的两组数进行了排序。我们只要在 $n = k$ 时将这两组数合并起来，并且保证合并后的数组仍然是有序的就可以了。所以，在递归的每次嵌套调用中，代码都将一组数分解成更小的两组，然后将这两个小组的排序交给下一次的嵌套调用，而本次调用只需要关心如何将排好序的两个小组进行合并。在初始状态，也就是 $n = 1$ 时，对于排序的案例，只包含单个数字的分组。因为分组里只有一个数字，所以它已经是排好序的了，之后就可以开始递归调用的返回阶段。在图 2-9 中，黑色方框表示分解（嵌套调用）的过程，白色方框表示合并（函数返回）的过程。在理解了基本过程之后，我们来看看代码清单 2-7 的演示，这段代码实现了从小到大的归并排序。

代码清单 2-7　从小到大归并排序的实现

```
# 合并两个有序数列
def merge(list1, list2):
    # 简单的边界检测
    if list1 == None and list2 == None:
        return None
    if list1 == None:
        return list2
    if list2 == None:
        return list1

    # 通过两两比较，合并两个有序的数列，直到一个数列中的数字全部被添加到新的数列
    merged_list = []
    i, j = 0, 0
```

```python
        while i < len(list1) and j < len(list2):
            if list1[i] <= list2[j]:
                merged_list.append(list1[i])
                i += 1
            else:
                merged_list.append(list2[j])
                j +=1
        # 添加另一个数列中剩余的数字
        for rest in range(i, len(list1)):
            merged_list.append(list1[rest])

        for rest in range(j, len(list2)):
            merged_list.append(list2[rest])

        return merged_list

# 归并排序
def merge_sort(num_list):
        # 简单的边界检测
        if len(num_list) < 1:
            return None
        elif len(num_list) < 2:
            return num_list

        # 切分数列
        mid = int(len(num_list) / 2)
        left = num_list[0:mid]
        right = num_list[mid:len(num_list)]
        # 递归调用,对左边的子数列进行排序
        sorted_left = merge_sort(left)
        # 递归调用,对右边的子数列进行排序
        sorted_right = merge_sort(right)
        # 合并排好序的左右两个子数列
        return merge(sorted_left, sorted_right)

if __name__ == '__main__':
    print(merge_sort([7, 6, 2, 4, 1, 9, 3, 8, 0, 5]))
```

2. 文法分析

接下来看一下递归在文法分析中的运用。在自然语言处理领域,为了让机器更好地理解人类的语言,专家们尝试让计算机来分析句子的语法结构。对于语法的分析来说,一种常见的框架是生成文法(generative grammar),在这种框架中,某种语言是所有合乎某种文法的大集合,而文法作为形式化的符号,可以生成这个集合中的所有元素。文法的基本形式是递归产生式,例如 S → S$_1$S$_2$。下面是一个简单的上下文无关文法(context free grammar,CFG)的示例。

S → NP VP

PP → P NP

NP → Det N | Det N PP | 'Bob'

VP → V NP | VP PP

Det → 'a' | 'his'

N → 'cake' | 'room'

V → 'eats'

P → 'in'

这种文法不考虑上下文，完全按照给定的文法进行句子的解析，其优势在于易于理解，处理效率也较高，完全可以使用递归编程来实现。这个文法示例中，S 表示句子（sentence），N 表示名词（noun），NP 表示名词词组（noun phrase），V 表示动词（verb），VP 表示动词词组（verb phrase），P 表示介词（preposition），PP 表示介词短语（prepostional phrase），Det 表示限定词（determiner），这些都属于非终止符号（non-terminal symbol），而其他的对应于具体词的，包括'a'、'his'和'cake'等都属于终止符号（terminal symbol）。根据这个语法，我们就可以分析一些简单的句子，例如"Bob eats a cake in his room"。代码清单 2-8 使用 Python 的 nltk 包，进行文法分析。

代码清单 2-8   使用 nltk 进行文法分析

```
import nltk
from nltk import CFG
def parse(sentence):
    # 定义文法
    simple_grammar = CFG.fromstring("""
    S -> NP VP
    PP -> P NP
    NP -> Det N | Det N PP | 'Bob'
    VP -> V NP | VP PP
    Det -> 'a' | 'his'
    N -> 'cake' | 'room'
    V -> 'eats'
    P -> 'in'
    """)

    # 根据定义的文法，分析输入的句子
    parser = nltk.RecursiveDescentParser(simple_grammar)
    for tree in parser.parse(sentence.split(' ')):
        print(tree)

if __name__ == '__main__':
    parse('Bob eats a cake in his room')
```

输出的结果如下：

```
(S
  (NP Bob)
  (VP
    (VP (V eats) (NP (Det a) (N cake)))
    (PP (P in) (NP (Det his) (N room)))))
(S
  (NP Bob)
  (VP
    (V eats)
    (NP (Det a) (N cake) (PP (P in) (NP (Det his) (N room))))))
```

上述结果中包含了两棵语法树，说明根据这里定义的文法处理的句子可以有两种解析结果，它们都是合法的。图 2-11 和图 2-12 对它们进行了可视化。

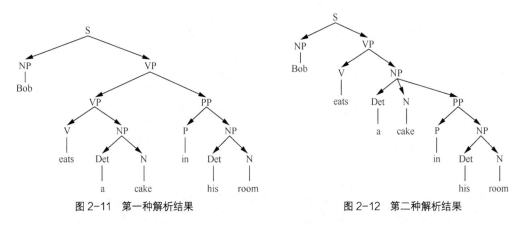

图 2-11　第一种解析结果　　　　　　　图 2-12　第二种解析结果

通过这两棵树的可视化，你可以很容易地看到计算机系统是如何根据我们制定的文法对自然语言的句子进行分析的。每棵树的非叶结点对应了非终止符号，而叶结点对应了终止符号。你可能已经发现了这种树结构体现了递归的过程。语法解析一种很常见的算法就是递归下降法，而上述代码使用的函数 RecursiveDescentParser 就是这种方法的一种实现。递归下降将复杂的文法分解成若干较为简单的文法，然后再针对较为简单的文法继续递归，直到发现具体的词。例如，根据文法配置中的 S → NP VP，算法将原始句子分解为 NP 和 VP，接着根据 NP → Det N | Det N PP | 'Bob'，将刚刚获得的 NP 进一步分解为 Det N、Det N PP 和'Bob'这 3 种情况。由于句子的开头是词 Bob，因此就可以匹配上第三种情况，如此往复。如果最终递归结束后，句子里的词都完美匹配，那么我们就找到了一个合法的解析结果。如果你有兴趣，也可以尝试自己动手实现一个递归式语法解析器。

3. 分布式系统中的分治思想

讨论到这里，你应该已经了解归并排序算法是如何工作的了，也对分而治之的思想有了认

识。不过，分而治之更有趣的应用其实是在分布式系统中。例如，当需要排序的数组很大（如
达到 1024 GB 时），我们无法将这些数据都塞入一台普通机器的内存里，该怎么办呢？有一个
办法，我们可以将这个超级大的数据集分解为多个较小的数据集（如 16 GB 或者更小），然后
分配到多台机器，让它们并行地处理。等所有机器处理完后，中央服务器再进行结果的合并。
多个小任务间不会相互干扰，可以同时处理，这样会大大增加处理的速度，减少等待时间。当
然，我们还可以将同一台机器上的分治（例如归并排序）和机器集群内的分治结合起来，如图 2-13
所示。

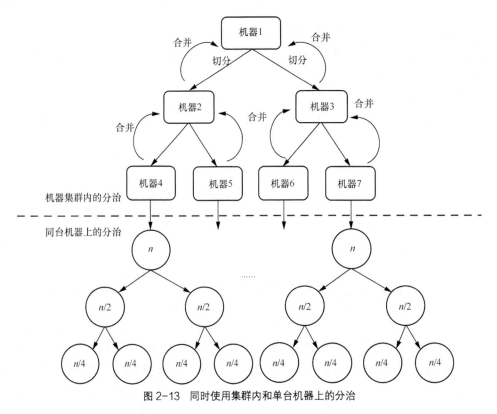

图 2-13   同时使用集群内和单台机器上的分治

在框架图 2-13 中，你应该可以看到，分布式集群中的数据切分和合并，同单台机器上归并
排序的过程是一样的，因此也利用了分治的思想。从理论的角度来看，图 2-13 很容易理解。不
过在实际运用中，有个地方需要注意一下。图 2-13 中的父节点（例如机器 1、2、3）都没有被
分配排序的工作，只是在子节点的排序完成后进行有序数组的合并，因此集群的性能没有得到
充分利用。另一种可能的数据切分方式是，每台机器拿出一半的数据给另一台机器处理，而自
己来完成剩下一半的数据。

如果分治的时候只进行一次问题切分，那么上述层级型的分布式架构就可以转化为类似
Hadoop MapReduce 的架构。图 2-14 列出了 MapReduce 的主要步骤。

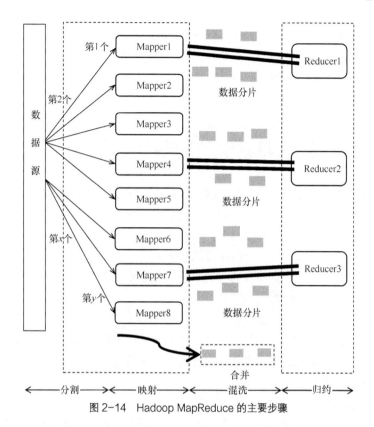

图 2-14 Hadoop MapReduce 的主要步骤

这里主要有 4 个步骤用到了分治的思想。

（1）数据分割：分割是指将数据源进行切分，并将分片发送到 Mapper 上。

（2）数据映射：映射是指 Mapper 根据应用的需求，将分割后的内容按照键值的匹配，存储到哈希结构中。上述两个步骤将大的数据集切分为较小的数据集，降低了每台机器节点的负载，因此和分治中的问题分解类似。不过，MapReduce 采用了哈希映射来分配数据，而普通的分治或递归不一定需要。

（3）归约：归约是指接收到的一组键值配对，如果是键内容相同的配对，就将它们的值归并。这和本机的递归调用后返回结果的过程类似。不过，由于哈希映射的关系，MapReduce 还需要混洗的步骤，也就是将键值的配对不断地发给对应的 Reducer 进行归约。普通的分治或递归不一定需要混洗的步骤。

（4）合并：为了提升混洗阶段的效率，可以选择减少发送到归约阶段的键值配对。具体做法是在数据映射和混洗之间，加入合并的过程，在每个 Mapper 节点上先进行一次本地的归约。然后只将合并的结果发送到混洗和归约阶段。这和本机的递归调用后返回结果的过程类似。

介绍了这么多，现在你对分治应该有比较深入的理解了。实际上，分治主要就是用在将复杂问题转化为若干规模相当的小问题上。分治思想通常包括问题的细分和结果的合并，正好对应于递归编程的函数嵌套调用和函数结果的返回。细分后的问题交给嵌套调用的函数去解决，而结果合并之后交由函数进行返回。所以，分治问题适合使用递归来实现。同时，分治的思想也可以帮助我们设计分布式系统和并行计算，细分后的问题交给不同的机器来处理，而其中的某些机器专门负责收集来自不同机器的处理结果，完成结果的合并。

2.4　迭代法、数学归纳法和递归的关联

迭代法和递归都是通过不断反复的步骤，计算数值或进行操作的方法。迭代一般适合正向思维，而递归一般适合逆向思维。而递归回溯的时候，也体现了正向递推的思维。它们本身都是抽象的流程，可以由不同的编程实现。

对于某些重复性的计算，数学归纳法可以从理论上证明某个结论是否成立，如果成立，就可以大大节省迭代法中数值计算部分的时间。不过，在使用数学归纳法之前，需要通过一些数学知识假设命题，并证明该命题成立。

对于那些无法使用数学归纳法来证明的迭代问题，可以通过编程实现。这里需要注意的是，广义上来说，递归也是迭代法的一种。不过，在编程中，我们所提到的迭代是一种具体的编程实现，是指使用循环来实现的正向递推，而递归是指使用函数的嵌套调用来实现的逆向递推。当然，两种实现通常是可以相互转换的。

循环的实现很容易理解，硬件资源的开销比较小。不过，循环更适合"单线剧情"，例如计算 2^n、$n!$、$1+2+3+\cdots+n$ 等，而对存在很多"分支剧情"的复杂案例而言，使用递归调用更加合适。利用函数的嵌套调用，递归编程可以存储很多中间变量。我们可以很轻松地跟踪不同的分支，而所有这些对程序员基本是透明的。如果这时使用循环，我们不得不自己创建并保存很多中间变量。当然，正是由于这个特性，递归比较消耗硬件资源。递归编程本身就体现了分治的思想，这个思想还可以延伸到集群的分布式架构中。最近几年比较主流的 MapReduce 框架也体现了这种思想。

综合上面说的几点，可以大致遵循如下原则。

- 如果一个问题可以用迭代法解决，而且是有关数值计算的，就看看是否可以假设命题，并优先考虑使用数学归纳法来证明。
- 如果需要借助计算机，那么优先考虑是否可以使用循环来实现。如果问题本身过于复杂，再考虑函数的嵌套调用、是否可以通过递归将问题逐级简化。
- 如果数据量过大，可以考虑采用分治思想的分布式系统来处理。

## 第 3 章

排列、组合和动态规划

第 2 章中介绍了递归，其中涉及排列的思维。本章来详细讲解一下排列和组合这两个很常见的数学概念，以及如何使用编程来实现。另外，本章还会介绍动态规划，减少不必要的排列和组合，最终大幅提升算法的性能。

3.1 排列

"田忌赛马"的故事大家都听过，田忌是齐国有名的将领，他常常和齐王赛马，可是总是败下阵来，心中非常不悦。孙膑想帮田忌。他将这些马分为上、中、下三等。他让田忌用自己的下等马来应战齐王的上等马，用上等马应战齐王的中等马，用中等马应战齐王的下等马。3 场比赛结束后，田忌只输了第一场，赢了后面两场，最终赢得与齐王的整场比赛。孙膑每次都从田忌的马匹中挑选出一匹，一共进行 3 次，排列出战的顺序，这其实就是数学中的排列过程。从 n 个不同的元素中取出 m（$1 \leqslant m \leqslant n$）个不同的元素，按照一定的顺序排成一列，这个过程就叫排列（permutation）。当出现 $m = n$ 这种特殊情况的时候，例如，在田忌赛马的故事中，田忌的 3 匹马必须全部出战，这就是全排列（all permutation）。如果选择出的这 m 个元素可以有重复的，这样的排列就是可重复排列（permutation with repetition），否则就是不可重复排列（permutation without repetition）。

图 3-1 展示了田忌赛马案例中的排列情况。

从图 3-1 可以看出，所有可能性通过一个树状结构表达。从树的根结点到叶结点，每种路径都是一种排列。有多少个叶

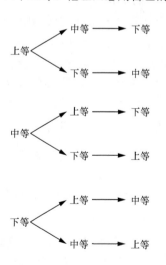

3种　　×　　2种　　×　　1种

图 3-1　田忌赛马中的排列情况

结点就有多少种全排列，最终叶结点的数量是 $3\times2\times1=6$，所以最终排列的数量为 6。我们用 t_1、t_2 和 t_3 分别表示田忌的上、中、下等马跑完全程所需的时间，用 q_1、q_2 和 q_3 分别表示齐王的上、中、下等马跑完全程所需的时间，设定为 $q_1<t_1<q_2<t_2<q_3<t_3$。如果你将这些可能的排列，仔细地和齐王的上、中、下等马进行对比，只有{下等，上等，中等}这一种可能战胜齐王，也就是 $t_3>q_1$，$t_1<q_2$，$t_2<q_3$。

对于通用案例中最终排列的数量，我们可以得到如下结论。

- 对于 n 个元素的全排列，所有可能的排列数量就是 $n\times(n-1)\times(n-2)\times\cdots\times2\times1$，也就是 $n!$；
- 对于从 n 个元素里取出 m（$0<m\leqslant n$）个元素的不重复排列数量是 $n\times(n-1)\times(n-2)\times\cdots\times$ $(n-m+1)$，也就是 $\dfrac{n!}{(n-m)!}$。

这两点都是可以用数学归纳法证明的，有兴趣的话你可以自己尝试一下。

我们刚才讨论了 3 匹马的情况，如果有 30 匹马、300 匹马，会发生什么呢？30 的阶乘已经是天文数字了。更糟糕的是，如果两组马之间的速度关系也是非常随机的，例如 $q_1<q_2<t_1<t_2<q_3<t_3$，那就不能再使用"己方最差的马和对方最好的马比赛"这种战术了。手工计算肯定是算不过来了，这个时候计算机可以帮大忙。我们将使用代码来展示如何生成所有的排列。如果你细心的话，就会发现在新版舍罕王赏麦的案例中，其实已经涉及了排列的思想，不过那个案例不是以"选取多少个元素"为终止条件，而是以"选取元素的总和"为终止条件。尽管这样，我们仍然可以使用递归的方式来快速地实现排列。

首先，在不同的选马阶段，我们都要保存已经有几匹马出战、它们的排列顺序以及还剩几匹马没有选择。我使用变量 result 来存储到当前函数操作之前已经出战的马匹及其排列顺序，而变量 horses 存储到当前函数操作之前还剩几匹马尚未出战。变量 new_result 和 rest_horses 分别从 result 和 horses 克隆而来，保证不会影响上一次的结果。其次，孙膑的方法之所以奏效，是因为他看到每一等马中，田忌的马只比齐王的差一点点。如果相差太多，可能就会有不同的胜负结果。所以，在设定马匹跑完全程的时间上，我特意设定为 $q_1<t_1<q_2<t_2<q_3<t_3$，只有这样才能保证计算机得出和孙膑相同的结论。基于这两点，代码清单 3-1 展示了实现细节。

代码清单 3-1   田忌赛马中排列的实现

```
# 齐王赛马及其跑完全程所需的时间
q_horses = ['q1', 'q2', 'q3']
q_horses_time = {'q1': 1.0, 'q2': 2.0, 'q3': 3.0}

# 田忌赛马及其跑完全程所需的时间
t_horses = ['t1', 't2', 't3']
t_horses_time = {'t1': 1.5, 't2': 2.5, 't3': 3.5}


# 找出所有的排列
```

```
def permutate(horses, selection):
    # 没有多余的马匹供选择
    if len(horses) == 0:
        print(selection)
        # 比较田忌和齐王的马匹, 看哪方获胜
        compare(selection, q_horses)

    for each in horses:
        # 从剩余的未出战马匹中, 选择一匹, 加入结果
        new_selection = selection.copy()
        new_selection.append(each)

        # 将已选择的马匹从未出战的列表中移出
        rest_horses = horses.copy()
        rest_horses.remove(each)

        # 递归调用, 对于剩余的马匹继续生成排列
        permutate(rest_horses, new_selection)


# 比较田忌和齐王的马匹, 看哪方获胜
def compare(t, q):
    t_won_cnt = 0
    for i in range(0, len(t)):
        print(t_horses_time[t[i]], ' ', q_horses_time[q[i]])
        if t_horses_time[t[i]] < q_horses_time[q[i]]:
            t_won_cnt += 1

    if t_won_cnt > (len(t) / 2):
        print('田忌获胜! ')
    else:
        print('齐王获胜! ')


if __name__ == '__main__':
    # 下面是测试代码。当然你可以设置更多的马匹, 并增加相应的马匹跑完全程的时间
    permutate(t_horses, [])
```

从最终的运行结果可以看出, 6 种排列中只有一种情况是田忌获胜的。如果田忌不听从孙膑的建议, 而是随机安排马匹出战, 那么他只有 1/6 的获胜概率。如果齐王也是随机安排他的马匹出战顺序, 又会是怎样的结果呢? 如果手工来实现的话, 大体思路是为田忌和齐王双方都生成他们各自马匹的全排列, 然后再做交叉对比, 看哪方获胜。这个交叉对比的过程也是一个排列的问题, 田忌这边有 6 种顺序, 而齐王这边也有 6 种顺序, 所以一共的可能性是 $6 \times 6 = 36$ 种。代码清单 3-2 对整个过程进行了模拟。

代码清单 3-2 田忌和齐王都随机安排赛马的模拟

```python
# 找出并保存所有的排列组合，selection 保存一个排列，result_set 保存所有可能的排列
def permutate_and_save(horses, selection, result_set):
    # 没有多余的马匹供选择，记录排列
    if len(horses) == 0:
        result_set.append(selection)

    for each in horses:
        # 从剩余的未出战马匹中，选择一匹，加入结果
        new_selection = selection.copy()
        new_selection.append(each)

        # 将已选择的马匹从未出战的列表中移出
        rest_horses = horses.copy()
        rest_horses.remove(each)

        # 递归调用，对于剩余的马匹继续生成排列
        permutate_and_save(rest_horses, new_selection, result_set)


if __name__ == '__main__':
    t_result_set = []
    permutate_and_save(t_horses, [], t_result_set)
    q_result_set = []
    permutate_and_save(q_horses, [], q_result_set)

    print(t_result_set)
    print(q_result_set)

    # 两两比较看输赢
    for each_t in t_result_set:
        for each_q in q_result_set:
            compare(each_t, each_q)
```

因为交叉对比时只需要选择 2 个元素，分别是田忌的出战顺序和齐王的出战顺序，所以这里使用 2 层循环的嵌套来实现。从最后的结果可以看出，田忌获胜的概率仍然是 1/6。在概率中，排列有很大的作用，因为排列会帮助我们列举出随机变量取值的所有可能性，用于生成这个变量的概率分布，之后在第二篇"概率统计"中还会具体介绍。此外，排列在计算机领域中有着很多应用场景。这里讲讲最常见的密码的暴力破解。先来看 2017 年网络安全界的两件大事。第一件发生在 2017 年 5 月，新型蠕虫式勒索病毒 WannaCry 爆发。当时这个病毒蔓延得非常迅速，计算机被感染后，其中的文件会被加密锁住，黑客以此会向用户勒索比特币。第二件和美国的信用评级公司 Equifax 有关。仅在 2017 年内，这个公司就被黑客盗取了大约 1.46 亿用户的数据。黑客攻击的方式多种多样，手段变得越来越高明，但是窃取系统密码仍然是最常用的攻击方式。

有时候，黑客们并不需要真的拿到你的密码，而是通过"猜"，也就是列举各种可能的密码，然后逐个地去尝试密码的正确性。如果某个尝试的密码正好和原先管理员设置的一样，那么系统就被破解了。这就是常说的暴力破解法。

假设一个密码是由英文字母组成的，那么每位密码有 52 种选择，也就是大小写字母加在一起的数量。那么，生成 m 位密码的可能数量就是 52^m 种。也就是说，从 n（这里 n 为 52）个元素取出 m（$0 < m \leqslant n$）个元素的可重复全排列，总数量为 n^m。如果你遍历并尝试所有的可能性，就能破解密码了。不过，即使存在这种暴力破解法，你也不用担心自己的密码很容易被人破解，因为我们平时需要使用密码登录的网站或者移动端 App 基本上都限定了一定时间内尝试密码的次数，例如 1 天之内只能尝试 5 次等。这些次数一定远远小于密码排列的可能数量。这也是有些网站或 App 要求你一定使用多种类型的字符来创建密码的原因，如字母加数字加特殊符号。因为类型越多，n^m 中的 n 越大，可能数量就越多。如果使用英文字母的 4 位密码，就有 $52^4 = 7\,311\,616$ 种，超过了 730 万种。如果在密码中再加入 0~9 这 10 个阿拉伯数字，那么可能数量就是 $62^4 = 14\,776\,336$ 种，超过了 1400 万种。同理，也可以增加密码长度，也就是用 n^m 中的 m 来实现这一点。如果在英文字母和阿拉伯数字的基础上，将密码的长度增加到 6 位，就是 $62^6 = 56\,800\,235\,584$ 种，已经超过 568 亿种了！这还没有考虑键盘上的各种特殊符号。有人估算了一下，如果用上全部 256 个 ASCII 码字符，设置长度为 8 的密码，那么一般的黑客需要 10 年左右的时间才能暴力破解这种密码。

3.2 组合

2018 世界杯足球赛的激烈赛况大家现在还记忆犹新吧？你知道这场足球盛宴的比赛日程是怎么安排的吗？如果现在你是组委会成员，会怎么安排比赛日程呢？可以用上一节的排列思想，让全部的 32 支入围球队都和其他球队进行一次主客场的比赛。自己不可能和自己比赛，因此在这种不可重复的排列中，主场球队有 32 种选择，而客场球队有 31 种选择。那么一共要进行多少场比赛呢？很简单，就是 $32 \times 31 = 992$ 场！这个数字非常夸张，即使一天看 2 场，也要 1 年多才能看完。即使球迷开心了，可是每队球员要踢主客场共 62 场，早已累趴下了。既然这样，是否可以取消主客场制，让任意两个球队之间只踢 1 场呢？取消主客场，这就意味着两个球队之间的比赛由 2 场降为 1 场，那么所有比赛场数就是 $992 / 2 = 496$ 场，还是很多。这就是要将所有 32 支球队分成 8 个小组先进行小组赛的原因。一旦分成小组，每个小组的比赛场数就是 $(4 \times 3) / 2 = 6$ 场。所有小组赛就是 $6 \times 8 = 48$ 场。再加上在 16 强阶段开始采取淘汰制，两两淘汰，所以需要 $8 + 4 + 2 + 2 = 16$ 场淘汰赛（最后一次加 2 是因为还有 3、4 名的比赛），那么整个世界杯决赛阶段就有 $48 + 16 = 64$ 场比赛。当然，说了这么多，你可能会好奇，这两两配对比赛的场次，我是如何计算出来的？让我引出本节要讲的概念——组合（combination）。

组合可以说是排列的兄弟，两者类似但又有所不同，这两者的区别在于：组合是不考虑每个元素出现的顺序的。从定义上来说，组合是指，从 n 个不同元素中取出 m（$1 \leqslant m \leqslant n$）个不同的元素。例如，前面说到的世界杯足球赛的例子，从 32 支球队里找出任意 2 支球队进行比赛，就是从 32 个元素中取出 2 个元素的组合。如果将上一讲中田忌赛马的规则改一下，改为从 10 匹马里挑出 3 匹比赛，但是并不关心这 3 匹马的出战顺序，那么这也是一个组合的问题。对于所有 m 取值的组合之全集合，可以叫作全组合（all combination）。例如，对集合 $\{1, 2, 3\}$ 而言，全组合就是 $\{$空集, $\{1\}$, $\{2\}$, $\{3\}$, $\{1, 2\}$, $\{1, 3\}$ $\{2, 3\}$, $\{1, 2, 3\}\}$。

如果安排足球比赛时不考虑主客场，也就是不考虑两支球队的顺序，两支球队之间只要踢一场就行了。那么从 n 个元素取出 m 个的组合，有多少种可能数量呢？假设某项运动需要 3 支球队一起比赛，那么 32 支球队就有 $32 \times 31 \times 30$ 种排列，如果 3 支球队在一起只要比一场，那么我们要抹除多余的比赛。3 支球队按照任意顺序的比赛有 $3 \times 2 \times 1 = 6$ 场，所以从 32 支球队里取出 3 支球队的组合是 $(32 \times 31 \times 30)/(3 \times 2 \times 1)$。基于此，我们可以扩展成以下两种情况。

（1）n 个元素里取出 m 个的组合，其可能数量就是从 n 个里取 m 个的排列数量除以 m 个全排列的数量，也就是 $(n!/(n-m)!)/m!$。

（2）对全组合而言，可能数量为 2^n 种。例如，当 $n = 3$ 的时候，全组合包括了 8 种情况。

这两点都可以用数学归纳法证明，有兴趣的话你可以自己尝试一下。

在 3.1 节中我们用递归实现了全排列。全组合就是将所有元素列出来，没有太大意义，所以这里阐述如何使用递归从 3 个元素中选取 2 个元素的组合。我们假设有 3 支球队，即 t_1、t_2 和 t_3。从图 3-2 可以看出，对组合而言，$\{t_1, t_2\}$ 已经出现了，因此无需 $\{t_2, t_1\}$。同理，$\{t_1, t_3\}$ 已经出现了，因此无需 $\{t_3, t_1\}$ 等。对于重复的组合，图 3-2 用叉划掉了。这样，最终只有 3 种组合了。

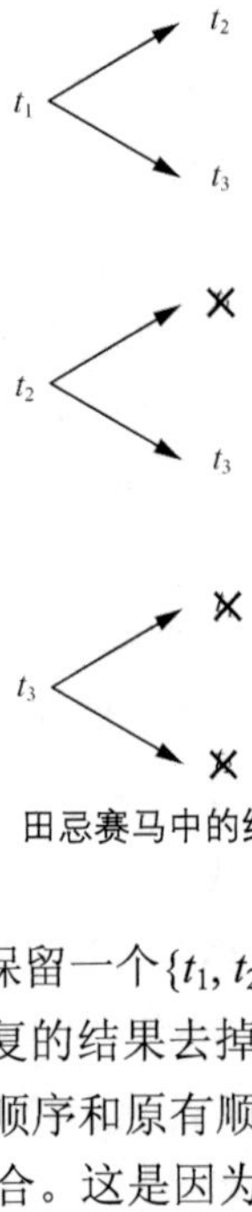

那么，如何使用代码来实现呢？下面是一种最简单粗暴的做法。

（1）先实现排列的代码，输出所有的排列。例如，$\{t_1, t_2\}$，$\{t_2, t_1\}$。

（2）针对每种排列，对其中的元素按照一定的规则排序。

图 3-2　田忌赛马中的组合情况

上述两种排列经过排序后就是 $\{t_1, t_2\}$，$\{t_1, t_2\}$。

（3）对排序后的排列，去掉重复的那些排列。上述两种排列最终只保留一个 $\{t_1, t_2\}$。

这样做效率就会比较低，很多排列生成之后，最终还是要被当作重复的结果去掉。显然，还有更好的做法。从图 3-2 可以看出，被划掉的那些元素都是那些出现顺序和原有顺序颠倒的元素。例如，在原有集合中，t_1 在 t_2 的前面，所以我们划掉了 $\{t_2, t_1\}$ 的组合。这是因为，我们知道 t_1 出现在 t_2 之前，t_1 的组合中一定已经包含了 t_2，所以 t_2 的组合就无须再考虑 t_1 了。因此，我只需要在原有的排列代码上稍作修改，每次传入嵌套函数的剩余元素，即不再是所有的未选择元素，而是出现在当前被选元素之后的那些元素。具体如代码清单 3-3 所示。

代码清单 3-3 球队组合的实现

```python
# 使用函数的递归（嵌套）调用，找出所有可能的组合
# teams 保存了目前还未参与组合的球队，selection 保存了当前已经组合的球队，m 表示要选择的球队数量
def combine(teams, selection, m):
# 挑选完了 m 个球队，输出结果
    if len(selection) == m:
        print(selection)
        return
    for i in range(0, len(teams)):
        new_selection = selection.copy()
        new_selection.append(teams[i])

        rest_teams = teams[i + 1:len(teams)]
        combine(rest_teams, new_selection, m)


if __name__ == '__main__':
    # 这段测试代码，从 3 个元素中选择 2 个元素的所有组合
    teams = ['t1', 't2', 't3']
    combine(teams, [], 2)
```

组合在计算机领域中也有很多的应用场景，例如大型比赛中赛程的自动安排、多维度的数据分析以及自然语言处理的优化等。这里用组合的思想来提升自然语言处理的性能。在搜索引擎中，通常会将每篇很长的文章分割成一个个的单词，然后对每个单词进行索引，便于日后的查询。但是很多时候，光有单个的单词是不够的，还要考虑多个单词所组成的词组。例如，"red bluetooth mouse"这样的词组。处理词组最常见的一种方式是多元文法，也就是将临近的几个单词合并起来，形成一个新的词组。例如，可以将"red"和"bluetooth"合并为"red bluetooth"，还可以将"bluetooth"和"mouse"合并为"bluetooth mouse"。设计多元文法只是为了方便计算机的处理，而不考虑组合后的词组是不是有正确的语法和语义。例如"red bluetooth"，从语义的角度来看，这个词组就很奇怪。但是毕竟还会生成很多合理的词组，例如"bluetooth mouse"。所以，如果不进行深入的语法分析，其实没办法区分哪些多元词组是有意义的，哪些是没有意义的，因此最简单的做法就是保留所有词组。

普通的多元文法本身存在一个问题，那就是定死了每个元组内单词出现的顺序。例如，原文中可能出现的是"red bluetooth mouse"，可是用户在查询的时候可能输入的是"bluetooth mouse red"。这么输入肯定不符合语法，但实际上互联网上的用户经常会这么做。在这种情况下，如果只保留原文的"red bluetooth mouse"，就无法将其和用户输入的"bluetooth red mouse"匹配了。如果不要求查询词组中单词出现的顺序和原文一致，那么该怎么办呢？一种做法是，将每

个二元组或三元组进行全排列，得到所有的可能，但是这样的话，二元组的数量就会增加 1 倍，三元组的数量就会增加 5 倍，一篇文章的数据保存量就会增加 3 倍左右。另一种做法是，对用户查询做全排列，将原有的二元组查询变为 2 个不同的二元组查询，将原有的三元组查询变为 6 个不同的三元组查询，但是事实是，这样会增加实时查询的耗时。这时可以运用组合。多个单词出现时，我们并不关心它们的顺序（也就是不关心排列），而只关心它们的组合。无须关心顺序就意味着可以对多元组内的单词进行某种形式的标准化。即使原来的单词出现顺序有所不同，经过这个标准化过程之后，也会变成唯一的顺序。例如，"red bluetooth mouse"，这 3 个词排序后就是"bluetooth, mouse, red"，而"bluetooth red mouse"排序后也是"bluetooth, mouse, red"，自然两者就能匹配上了。我们所需要做的事情，就是在保存文章多元组和处理用户查询这两个阶段分别进行这种排序。这样既可以减少保存的数据量，同时又可以减少查询的耗时。这个问题很容易就解决了。

此外，组合思想还广泛应用在多维度的数据分析中。例如，我们要设计一个连锁店的销售业绩报表，这张报表含有若干属性，包括分店名称、所在城市、销售品类等。其中，最基本的汇总数据包括每个分店的销售额、每个城市的销售额、每个品类的销售额。除了这些最基本的数据，还可以利用组合的思想生成更多的筛选条件。

组合和排列有相似之处，都是从 n 个元素中取出若干元素。不过，排列考虑了取出的元素之间的顺序，而组合无须考虑这种顺序，这是排列和组合最大的区别。因此，组合适合找到多个元素之间的联系而并不在意它们之间的先后顺序，例如多元文法中的多元组，这有利于避免不必要的数据保存或操作。具体到编程，组合和排列两者的实现非常类似。区别在于，组合并不考虑挑选出来的元素是如何排序的。所以，在递归的时候，传入下一个嵌套调用函数的剩余元素中只需要包含当前被选元素之后的那些元素，以避免重复的组合。

3.3   动态规划

排列和组合会列举全部可能的情况，经常被用在穷举算法之中。不过，有的时候并不需要暴力地查找所有可能，而只要找到最优解，那么就可以考虑另一种数学思想——动态规划（dynamic programming）。本节我将通过文本搜索的话题来讲一下查询推荐（query suggestion）的实现过程，以及它所使用的动态规划思想。

那么什么是动态规划呢？在 2.3 节中，我通过不断地分解问题，将复杂的任务简化为最基本的小问题，例如基于递归实现的归并排序、排列和组合等。不过有时候我们并不用处理所有可能的情况，而只要找到满足条件的最优解就行了。在这种情况下，我们需要在各种可能的局部解中找出那些可能达到最优的局部解，而放弃其他的局部解。这个寻找最优解的过程其实就是动态规划。动态规划需要通过子问题的最优解推导出最终问题的最优解，因此这种方法特别注重子问题之间的转移关系。我们通常将这些子问题之间的转移称为状态转移，并将用于刻画这些状态转移的表达式称为状态转移方程。显然，找到合适的状态转移方程是动态规划的关键。接下来的内容会详细解释如何使用动态规划法寻找最优解，包括如何分解问题、发现状态转移的规律，以及定义状态转移方程。

3.3.1 编辑距离

当你在搜索引擎的搜索框中输入单词的时候有没有发现，搜索引擎会返回一系列相关的关键词，以方便你直接点击，如图 3-3 所示。当你输入的某个单词有误的时候，搜索引擎甚至依旧会返回正确的搜索结果，如图 3-4 所示。

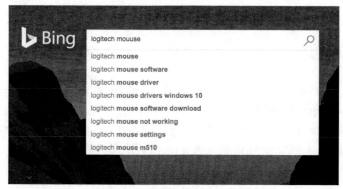

图 3-3　搜索下拉提示

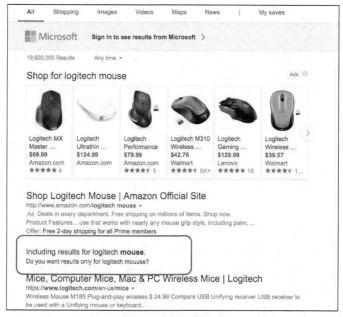

图 3-4　关键词拼写纠错

搜索下拉提示和关键词纠错这两个功能其实就是查询推荐。查询推荐的核心思想其实就是，对于用户的输入，查找相似的关键词并返回。而测量拉丁文的文本相似度，最常用的指标是编辑距离（edit distance）。我刚才说了，查询推荐的这两个功能是针对输入有缺失或者有错误的字符串，依旧返回相应的结果。那么，将错误的字符串转换成正确的，以此来返回查询结果，这个过程究竟是怎么进行的呢？由一个字符串转换成另一个字符串所需的最少编辑操作次数，我们就叫作编辑距离。这个概念是俄罗斯科学家莱文斯坦提出来的，所以我们也将编辑距离称作莱文斯坦距离（Levenshtein distance）。显然，编辑距离越小，说明这两个字符串越相似，可以互相作为查询推荐。编辑操作有 3 种：将一个字符替换成另一个字符；插入一个字符；删除一个字符。例如，我们想将 mouuse 转换成 mouse，有很多方法可以实现，但是显然直接删除一个"u"是最简单的，所以这两者的编辑距离就是 1。

3.3.2 状态转移

对于 mouse 和 mouuse 的例子，我们用肉眼很快就能观察出来编辑距离是 1，但是在现实场景中常常不会这么简单。如果给定任意两个非常复杂的字符串，如何高效地计算出它们之间的编辑距离呢？之前的章节讲过排列和组合。我们先试用排列的思想来进行编辑操作。例如，将一个字符替换成另一个字符，可以想成将 A 中的一个字符替换成 B 中的一个字符。假设 B 中有 m 个不同的字符，那么替换的时候就有 m 种可能。对于插入一个字符，可以想成在 A 中插入来自 B 的一个字符，同样假设 B 中有 m 个不同的字符，那么也有 m 种可能。至于删除一个字符，可以想成在 A 中删除任何一个字符，假设 A 有 n 个不同的字符，那么有 n 种可能。可是，等到实现的时候，你会发现实际情况比想象中的复杂得多。首先，计算量非常大。假设字符串 A 的长度是 n，而字符串 B 中不同的字符数量是 m，那么 A 所有可能的排列大致在 m^n 这个数量级，这会导致非常久的处理时间。对查询推荐等实时性的服务而言，如果服务器的响应时间太长，用户肯定无法接受。其次，如果需要在字符串 A 中插入字符，那么插入几个、插在哪里呢？同样，删除字符也是如此。因此，可能的排列其实远不止 m^n。

现在回到问题本身，其实编辑距离只需要求最小的操作次数，而并不要求列出所有的可能，而且排列过程非常容易出错，还会浪费大量计算资源。其实我们并不需要排列的所有可能，而只是关心最优解，也就是最短距离。那么，我们能不能每次都选择出一个到目前为止的最优解，并且只保留这种最优解呢？如果可以实现，我们虽然还是使用迭代或者递归编程来实现，但效率就可以提升很多。

先考虑最简单的情况。假设字符串 A 和 B 都是空字符串，那么很明显这个时候编辑距离就是 0。如果 A 增加一个字符 a_1，B 保持不变，编辑距离就增加 1。同样，如果 B 增加一个字符 b_1，A 保持不变，编辑距离也增加 1。但是，如果 A 和 B 有一个字符，那么问题就有点儿复杂了，可以将其细分为以下两种情况。

（1）插入字符的情况。字符串 A 是 a_1 的时候，空串 B 增加一个字符变为 b_1；或者字符串 B

为 b_1 的时候，空串 A 增加一个字符变为 a_1。很明显，这种情况下，编辑距离都要增加 1。

（2）替换字符的情况。当 A 和 B 都是空串的时候，同时增加一个字符。如果要加入的字符 a_1 和 b_1 不相等，表示 A 和 B 之间转换的时候需要替换字符，那么编辑距离就增加 1；如果 a_1 和 b_1 相等，无须替换，那么编辑距离不变。

这里没有提到删除，因为删除就是插入的逆操作。如果从完整的字符串 A 或者 B 开始，而不是从空字符串开始，这就是删除操作了。最后，取上述几种情况中编辑距离的最小值作为当前的编辑距离。注意，这里只需要保留这个最小的值，而舍弃其他较大的值。这是为什么呢？因为编辑距离随着字符串的增长是单调递增的。所以，要求最终的最小值，必须要保证对于每个子字符串都取得了最小值。有了这一点，之后就可以使用迭代的方式一步步推导下去，直到两个字符串比较结束。从上述的过程可以看出，确实可以将求编辑距离这个复杂的问题分解为更多更小的子问题。而且，更为重要的一点是，在每一个子问题中，都只需要保留一个最优解。之后的问题求解只依赖这个最优值。这种求编辑距离的方法就是动态规划，而这些子问题在动态规划中被称为不同的状态。

下面还是使用 mouuse 和 mouse 的例子，图 3-5 展示了各个状态之间的转移。我将 mouuse 的字符数组作为表格的行，每一行表示其中一个字母，而 mouse 的字符数组作为列，每一列表示其中一个字母，这样就得到图 3-5 所示的状态转移表。

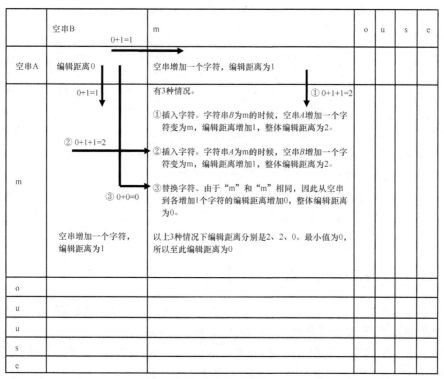

图 3-5 状态转移表

图 3-5 中的表格里不同状态之间的转移就是状态转移，其中表格中给出的"3 种情况"说明了字符串演变（或者说状态转移）的方式以及相应的编辑距离计算过程。对于表格中其他空白的部分，我稍后会给出。编辑距离是具有对称性的，也就是说，从字符串 A 到 B 的编辑距离和从字符串 B 到 A 的编辑距离一定是相等的。你可以将刚才那个状态转移表的行和列互换，再推导一下，看看得出的编辑距离是否还是 1。这一点可以从理论上解释，它其实是由编辑距离的 3 种操作决定的。例如，从字符串 A 演变到 B 的每一种操作都可以转换为从字符串 B 演变到 A 的某一种操作，如表 3-1 所示。

表 3-1　编辑距离中操作的互换

从字符串 A 到 B	从字符串 B 到 A
将一个字符替换成另一个字符	将一个字符替换成另一个字符
插入一个字符	删除一个字符
删除一个字符	插入一个字符

所以说，从字符串 A 演变到 B 的每一种变化方式，都可以找到对应的从字符串 B 演变到 A 的某种方式，两者的操作次数一样。自然，代表最小操作次数的编辑距离也就一样了。理解了这些，再填写图 3-5 的空白部分就不难了，具体内容如表 3-2 所示。

表 3-2　完整的状态转移表格

状态	空 B	m	o	u	s	e
空 A	0	1	2	3	4	5
m	1	min(2,2,0)=0	min(3,1,2)=1	min(4,2,3)=2	min(5,3,4)=3	min(6,4,5)=4
o	2	min(1,3,2)=1	min(2,2,0)=0	min(3,1,2)=1	min(4,2,3)=2	min(5,3,4)=3
u	3	min(2,4,3)=2	min(1,3,2)=1	min(2,2,0)=0	min(3,1,2)=1	min(4,2,3)=2
u	4	min(3,5,4)=3	min(2,4,3)=2	min(1,3,1)=1	min(2,2,1)=1	min(3,2,2)=2
s	5	min(4,6,5)=4	min(3,5,4)=3	min(2,4,3)=2	min(2,3,1)=1	min(3,2,2)=2
e	6	min(5,7,6)=5	min(4,6,5)=4	min(3,5,4)=3	min(2,4,2)=2	min(3,3,1)=1

表 3-2 中的边界都是相对于空串的，空串到长度为 n 的字符串的最小操作数就是 n，即全部添加或删除。表求最小值的 min 函数里有 3 个参数，分别对应 3.3.1 节中讲述的 3 种情况的编辑距离，分别是替换、插入和删除字符。表 3-2 的最右下方的单元格标出了两个字符串的编辑距离 1。

3.3.3　状态转移方程和编程实现

上面介绍了概念和分析过程，要实现上述过程，最终还是要落实在编码上，这里带你做些编码前的准备工作。假设字符数组 A[] 和 B[] 分别表示字符串 A 和 B，A[i] 表示字符串 A 中第 i 个位置的字符，B[i] 表示字符串 B 中第 i 个位置的字符。二维数组 d[,] 表示刚刚用于推导的二维表格，而 d[i,j] 表示这张表格中第 i 行、第 j 列求得的最终编辑距离。函数 r(i, j) 表示替换时产生的编辑距离。如果 $A[i]$ 和 $B[j]$ 相同，函数的返回值为 0，否则返回值为 1。有了这些定义，下面我就用迭代来表达上述的推导过程。

- 如果 i 为 0，且 j 也为 0，那么 $d[i,j]$ 为 0。
- 如果 i 为 0，且 j 大于 0，那么 $d[i,j]$ 为 j。
- 如果 i 大于 0，且 j 为 0，那么 $d[i,j]$ 为 i。
- 如果 i 大于 0，且 j 大于 0，那么 $d[i,j] = \min(d[i-1,j]+1, d[i,j-1]+1, d[i-1,j-1]+r(i,j))$。

这里面最关键的一步是 $d[i,j] = \min(d[i-1,j]+1, d[i,j-1]+1, d[i-1,j-1]+r(i,j))$。这个表达式表示的是动态规划中从上一个状态到下一个状态之间可能存在的一些变化，以及基于这些变化的最终决策结果。我们将这样的表达式称为状态转移方程。在所有动态规划的解法中，状态转移方程是关键。有了状态转移方程，我们就可以很清晰地用数学的方式来描述状态转移及其对应的决策过程，这样具体的编码就很容易了，代码清单 3-4 展示了一种编辑距离的实现。

代码清单 3-4　编辑距离的实现

```python
def get_edit_distance(a, b):
    # 简单的边界判断
    if a is None or b is None:
        return -1

    # 初始化用于状态转移的二维表格
    d = [[0 for i in range(len(a) + 1) ] for j in range(len(b) + 1)]

    # 如果 i 为 0，且 j 大于等于 0，那么 d[i, j] 为 j
    for j in range(0, len(a) + 1):
        d[0][j] = j

    # 如果 i 大于等于 0，且 j 为 0，那么 d[i, j] 为 i
    for i in range(0, len(b) + 1):
        d[i][0] = i

    # 实现状态转移，注意这里 i 和 j 都是从 0 开始，所以代码计算的是 d[i+1, j+1]，而不是 d[i, j]
    # 对应的有 d[i+1, j+1] = min(d[i, j+1] + 1, d[i+1, j] + 1, d[i, j] + r(i, j)
    for i in range(0, len(b)):
        for j in range(0, len(a)):
            r = 0
            if a[j] != b[i]:
                r = 1

            # 状态转移表中的 3 种路径
            first_append = d[i][j + 1] + 1
            second_append = d[i + 1][j] + 1
            replace = d[i][j] + r
```

```
                    # 求 3 种路径中的最小值
                    val_min = min(first_append, second_append)
                    val_min = min(val_min, replace)
                    d[i + 1][j + 1] = val_min

            return d[len(b)][len(a)]


    if __name__ == '__main__':
        print(get_edit_distance('mouse', 'mouuse'))
```

对于这段代码需要注意的是，i 和 j 都是从 0 开始的，所以代码计算的是 $d[i+1, j+1]$，而不是 $d[i, j]$，而 $d[i+1, j+1] = \min(d[i, j+1] + 1, d[i+1, j] + 1, d[i, j] + r(i, j))$。

从推导的表格和最终的代码可以看出，相互比较长度为 m 和 n 的两个字符串一共需要求解 $m \times n$ 个子问题，因此计算量是 $m \times n$ 这个数量级。和排列法的 m^n 相比，这已经降低太多了。至此，我们已经可以快速计算出编辑距离，进而就能使用这个距离作为衡量字符串之间相似度的一个标准来进行查询推荐了。不过，基于编辑距离的算法也有局限性，它只适用于拉丁语系的相似度衡量，所以通常只适用于英文或者拼音相关的查询。如果是在中文这种亚洲语系中，差一个汉字（或字符）语义就会差很远，所以并不适合使用基于编辑距离的算法。

3.3.4 动态规划解决最优组合

和排列组合等穷举的方法相比，动态规划法关注发现某种最优解。如果一个问题无须求出所有可能的解，而是要找到满足一定条件的最优解，那么你就可以思考一下，是否能使用动态规划来降低求解的工作量。还记得之前提到的新版国王舍罕奖赏的故事吗？国王需要支付一定数量的赏金，而宰相要列出所有可能的钱币组合，这使用了排列组合的思想。如果这个问题再变化为"给定总金额和可能的钱币面额，能否找出钱币数量最少的奖赏方式？"，那么是否就可以使用动态规划呢？思路和之前是类似的。先将这个问题分解成很多更小金额的子问题，然后试图找出状态转移方程。如果增加一枚钱币 c，那么当前钱币的总数量就是增加 c 之前的钱币总数再加上当前这枚钱币 c。举个例子，假设这里有 3 种面额的钱币，面额分别为 2 元、3 元和 7 元。为了凑满 100 元的总金额，有以下 3 种选择。

（1）总金额 98 元的钱币，加上 1 枚 2 元的钱币。如果凑到 98 元的最少币数是 x_1，那么增加一枚 2 元后就是 $(x_1 + 1)$ 枚。

（2）总金额 97 元的钱币，加上 1 枚 3 元的钱币。如果凑到 97 元的最少币数是 x_2，那么增加一枚 3 元后就是 $(x_2 + 1)$ 枚。

（3）总金额 93 元的钱币，加上 1 枚 7 元的钱币。如果凑到 93 元的最少币数是 x_3，那么增加一枚 7 元后就是 $(x_3 + 1)$ 枚。

比较一下以上 3 种情况的钱币总数，取钱币总数最小的那个钱币总数就是总金额为 100 元时最小的钱币数。换句话说，由于奖赏的总金额是固定的，所以最后选择的那枚钱币的面额将决定到上一步为止的金额，同时也决定了上一步为止钱币的最少数量。基于此，可以得出如下状态转移方程：

$$c[i] = \mathrm{argmin}_{j=1,n}(c[i-value(j)]+1)$$

其中，$c[i]$表示总金额为 i 的时候，所需要的最少钱币数，其中 $j=1, 2, 3, \cdots, n$，表示 n 种面额的钱币，$value[j]$ 表示第 j 种钱币的面额。$c[i-value(j)]$ 表示选择第 j 种钱币的时候，上一步为止最少的钱币数。需要注意的是，$i-value(j)$ 需要大于等于 0，而且 $c[0]=0$。这里使用这个状态转移方程做些推导，具体的数据可以参考表 3-3。表格每一行表示奖赏的总金额，前 3 列表示 3 种钱币的面额，最后一列记录最少的钱币数量。表中的"/"表示不可能或者无解。

表 3-3　钱币组合的状态转移表

总金额/面额	2	3	7	最小钱币数
1	/	/	/	/
2	1	/	/	1
3	/	1	/	1
4	2	/	/	2
5	$c(3)+1=2$	$c(2)+1=2$	/	$\min(2,2)=2$
6	$c(4)+1=3$	$c(3)+1=2$	/	$\min(3,2)=2$
7	$c(5)+1=3$	$c(4)+1=3$	1	$\min(3,3,1)=1$
8	$c(6)+1=3$	$c(5)+1=3$	/	$\min(3,3)=3$
9	$c(7)+1=2$	$c(6)+1=3$	$c(2)+1=2$	$\min(2,3,3)=2$
10	$c(8)+1=4$	$c(7)+1=2$	$c(3)+1=2$	$\min(4,2,2)=2$
11	...	...	...	...

表 3-3 同样可以帮助你理解状态转移方程的正确性。一旦状态转移方程确定了，要编写代码来实现就不难了。

本节讲述了动态规划主要的思想和应用。如果仅仅看这两个案例，也许你觉得动态规划不难理解。不过，在实际应用中，你可能会产生这些疑问：什么时候该用动态规划？首先，如果一个问题有很多种可能，看上去需要使用排列或组合的思想，但是最终求的只是某种最优解（例如最小值、最大值、最短子串、最长子串等），那么就可以考虑使用动态规划。其次，状态转移方程是关键。你可以用状态转移表来帮助自己理解整个过程。如果能找到准确的转移方程，那么离最终的代码实现就不远了。

第 4 章

树和图

本章中将讲述图论中的重点概念，包括树和图，以及它们在编程领域的应用。

4.1 图和树的概念

简单地说，图由边和结点组成。如果一个图里所有的边都是有向边，那么这个图就是有向图。如果一个图里所有的边都是无向边，那么这个图就是无向图。既包含有向边又包含无向边的图称为混合图。在有向图中，以结点 v 为出发点的边的数量，叫作 v 的出度；以 v 为终点的边的数量，叫作 v 的入度。在图 4-1 展示的有向图中，结点 v_2 的入度是 1，出度是 2。

另外几个和图有关的概念是通路、回路和连通。结点和边交替组成的序列就是通路。所以，通路上的任意两个结点是互为连通的。如果一条通路的起始结点 v_1 和终止结点 v_n 相同，这种特殊的通路就叫作回路。从起始结点到终止结点所经过的边之数量，就是通路的长度。图 4-2 展示了一条通路和一条回路，第一条非回路通路的长度是 3，第二条回路的长度是 4。

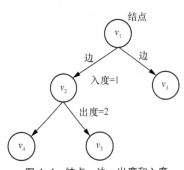

图 4-1　结点、边、出度和入度

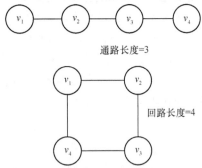

图 4-2　长度为 3 的通路和长度为 4 的回路

理解了图的基本概念，再来看树和有向树。树是一种特殊的图，它是没有简单回路的连通无向图。这里的简单回路其实就是指，除了第一个结点和最后一个结点相同外，其余结点不重复出现的回路。可以参考图 4-3 展示的几种树的结构。

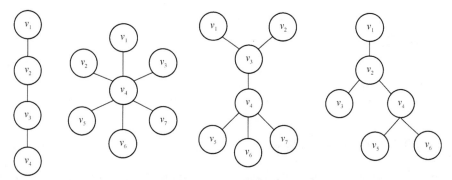

图 4-3　几种树的结构

接下来我们将重点介绍计算机领域中最常用的树结构——有向树。有向树是一种树，特殊的是，它的边是有方向的，并且满足以下几个条件。

（1）有且仅有一个结点的入度为 0，这个结点称为根。

（2）除根以外的所有结点的入度都为 1。从树根到任一结点有且仅有一条有向通路。

（3）除了这些基本定义，有向树还有几个重要的概念，包括父结点、子结点、兄弟结点、前辈结点、后辈结点、叶结点、结点的高度（或深度）、树的高度（或深度）。图 4-4 展示了这些概念，其中根结点的高度被设置为 0，根据需要也可以将其设置为 1。

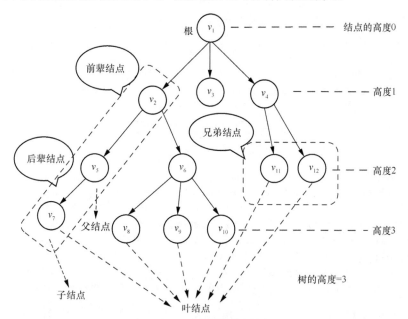

图 4-4　有向树的基本概念

讲述了有向树的概念，你会发现它的应用是非常广泛的，包括前面在介绍递归和排列组合的章节中你都会发现树的身影。

4.2　树的常见应用

为了让你对树结构有一个更为直观的理解，我们先从一些常见的应用出发，阐述树在其中扮演的重要角色，以及它如何帮助我们解决编程领域中的实际问题。

4.2.1　WordNet 中的关联词

WordNet 是由普林斯顿大学的语言学家、心理学家和计算机工程师联合研发的、基于认知语言学的字典，目前主要支持英文。它的数据结构实际上是图，不是树。这里只考虑其中的上下位关系，以及如何使用这种关系来计算词和词之间的关联度，因此将其简化为树的结构。在自然语言处理中，有时也需要考虑在语义上有关联的词语。例如"学生""老师""大学""高校""选课"等词都表达了和学术有关的概念。有了这些，系统就可以基于概念来进行处理，而不用仅仅依赖于精确匹配的关键词。这里使用 WordNet 中的上下位关系分析来进行分析。

WordNet 中的上下位关系也称为上下义关系，上位词或者上义词表示更为抽象的概念，下位词或者下义词表示更为具体的概念，这就是树中的父结点和子结点的关系。代码清单 4-1 使用 hypernyms() 函数和 hyponyms() 函数分别展示了单词 student 的上义词和下义词。

代码清单 4-1　WordNet 中的上下位关系

```
from nltk.corpus import wordnet

# 获取 student 的上义词
print("student 的上义词", wordnet.synsets('student')[0].hypernyms())
# 获取 student 的下义词
print("student 的下义词: ", wordnet.synsets('student')[0].hyponyms())
```

结果是：

```
student 的上义词 [Synset('enrollee.n.01')]
student 的下义词: [Synset('art_student.n.01'), Synset('auditor.n.02'),
Synset('catechumen.n.01'), Synset('collegian.n.01'), Synset('crammer.n.01'),
Synset('etonian.n.01'), Synset('ivy_leaguer.n.01'), Synset('law_student.n.01'),
Synset('major.n.03'), Synset('medical_student.n.01'), Synset('nonreader.n.01'),
Synset('overachiever.n.01'), Synset('passer.n.03'), Synset('scholar.n.03'),
Synset('seminarian.n.01'), Synset('sixth-former.n.01'), Synset('skipper.n.01'),
Synset('underachiever.n.01'), Synset('withdrawer.n.05'), Synset('wykehamist.n.01')]
```

可以看出 student 的上义词只有一个，而下义词有很多，基本上都是各种学生或者学徒，那么这种上下位关系如何帮助我们确定词之间的语义关联度有多强呢？由于存在上下位关系，WordNet 里的词与词之间是有层级关系的。我们假设两个词在这种层级结构中距离越近，语义关系就越强，否则语义关系越弱。首先，使用 hypernym_paths() 函数获取从每个词从其自身到根结点的路径，代码清单 4-2 对 student、teacher、nurse 和 airplane 这几个词使用了该函数。

代码清单 4-2　WordNet 中几个单词到根结点的路径

```
# 获取 student 上义词的完整路径
print("student 的上义词路径", wordnet.synsets('student')[0].hypernym_paths(), '\n')
# 获取 teacher 上义词的完整路径
print("teacher 的上义词路径", wordnet.synsets('teacher')[0].hypernym_paths(), '\n')
# 获取 nurse 上义词的完整路径
print("nurse 的上义词路径", wordnet.synsets('nurse')[0].hypernym_paths(), '\n')
# 获取 airplane 上义词的完整路径
print("airplane 的上义词路径", wordnet.synsets('airplane')[0].hypernym_paths(), '\n')
```

需要注意的是，WordNet 中的每个词条有多层含义，这里使用[0]只取默认的第一个，结果如下：

```
student 的上义词路径 [[Synset('entity.n.01'), Synset('physical_entity.n.01'),
Synset ('causal_agent.n.01'), Synset('person.n.01'), Synset('enrollee.n.01'),
Synset('student.n.01')], [Synset('entity.n.01'), Synset('physical_entity.n.01'),
Synset('object.n.01'), Synset('whole.n.02'), Synset('living_thing.n.01'),
Synset('organism.n.01'), Synset('person.n.01'), Synset('enrollee.n.01'),
Synset('student.n.01')]]

teacher 的上义词路径 [[Synset('entity.n.01'), Synset('physical_entity.n.01'),
Synset ('causal_agent.n.01'), Synset('person.n.01'), Synset('adult.n.01'),
Synset('professional.n.01'), Synset('educator.n.01'), Synset('teacher.n.01')],
[Synset('entity.n.01'), Synset('physical_entity.n.01'), Synset('object.n.01'),
Synset('whole.n.02'), Synset('living_thing.n.01'), Synset('organism.n.01'),
Synset('person.n.01'), Synset('adult.n.01'), Synset('professional.n.01'),
Synset('educator.n.01'), Synset('teacher.n.01')]]

nurse 的上义词路径 [[Synset('entity.n.01'), Synset('physical_entity.n.01'),
Synset('causal_agent.n.01'), Synset('person.n.01'), Synset('adult.n.01'),
Synset('professional.n.01'), Synset('health_professional.n.01'), Synset('nurse.n.01')],
[Synset('entity.n.01'), Synset('physical_entity.n.01'), Synset('object.n.01'),
Synset('whole.n.02'), Synset('living_thing.n.01'), Synset('organism.n.01'),
Synset('person.n.01'), Synset('adult.n.01'), Synset('professional.n.01'),
Synset('health_professional.n.01'), Synset('nurse.n.01')]]

airplane 的上义词路径 [[Synset('entity.n.01'), Synset('physical_entity.n.01'),
Synset('object.n.01'), Synset('whole.n.02'), Synset('artifact.n.01'),
Synset('instrumentality.n.03'), Synset('conveyance.n.03'), Synset('vehicle.n.01'),
Synset('craft.n.02'), Synset('aircraft.n.01'), Synset('heavier-than-air_craft.n.01'),
```

```
Synset('airplane.n.01')]]
```

根据这些路径，可以大致描绘出这几个单词在 WordNet 中的层级关系，如图 4-5 所示。

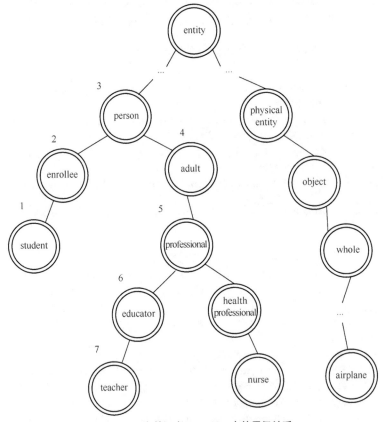

图 4-5   几个单词在 WordNet 中的层级关系

这个层级关系确定之后，我们就可以数一数两个单词之间相距几个结点。例如，从 student 这个结点开始数，一直数到 teacher，一共经历了 7 个结点（包括 student 和 teacher 这两个结点），具体的结点次序也标注在了图 4-5 之中，那么距离就是 $1/7 \approx 0.143$。需要注意两点：第一，从结点 student 出发，数到 student 和 teacher 最小的父结点 person 之后，我们就需要开始向结点 person 的下位关系前进，而不能再向它的上位关系前进；第二，某个单词到根结点的路径可能有多条，例如 student、teacher 和 nurse 这 3 个单词到根结点都有两条路径，这也意味着两个单词在层级结构中的通路有多条。在计算层级结构中的距离时，通常使用距离较短的那条通路。实际上，NLTK 的 WordNet 库已经提供了计算这种距离的相似度函数 path_similarity，具体使用方式如代码清单 4-3 所示。

代码清单 4-3　WordNet 中 path_similarity 函数的使用

```
student = wordnet.synsets('student')[0]
teacher = wordnet.synsets('teacher')[0]
nurse = wordnet.synsets('nurse')[0]
airplane = wordnet.synsets('airplane')[0]

# 计算基于 WordNet 中路径的相似度
print("student vs. teacher", student.path_similarity(teacher))
print("teacher vs. student", teacher.path_similarity(student))
print("nurse vs. student", nurse.path_similarity(student))
print("nurse vs. teacher", nurse.path_similarity(teacher))
print("airplane vs. student", airplane.path_similarity(student))
```

结果是：

```
student vs. teacher 0.14285714285714285
teacher vs. student 0.14285714285714285
nurse vs. student 0.14285714285714285
nurse vs. teacher 0.2
airplane vs. student 0.07142857142857142
```

从上述结果可以看出，这种相似度是基于 WordNet 树状结构的层级，提供了一种简单的关联度计算方法。

4.2.2　二叉树

尽管树的结构有很多种类，但是在计算机数据结构和算法中，最常见的是二叉树（binary tree）。二叉树表示每个结点最多有两个分支，也就是左右两个子结点。当然，我们并不要求二叉树中的每个结点都有两个子结点，可以只有左子结点或右子结点。二叉树之所以很常用，是因为它充分体现了之前提到的分治思想，无论是二分搜索法，还是归并排序，其过程都可以使用二叉树的形式来表示。这里我再介绍一个二叉树的应用——**二叉搜索树**（binary search tree）。二叉搜索树进行了特殊的设计，从而可以支持快速的查找。这个特殊之处在于：给定树中的任意一个结点，其左子树中的每个结点的值都小于这个给定结点的值，而右子树中的每个结点的值都大于这个给定结点的值。图 4-6 给出了一个二叉搜索树的例子。

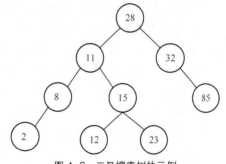

图 4-6　二叉搜索树的示例

有了这种设计，我们就能利用类似二分搜索的思路，在二叉搜索树中快速定位一个结点。具体过程是：我们先取根结点，如果它正是待查找的数值，就将其返回。如果待查找的数值比

根结点的数值小，就在其左子树中继续查找。如果
要查找的数值比根结点的数值大，那就在其右子树
中继续查找。图 4-7 展示了在上述二叉搜索树中发
现数值 23 的过程。

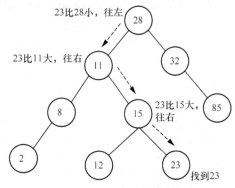

图 4-7   二叉搜索树的查找

仔细回想一下前面提到的二分搜索法来逼近
方程式的解，它和二叉搜索树也是可以对应的。主
要的不同之处在于：二分搜索法求解的过程实际上
是动态地生成二叉分支，如果被查找的对象没有被
找到，就会不停地生成这些分支，直到发现目标，
或者超过指定的查找次数；二叉搜索树是固定的，
除非有新的数据删除或者插入。因此在二叉树上搜索，可以在有限的次数内完成，通常不用再
加以额外限制。说到二叉搜索树中数据的更新，这里我再来介绍一下如何利用这种特殊的树结
构完成数据的删除和插入。

二叉搜索树的插入和搜索操作类似。我们只需要从根结点开始，依次比较要插入的数值和
结点数值的大小。如果待插入的数值比结点数值大，并且结点的右子树为空树，那么就将新数
值直接插入右子结点的位置；如果不为空，就再继续深入右子树，直到发现插入的位置。同理，
如果要插入的数值比结点数值小，并且结点的左子树为空树，就将新数值插入左子结点的位置；
如果不为空，就再继续深入左子树，直到发现插入的位置。

相对于搜索和插入，二叉搜索树的删除操作就比较复杂，这主要是因为存在多种情况。

（1）如果要删除的结点没有子结点，那么就可以直接删除，然后让被删除结点的父结点指
向空指针 None 或者 Null。删除图 4-6 中数值为 23 的结点属于这种情况。

（2）如果要删除的结点有且只有一个子结点，无论是左子结点还是右子结点，只需要让被
删除结点的父结点指向被删除结点的子结点就行了。删除图 4-6 中数值为 8 的结点属于这种情
况，删除后，数值 11 的结点指向数值为 2 的结点。

（3）如果要删除的结点有两个子结点，稍微麻烦一些。要么找到这个结点左子树中的最大
结点，要么找到这个结点右子树中的最小结点，将这个结点替换到被删除的结点上。然后再删
除这棵左子树中最大（或右子树中最小）的结点，因为这个结点没有右子结点（或左子结点），
就可以按照情况 2 来处理。删除图 4-6 中数值为 28 的根结点属于这种情况。

在讨论二叉树的查找和更新时涉及树的搜索和遍历，这种操作经常用在不同的应用场景之
下，由于其涉及的内容非常重要，我单独用一节继续详细讲解。

4.3   树的深度优先搜索和遍历

首先我们从前缀树的案例开始，让你理解什么是深度优先搜索。然后介绍如何使用深度优

先遍历，访问树结构中的所有数据。

4.3.1   前缀树的构建和查询

第 2 章介绍了迭代法和二分搜索法，并讨论了一个查字典的例子。如果要使用二分搜索，要先将整个字典排序，然后每次都通过二分的方法来缩小搜索范围。不过在平时的生活中，查字典并不是这么做的。我们都是从单词的最左边的字母开始，逐个去查找。例如查找 "boy" 这个单词，我们一般是这么查的：首先，在 a～z 这 26 个英文字母里找到单词的第一个字母 b，然后在 b 开头的单词里找到字母 o，最终在 bo 开头的单词里找到字母 y。参考图 4-8，我们会发现，这种搜索过程，其实就是从树顶层的根结点一直遍历到最底层的叶结点，最终逐步构成单词前缀的过程。对应的数据结构就是前缀树（prefix tree），或者叫字典树（trie tree）①。前缀树这个名称更为形象，充分体现了这个数据结构的特征。

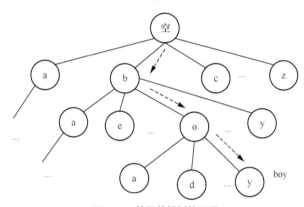

图 4-8   基于前缀树的匹配

那么，前缀树究竟该如何构建呢？有了前缀树，又该如何查询呢？这里将讲解如何通过树的深度优先搜索来实现前缀树的构建和查询。

1. 构建前缀树

先将空字符串作为树的根。对于每个单词，其中的每一个字符都代表了有向树的一个结点。而前一个字符就是后一个字符的父结点，后一个字符是前一个字符的子结点。这也意味着，每增加一个字符，其实就是在当前字符结点下面增加一个子结点，相应地，树的高度也增加了 1。这里以单词 geek 为例，从根结点开始，第一次，增加字符 g，在根结点下增加一个 "g" 结点。第二次，在 "g" 结点下增加一个 "e" 结点。以此类推，最终可以得到图 4-9 所示的前缀树。

---

① 不用线索树，在计算机领域中称为字典树或者前缀树。

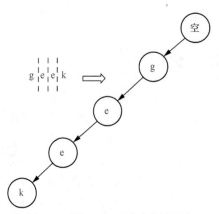

图 4-9   单词 geek 所构建的前缀树

这个时候再增加一个单词 geometry 会怎样呢？继续重复这个过程，就能得到图 4-10。

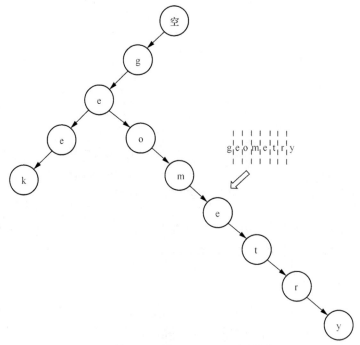

图 4-10   单词 geek 和 geometry 所构建的前缀树

到这里为止，已经构建了包含两个单词的前缀树。在这棵树的两个叶结点"k"和"y"上，可以加上额外的信息，如单词的解释。在匹配成功之后就可以直接返回这些信息，实现字典的功能了。如果将牛津词典里所有的英文单词都按照上述的方法处理一遍，就能构建一棵包含这个字典里所有单词的前缀树，并实现常用单词的查找和解释。

2. 查询前缀树

假设我们已经使用牛津词典构建了一棵完整的前缀树,现在就能按照开篇所说的那种方式查找任何一个单词了。从前缀树的根开始,查找下一个结点,沿着这条通路走下去,一直走到某个结点。如果这个结点及其前缀代表了一个存在的单词,而待查找的单词和这个结点及其前缀正好完全匹配,就说明成功找到了一个单词;否则,就表示无法找到。这里还有几种特殊情况需要注意。

(1)如果还没到叶结点的时候待查单词就结束了。这个时候要看最后匹配上的非叶结点是否代表一个单词,如果不是,那说明待查单词并不在字典中。

(2)如果搜索到前缀树的叶结点,但是待查单词仍有未处理的字母。由于叶结点没有子结点,这时候,待查单词不可能在字典中。

(3)如果搜索到一半,还没到达叶结点,待查单词也有尚未处理的字母,但是当前被处理的字母已经无法和结点上的字符匹配了。这时候,待查单词不可能在字典中。

前缀树的构建和查询在本质上其实是一致的。构建的时候,我们需要根据当前的前缀进行查询,然后才能找到合适的位置插入新的结点。而且,这两者都存在一个不断重复迭代的查找过程,我们将这种方式称为深度优先搜索(depth first search,DFS)。所谓树的深度优先搜索,其实就是从树中的某个结点出发,沿着和这个结点相连的边向前走,找到下一个结点,然后以这种方式不断地发现新的结点和边,一直搜索下去,直到访问了所有和出发点连通的结点,或者满足某个条件后停止。如果到了某个结点,发现和这个结点直接相连的所有结点都已经被访问过,那么就回退到这个结点的父结点,继续查看是否有新的结点可以访问;如果没有就继续回退,一直到出发点。由于单棵树中所有的结点都是连通的,所以通过深度优先的策略可以遍历树中所有的结点,因此也称为深度优先遍历。图 4-11 展示的是在一棵有向树中进行深度优先搜索时结点被访问的顺序。

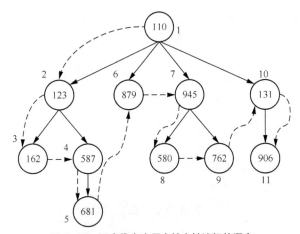

图 4-11 深度优先遍历中结点被访问的顺序

图 4-11 中标记在结点上的数字表示结点的 ID，而虚线表示遍历前进的方向，结点边上的数字表示该结点在深度优先搜索中被访问的顺序。在深度优先的策略下，我们从结点 110 出发，然后发现和 110 相连的结点 123，访问 123 后继续发现和 123 相连的结点 162，再往后发现 162 没有出度，因此回退到 123，查看和 123 相连的另一个结点 587，根据 587 的出度继续往前推进，以此类推。将深度优先搜索和在前缀树中查询单词的过程对比一下，你就会发现两者的逻辑是一致的。不过，使用前缀树匹配某个单词的时候只需要沿着一条可能的通路搜索下去，而无须遍历树中所有的结点。

3. 前缀树用于中文分词

在英文等拉丁语系中，单词和单词之间一般都存在空格或者标点符号，因此分词是一项很容易的任务，使用正则表达式就能获取非常好的效果。然而中文分词就要复杂得多，目前最常用的方法之一是基于字典的匹配算法。这类算法的核心主要是两点。第一点是人工建立的大规模字典，如果一个字符串和字典里的某个词条匹配成功，那么就认为这个字符串表示一个中文词。第二点是匹配的策略，包括正向最大、逆向最大和双向匹配。我以例句"巴黎水晶挂件"来解释这 3 种策略。首先是正向最大匹配，系统会从左向右扫描字符串"巴黎水晶挂件"，如果发现能够和字典词条匹配的最长字符串，就将其作为一个中文词，剩下的部分再以此类推，大致的步骤如下：

（1）"巴黎水晶挂件"，字典中不存在这个词；

（2）"巴黎水晶挂"，字典中不存在这个词；

（3）"巴黎水晶"，字典中不存在这个词；

（4）"巴黎水"，字典中存在这个词，切分为"巴黎水/晶挂件"；

（5）剩下的字符串"晶挂件"，字典中不存在这个词；

（6）"晶挂"，字典中不存在这个词；

（7）"晶"，字典中存在这个单字，切分为"巴黎水/晶/挂件"；

（8）剩下的字符串"挂件"，字典中存在这个词，最终切分为"巴黎水/晶/挂件"。

逆向最大匹配的过程和正向最大匹配类似，唯一的不同在于扫描字符串的方向是从右向左。"巴黎水晶挂件"的逆向最大匹配过程大致如下：

（1）"巴黎水晶挂件"，字典中不存在这个词；

（2）"黎水晶挂件"，字典中不存在这个词；

（3）"水晶挂件"，字典中不存在这个词；

（4）"晶挂件"，字典中不存在这个词；

（5）"挂件"，字典中存在这个词，切分为"巴黎水晶/挂件"；

（6）剩下的字符串"巴黎水晶"，字典中不存在这个词；

（7）"黎水晶"，字典中不存在这个词；

（8）"水晶"，字典中存在这个词，切分为"巴黎/水晶/挂件"；

（9）剩下的字符串"巴黎"，字典中存在这个词，最终切分为"巴黎/水晶/挂件"

可以看出，正向最大匹配策略是从左向右生成分词，而逆向最大匹配策略正好相反。从上面这个例子的分词结果看来，逆向最大匹配优于正向最大匹配，不过也有正向最大匹配策略更优的情况，例如"上海上汽车厂"，逆向最大匹配会切分为"上/海上/汽车厂"，而正向最大匹配会正确地切分为"上海/上汽/车厂"。所以，人们又提出了双向最大匹配策略，也就是正向和逆向最大匹配各切分一次，然后根据切分后的单词长度、非字典词和单字数量，择优选取其中一种分词结果。

无论是何种匹配策略，关键的要点还是将字符串和字典中的单词进行匹配。最直接的方法是使用哈希结构，存储字典中所有的词条，并进行哈希查找。可是，哈希结构对内存的依赖很强，庞大的字典需要消耗的内存是相当可观的，这时就可以考虑使用前缀树的数据结构。此时，根结点仍然是空字符串。而有向树的每一个非根结点都对应于某个单词中的某个字符（可以是中文汉字也可以是英文字母），并且单词中的前一个字符就是其后一个字符的父结点，后一个字符是前一个字符的子结点。

4.3.2　深度优先的实现

当你尝试实现树的深度优先搜索和遍历时，就会发现它的实现没有之前所介绍的排列组合那么直观，这是因为，从数学的思想到最终的编程实现，需要一个比较长的流程。我们首先需要将问题转化成数学中的模型，然后使用数据结构和算法来描述数学模型，最终才能落实到编码。在前缀树中，我们需要同时涉及树的结构、树的动态构建和深度优先搜索，这个实现过程相对比较复杂，所以在本节中将会详细讲解实现过程中需要注意的要点。

1. 如何使用数据结构表达树

我们知道，计算机中最基本的数据结构是数组和链表。数组适合快速地随机访问。不过，数组并不适合稀疏的数列或者矩阵，而且数组中元素的插入和删除操作也比较低效。相对于数组，链表的随机访问的效率更低，但是它的优势是不必事先规定数据的数量，所以表示稀疏的数列或矩阵时可以更有效地利用存储空间，同时也利于数据的动态插入和删除。我们再来看树的特点。树的结点及其连接的边，与链表中的结点和链接在本质上是一样的，因此我们可以模仿链表的结构，用编程语言中的指针或对象引用来构建树。除此之外，我们还可以用二维数组。用数组的行或列元素表示树中的结点，而行和列共同确定了两个树结点之间是不是存在边。可是在树中这种二维关系通常是非常稀疏、动态的，所以用数组效率就比较低下。基于上面这些考虑，我们可以设计一个 Tree_Node 类，表示有向树的结点和边。这个类需要体现前缀树结点最重要的两个属性。

- 这个结点所代表的字符用 label 变量表示。

- 这个结点有哪些子结点用 sons 哈希映射表示。之所以用哈希映射，是为了便于查找某个子结点（或者说对应的字符）是否存在。

另外，我们还可以用变量 prefix 表示当前结点之前的前缀，用变量 explanation 表示某个单词的解释。代码清单 4-4 展示了 Tree_Node 类的实现。

代码清单 4-4　Tree_Node 类

```
# 前缀树的结点类
class Tree_Node(object):
    def __init__(self, l, pre, exp):
        self.label = l    # 结点的名称，在前缀树里是单个字母
        self.sons = {}    # 使用哈希映射存放子结点。哈希便于确认是否已经添加过某个字母对应的结点
        self.prefix = pre    # 从树的根到当前结点这条通路上的全部字母所组成的前缀。例如，通路
                             # b->o->y，对字母 o 结点而言，前缀是 b；对字母 y 结点而言，前缀是 bo
        self.explanation = exp    # 单词的解释
```

注意代码中只有结点的定义，而没有边的定义。实际上，这里的有向边表达的是父子结点之间的关系，我们使用 sons 变量来存储这种关系。另外，我们需要动态地构建这棵树。每当接收一个新单词时，代码都需要扫描这个单词的每个字母，并使用当前的前缀树进行匹配。如果匹配到某个结点，发现相应的字母结点并不存在，就建立一个新的树结点。

2. 如何使用递归和栈实现深度优先搜索

构建好了数据结构，我们现在需要考虑用什么样的编程方式可以实现对树结点和边的操作。仔细观察前缀树的构建和查询，你会发现这两个不断重复迭代的过程都可以使用递归的方式来实现。换句话说，深度优先搜索的过程和递归调用在逻辑上是一致的。我们可以将函数的递归调用看作访问下一个连通的结点，将函数的返回看作没有更多新的结点需要访问而回溯到上一个结点。在查询的过程中，至少有 3 种情况是无法在字典里找到待查单词的。于是，我们需要在递归的代码中做以下相应的处理。

（1）待查单词的所有字母都被处理完毕，但是我们仍然无法在字典里找到相应的词条。每次调用递归的函数，我们都需要判断待查的单词，看看是否还有字母需要处理。如果没有更多的字母需要匹配了，就再确认一下当前匹配的结点本身是不是一个单词。如果是，就返回相应的单词解释，否则就返回查找失败。对于结点是不是一个单词，你可以使用 Tree_Node 类中的 explanation 变量来进行标识和判断，如果不是一个存在的单词，这个变量应该是空串或者 None/Null 值。

（2）搜索到前缀树的叶结点，但是待查单词仍有尚未处理的字母，就返回查找失败。我们可以通过结点对象的 sons 变量来判断这个结点是不是叶结点。如果是叶结点，这个变量应该是空的哈希映射或者 None/Null 值。

（3）搜索到中途，还没到达叶结点，待查单词也有尚未处理的字母，但是当前被处理的字母已经无法和结点上的 label 匹配，返回查找失败。是不是叶结点仍然通过结点对象的 sons

变量来判断。

根据上述的设计，我们就可以进行编码了，具体实现和测试请参考代码清单4-5。

代码清单4-5 前缀树的实现和测试

```python
class prefix_tree(object):
    def __init__(self):
        # 初始化根结点
        self.root = tree_node('', '', '')


    # 构造前缀树的函数
    def build_prefix_tree(self, words):
        for word in words:
            self.process_one_word(word, '', self.root)


    # 通过递归的方式构建前缀树的每个结点
    # 每次调用都取出给定字符串的首字母，查找该字母的结点是否已经存在
    # 不存在的话就建立一个，然后递归调用，重复这个步骤，直到待处理的字符串为空
    # str-尚未处理的字符串，pre-当前的前缀，parent-当前结点的父结点
    def process_one_word(self, str, pre, parent):
        # 如果没有剩余的字符，表示某个单词已处理完毕，设置解释并返回
        if len(str) == 0:
            parent.explanation = 'The explanation of {} is ...'.format(pre)
            return

        # 处理当前字符串的第一个字母
        c = str[0]
        found = None

        # 如果字母结点已经存在于当前父结点之下，找出它；否则，新生成一个结点
        if c in parent.sons.keys():
            found = parent.sons[c]
        else:
            son = tree_node(c, pre, '')
            parent.sons[c] = son
            found = son

        # 递归调用，处理剩余的字符串。记得传入当前的前缀和结点
        self.process_one_word(str[1:], pre + c, found)


    # 查找某个单词
    def lookup(self, word):
        return self.lookup_a_word(word, self.root)
```

```python
# 通过递归的方式深度优先查询前缀树的每个结点
# 每次调用都取出给定字符串的首字母，查找该字母的结点是否已经存在。不存在的话就返回"未能找到！"
# 如果存在，继续递归调用，重复这个步骤，直到待处理的字符串为空或者到达前缀树的叶结点
# str-尚未处理的字符串，pre-当前的前缀，parent-当前结点的父结点
# 返回值-查找到的单词之解释，或者"未能找到！"
def lookup_a_word(self, word, parent):
    # 待处理的字符串为空
    if len(word) == 0:
        # 是否为一个合法的单词
        if len(parent.explanation) == 0:
            return '未能找到！'
        else:
            return parent.explanation

    # 到达叶结点，仍然没有找到
    if len(parent.sons) == 0:
        return '未能找到！'

    # 取出待处理字符串的首字母，如果找到了该字母就继续递归查找下去，否则返回"未能找到！"
    c = word[0]
    if c in parent.sons.keys():
        return self.lookup_a_word(word[1:], parent.sons[c])
    else:
        return '未能找到！'


if __name__ == '__main__':
    # 模拟字典
    words = ["zoo", "geometry", "bat", "boy", "geek", "address", "zebra"]
    pt = prefix_tree()
    pt.build_prefix_tree(words)

    print(pt.lookup('bo'))        # 测试不存在的单词（情况一）
    print(pt.lookup('battle'))    # 测试不存在的单词（情况二）
    print(pt.lookup('go'))        # 测试不存在的单词（情况三）
    print(pt.lookup('boy'))       # 测试存在的单词
```

虽然函数的递归调用非常直观，但是也有它自身的弱点。函数的每次嵌套都可能产生新的变量来保存中间结果，这可能会消耗大量的内存。这里可以用一个更节省内存的数据结构——栈（stack）。栈的特点是先进后出（first in last out），也就是说最先进入栈的元素最后才会得到处理，图 4-12 展示了这个过程。

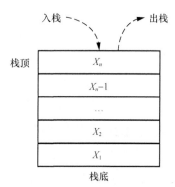

图 4-12　数据的入栈（压入）和出栈（弹出）

为什么用栈可以进行深度优先搜索呢？还是以图 4-11 为例，不过这次我们用栈来实现这个过程，下面是具体步骤。

- 第 1 步，将起始结点 110 压入栈中。
- 第 2 步，弹出结点 110，搜索出下一级结点 123、879、945 和 131。
- 第 3 步，将结点 131、945、879、123 依次压入栈中。
- 第 4 步，重复第 2 步弹出和第 3 步压入的步骤，处理结点 123，将新发现的结点 587 和 162 依次压入栈中。
- 第 5 步，处理结点 162，因为 162 是叶结点，所以没有发现新的结点。
- 第 6 步，重复第 2 步和第 3 步，处理结点 587，将新发现的结点 681 压入栈中。

……

- 第 $k-1$ 步，重复第 2 步和第 3 步，处理结点 131，将新发现的结点 906 压入栈中。
- 第 k 步，重复第 2 步和第 3 步，处理结点 906，没有新发现的结点，也没有更多待处理的结点，整个过程结束。

直观的展示如图 4-13 所示。

从上面的步骤来看，利用栈先进后出的特性可以模拟函数的递归调用。实际上，计算机系统里的函数递归，在内部也是通过栈来实现的。如果不使用函数调用时自动生成的栈，而是手动使用栈的数据结构，就能始终保持数据的副本只有一个，大大节省内存的使用量。代码清单 4-6 在代码清单 4-5 的基础之上增加了一个新的函数 dfs_by_stack，展示了通过栈实现的深度优先遍历。

代码清单 4-6　通过栈实现深度优先遍历

```
class Tree_Node(object):
    ...
    # 以栈的方式实现深度优先遍历
    def dfs_by_stack(self):
        # 创建栈对象，其中每个元素都是 Tree_Node 类型。Python 中 stack 可以通过 list 来实现
        # 初始化的时候，压入根结点
```

```
        stack = [self.root]

        # 只要栈里还有结点，就继续下去
        while len(stack) > 0:
            tn = stack.pop()   # 弹出栈顶的结点

            if len(tn.sons) == 0:
                # 已经到达叶结点了，输出
                print(tn.prefix + tn.label)
            else:
                # 非叶结点，遍历它的每个子结点
                for key in tn.sons.keys():
                    stack.append(tn.sons[key])


if __name__ == '__main__':
    # 模拟字典
    words = ["zoo", "geometry", "bat", "boy", "geek", "address", "zebra"]
    pt = prefix_tree()
    pt.build_prefix_tree(words)
    pt.dfs_by_stack()
```

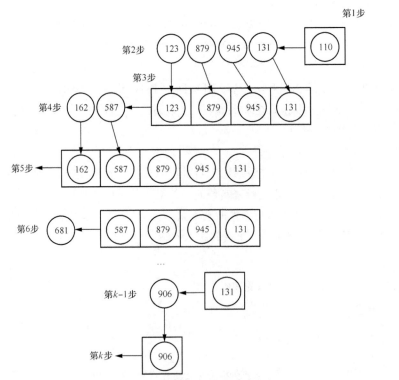

图 4-13   通过栈来实现树的深度优先遍历

　　这里有一个细节需要注意一下：当将某个结点的子结点压入栈的时候，栈"先进后出"的特性会导致子结点的访问顺序和递归遍历时子结点的访问顺序相反。如果你希望两者保持一致，可以用一个临时的栈将子结点入栈的顺序颠倒过来。

　　当然，除了深度优先，树的广度优先搜索（breadth first search，BFS）和遍历也是很常用的。下面我们通过一个实际的案例进行详细的阐述。

4.4　树和图的广度优先搜索和遍历

　　首先我们介绍一下社交网络应用中的广度优先搜索，然后将其推广到不同的应用场景。

4.4.1　社交网络中的好友问题

　　LinkedIn、Facebook、微信、QQ 这些社交网络平台都有大量的用户。在这些社交网络中，非常重要的一部分就是人与人之间的"好友"关系。在数学里，为了表示这种好友关系，我们通常用图中的结点来表示一个人，而用图中的边来表示人和人之间的相识关系，那么社交网络就可以用图论来表示。而"相识关系"又可以分为单向和双向。单向表示的是，两个人 a 和 b，a 认识 b，但是 b 不认识 a。如果是单向关系，我们就需要使用有向边来区分是 a 认识 b，还是 b 认识 a。如果是双向关系，双方相互认识，因此直接用无向边就够了。在本书的内容里，假设相识关系都是双向的，所以本节讨论的都是无向图。

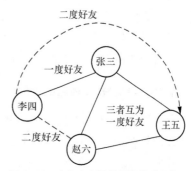

　　从图 4-14 可以看出，人与人之间的相识关系可以有多条路径。例如，张三可以直接连接赵六，也可以通过王五来连接赵六。比较这两条通路，最短的通路长度是1，因此张三和赵六是一度好友。也就是说，这里用两人之间最短通路的长度来定义他们是几度好友。据此定义，在图 4-14 的社交关系示意图中，张三、王五和赵六互为一度好友，而李四和赵六、王五为二度好友。

图 4-14　人与人之间的相识关系示意图

　　寻找两人之间的最短通路，或者说找出两人是几度好友，在社交中有不少应用。例如，向你推荐新的好友、找出两人之间的关系的紧密程度、职场背景调查等。在 LinkedIn 上，有个功能就是向你推荐了你可能感兴趣的人。图 4-15 是我的 LinkedIn 主页里所显示的好友推荐。

　　这些被推荐的候选人和我都有不少的共同连接，也就是共同好友。所以他们都是我的二度好友。但是，他们和我之间还没有建立直接的连接，因此不是一度好友。也就是说，对于某个当前用户，LinkedIn 是这样来选择好友推荐的：

- 被推荐的人和当前用户不是一度好友；
- 被推荐的人和当前用户是二度好友。

图 4-15   LinkedIn 基于人际关系的推荐

那为什么不考虑"三度"甚至"四度"好友呢？前面已经说过，两人之间最短的通路长度表示他们是几度好友。那么三度或者四度就意味着两人间最短的通路也要经历 2 个或更多的中间人，他们的关系就比较疏远，互相添加好友的可能性就大大降低。总结一下，如果想进行好友推荐，就要优先考虑用户的"二度"好友，然后才是"三度"或者"四度"好友。那么，下一个紧接着要面临的问题就是：给定一个用户，如何优先找到他的二度好友呢？

1. 深度优先搜索面临的问题

这种情况下，你可能会想到上面介绍的深度优先搜索。深度优先搜索不仅可以应用在树里，还可以应用在图里。不过，我们要面临的问题是图中可能存在回路，因而会增加通路的长度，这是我们在计算几度好友时所不希望的。所以在使用深度优选搜索的时候，一旦遇到产生回路的边，我们需要将它过滤。具体的操作是，判断新访问的结点是不是已经在当前通路中出现过，如果出现过就不再访问。如果过滤掉产生回路的边，从一个用户出发，我们确实可以使用深度优先的策略，搜索完他所有的 n 度好友，然后根据关系的度数从二度、三度再到四度进行排序。这是一个解决方法，但是效率太低了。

你也许听说过社交关系的六度理论。这个理论神奇的地方在于，它说地球上任何两人之间的社交关系不会超过六度。这个理论乍一听让人感觉不太可能。仔细想想，假设每个人平均认识 100 个人，那么你的二度好友就是 100^2，这个可以用前面讲的排列思想计算而来。以此类推，三度好友是 100^3，到五度好友就有 100 亿人了，已经超过了地球目前的总人口。即使存在一些好友重复的情况下（如你的一度好友可能也出现在你的三度好友中），也不可能改变结果的数量级。所以，目前地球上任何两人之间的社会关系不会超过六度。六度理论告诉我们，你的社会关系会随着关系的度数增加而呈指数级的膨胀。这意味着，在深度搜索的时候，每增加一度关系，就会新增大量的好友。但是你仔细回想一下，当我们在用户推荐中查看可能的好友时，基本上不会看完所有推荐列表，最多也就看几十个人，一般可能也就看看前几个人。如果使用深度优先搜索，将所有可能的好友都找到再排序，那么效率实在太低了。

2. 广度优先搜索面临的问题

更高效的做法是，只需要先找到所有二度的好友，如果二度好友不够了，再去找三度或者四度的好友。这种好友搜索的模式其实就是我要介绍的广度优先搜索。广度优先搜索也叫宽度优先搜索，是指从图中的某个结点出发，沿着和这个结点相连的边向前走，去寻找和这个结点距离为 1 的所有其他结点。只有当和起始结点距离为 1 的所有结点都被搜索完毕，才开始搜索和起始结点距离为 2 的结点；当所有和起始结点距离为 2 的结点都被搜索完了，才开始搜索和起始结点距离为 3 的结点，以此类推。

这里还是使用上一节介绍深度优先搜索顺序的那棵树，看一下广度优先搜索和深度优先搜索在结点访问的顺序上有什么不一样，具体如图 4-16 所示。

同样，标记在结点上的数字表示结点的 ID，用虚线表示遍历前进的方向，用结点边上的数字表示该结点在广度优先搜索中被访问的顺序。从图 4-16 可以看出，广度优先搜索其实就是横向搜索一棵树。尽管广度优先搜索和深度优先搜索的顺序是不一样的，但是它们有两个共同点。

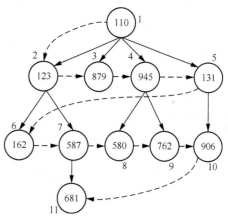

图 4-16 广度优先遍历中结点被访问的顺序

（1）在前进的过程中，我们不希望走重复的结点和边，所以会对已经被访问过的结点做标记，而在之后的前进过程中，就只访问那些还没有被标记的结点。在这一点上，广度优先和深度优先是一致的。有所不同的是，在广度优先中，如果发现和某个结点直接相连的结点都已经被访问过，那么下一步就会查看和这个结点的兄弟结点直接相连的那些结点，从中看看是不是有新的结点可以访问。例如，在图 4-16 中，访问完结点 945 的两个子结点 580 和 762 之后，广度优先策略发现 945 没有其他的子结点了，因此就去查看 945 的兄弟结点 131，看看它有哪些子结点可以访问，因此下一个被访问的结点是 906。而在深度优先中，如果到了某个结点，发现和这个结点直接相连的所有结点都已经被访问过了，那么不会查看它的兄弟结点，而是回退到这个结点的父结点，继续查看和父结点直接相连的结点中是否存在新的结点。例如在图 4-16 中，访问完结点 945 的两个子结点之后，深度优先策略会回退到结点 110，然后访问 110 的子结点 131。

（2）广度优先搜索也可以让我们访问所有和起始结点连通的点，因此也被称为广度优先遍历。如果一个图包含多个互不连通的子图，那么从起始结点开始的广度优先搜索只能涵盖其中一个子图。这时，我们就需要换一个还没有被访问过的起始结点，继续深度优先遍历另一个子图。深度优先搜索可以使用同样的方式来遍历有多个连通子图的图。

4.4.2   实现社交好友推荐

之前我提到，深度优先是利用递归的嵌套调用或者是栈的数据结构来实现的。然而，广度优先的访问顺序是不一样的，我们需要优先考虑和某个给定结点距离为 1 的所有其他结点，等距离为 1 的结点访问完才会考虑距离为 2 的结点，等距离为 2 的结点访问完才会考虑距离为 3 的结点……在这种情况下，我们无法不断地根据结点的边走下去，而是要先遍历所有距离为 1 的结点。

如何在记录所有已被发现结点的情况下优先访问距离更短的结点呢？仔细观察，你会发现和起始结点更近的结点会更早地被发现。也就是说，越早被访问到的结点越早处理，这是不是很像平时排队的情形？早到的人可以优先接受服务，而晚到的人需要等前面的人都离开才能轮到。所以这里需要用到队列这种先进先出（first in first out）的数据结构。队列是一种线性表，要被访问的下一个元素来自队列的头部，而所有新元素都会加入队列的尾部。图 4-17 展示了队列的工作过程。首先，读取已有元素的时候，都是从队列的头部来取，例如 X_1、X_2 等。所有新元素都加入队列的尾部，例如 X_{n-1} 和 X_n。

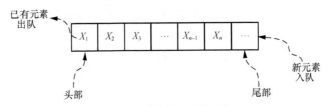

图 4-17   数据的出队和入队

那么在广度优先搜索中，队列是如何工作的呢？首先，将初始结点放入队列中。然后，每次从队列头位取出一个结点，搜索它的所有下一级结点。接下来，将新发现的结点加入队列的尾部。重复上述的步骤，直到没有发现新的结点为止。下面仍然以图 4-11 的树状图为例，并通过队列实现广度优先搜索，具体步骤如图 4-18 所示。

- 第 1 步，将初始结点 110 加入队列中。
- 第 2 步，取出结点 110，搜索出下一级结点 123、879、945 和 131。
- 第 3 步，将结点 123、879、945 和 131 加入队列尾部。
- 第 4 步，重复第 2 步和第 3 步，处理结点 123，将新发现的结点 162 和 587 加入队列尾部。

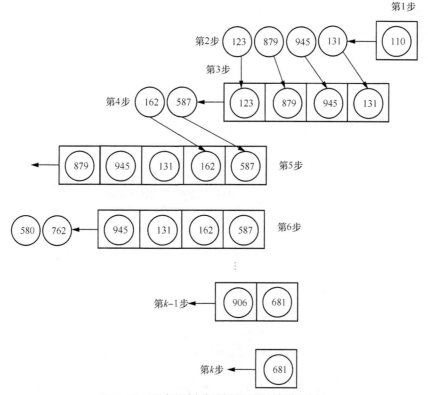

图 4-18 通过队列来实现树和图的广度优先遍历

- 第 5 步，重复第 2 步和第 3 步，处理结点 879，没有发现新的结点。
- 第 6 步，重复第 2 步和第 3 步，处理结点 945，将新发现的结点 580 和 762 加入队列尾部。

  ······

- 第 k-1 步，重复第 2 步和第 3 步，处理结点 906，没有新发现的结点。
- 第 k 步，重复第 2 步和第 3 步，处理结点 681，没有发现新的结点，也没有更多待处理的结点，整个过程结束。

理解了如何使用队列来实现广度优先搜索之后，我们就可以开始着手编写代码。因为没有现成的用户关系网络数据，所以我们需要先模拟生成一些用户结点及其间的相识关系，然后利用队列的数据结构进行广度优先的搜索。基于此，使用的数据结构主要有以下几个。

- 用户结点 user_node。这次设计的用户结点和前缀树结点 Tree_Node 略有不同，包含了用户的 ID user_id，以及这个用户的好友集合。我用哈希映射实现，便于在生成用户关系图的时候，确认是否会有重复的好友。
- 表示整个图的结点数组 user_nodes。因为每个用户使用 user_id 来表示，所以我可以使用连续的数组表示所有的用户。用户的 user_id 就是数组的下标。

● 访问队列 visit_queue，我们通过 Python 内建的 Queue 模型来实现。
代码清单 4-7 列出用户结点 user_node 类及对应的用户网络生成代码。

代码清单 4-7　用户结点和网络的生成

```python
import random
from queue import Queue

# 用户结点类
class user_node(object):
    def __init__(self, uid):
        self.user_id = uid   # 结点的名称，这里使用用户 id
        self.friends = set()  # 使用哈希映射存放相连的好友结点。哈希便于确认和某个用户是否
                              # 相连，这里使用 Python 的 set
        self.degree = 0    # 用于存放和给定的用户结点是几度好友


class user_network(object):
    def __init__(self):
        self.user_nodes = []

    # 生成图的结点和边
    # user_num-用户的数量，也就是结点的数量；relation_num-好友关系的数量，也就是边的数量
    # 返回值-图的所有结点
    def generate_graph(self, user_num, relation_num):
        self.user_nodes = []

        # 生成所有表示用户的结点
        for i in range(0, user_num):
            self.user_nodes.append(user_node(i))

        # 生成所有表示好友关系的边
        for i in range(0, relation_num):
            friend_a_id = random.randint(0, user_num - 1)
            friend_b_id = random.randint(0, user_num - 1)

            # 自己不能是自己的好友。如果生成的两个好友 id 相同，跳过
            if friend_a_id == friend_b_id:
                continue

            friend_a = self.user_nodes[friend_a_id]
            friend_b = self.user_nodes[friend_b_id]

            # 如果用户 a 和 b 直接的连接已经存在，跳过
            if friend_b_id not in friend_a.friends:
                friend_a.friends.add(friend_b_id)
```

```
            friend_b.friends.add(friend_a_id)


if __name__ == '__main__':
    # 模拟用户关系网的生成
    un = user_network()
    un.generate_graph(50, 80)
```

其中，`user_num` 表示用户的数量，也就是结点的数量。`relation_num` 表示好友关系的数量，也就是边的数量。因为 Python 的 `set` 有去重的功能，所以我在这里做了简化处理，没有判断是否存在重复的边，也没有因为重复的边而重新生成另一条边。代码清单 4-8 展示了广度优先搜索的基本实现，这里我使用了一个 `visited` 变量，存放已经被访问过的结点，防止回路的产生。

代码清单 4-8　用户网络中的广度优先搜索

```
import random
from queue import Queue

...
class user_network(object):
    ...
    def bfs(self, uid):
        # 防止数组越界的异常
        if uid > len(self.user_nodes):
            return

        # 用于广度优先搜索的队列
        visit_queue = Queue(maxsize=len(self.user_nodes))

        # 放入起始结点
        visit_queue.put(uid)
        # 存放已经被访问过的结点，防止回路的产生
        visited = set()
        visited.add(uid)

        while visit_queue.qsize() > 0:
            # 取出队列头部的第一个结点
            current_user_id = visit_queue.get()
            if self.user_nodes[current_user_id] is None:
                continue

            # 遍历刚刚取出的这个结点的所有直接连接结点，并加入队列尾部
            for friend_id in self.user_nodes[current_user_id].friends:
                if self.user_nodes[friend_id] is None:
                    continue
```

```
            if friend_id in visited:
                continue

            visit_queue.put(friend_id)
            # 记录已经访问过的结点
            visited.add(friend_id)

            # 好友度数是当前结点的好友度数再加 1
            self.user_nodes[friend_id].degree = self.user_nodes[current_user_i
d].degree + 1

            print('\t{} 度好友 : {}'.format(self.user_nodes[friend_id].degree,
friend_id))


    if __name__ == '__main__':
        # 模拟用户关系网的生成
        un = user_network()
        un.generate_graph(50, 80)

        # 广度优先搜索
        given_user_id = 0
        print('广度优先搜索{}的好友: '.format(given_user_id))
        un.bfs(given_user_id)
```

需要注意的是，这里用户结点之间的边是随机生成的，所以每次的实现结果会有所不同。如果想重现固定的结果，可以从某个文件加载用户之间的关系。

4.4.3　如何更高效地求两个用户间的最短路径

在 4.4.2 节中，我通过社交好友的关系介绍了为什么需要广度优先策略，以及如何通过队列来实现。有了广度优先搜索，就可以知道某个用户的一度、二度、三度等好友是谁。不过，在社交网络中，还有一个经常遇到的问题，那就是给定两个用户，如何确定他们之间的关系有多紧密。最直接的方法是，使用这两人是几度好友来衡量他们关系的紧密程度。

为了确定两者是几度好友，最基本的方法是，从其中一个人出发，进行广度优先搜索，看看另一个人是否在其中。最糟糕的情况是两个人相距六度，即使是广度优先搜索，也会达到万亿级的数量。究竟该如何更高效地求得两个用户间的最短路径呢？先看看影响效率的问题在哪里。显然，随着社会关系的度数增加，好友数量是呈指数级增长的。所以，如果可以控制这种指数级的增长，就可以控制潜在好友的数量，达到提升效率的目的。那么，如何控制这种增长呢？采用广度优先策略的一种扩展——"双向广度优先搜索"。它巧妙地运用了两个方向的广度优先搜索，大幅降低了搜索的度数。现在我们来看看这种策略的核心思想以及在工程中的应用。

假设有两个人 a、b。我们先从 a 出发，进行广度优先搜索，记录 a 的所有一度好友 a_1，然

后看 b 是否出现在集合 a_1 中。如果没有，就再从 b 出发，进行广度优先搜索，记录所有一度好友 b_1，然后看 a 和 a_1 是否出现在 b 和 b_1 的并集中。如果没有，就回到 a，继续从它出发的广度优先搜索，记录所有二度好友 a_2，然后看 b 和 b_1 是否出现在 a、a_1 和 a_2 三者的并集中。如果没有，就回到 b，继续从它出发的广度优先搜索。如此轮流下去，直到找到 a 的好友和 b 的好友的交集。如果有交集，就表明这个交集里的点到 a 和 b 都是通路。我们假设 c 在这个交集中，那么将 a 到 c 的通路长度和 b 到 c 的通路长度相加，得到的就是从 a 到 b 的最短通路长度（这个命题可以用反证法证明），也就是两者为几度好友。这个过程略有点复杂，图 4-19 可以帮助理解，在图中的第 5 步，一个 a_2 和 b_2 好友重合，发现 a 和 b 之间的通路。

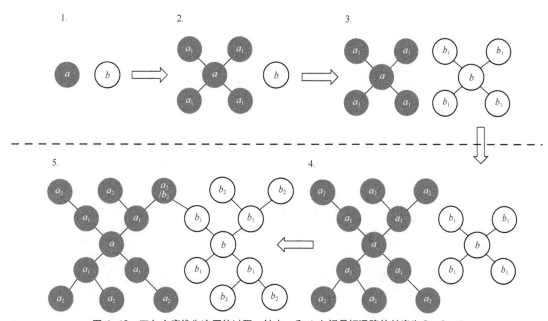

图 4-19　双向广度优先遍历的过程，结点 a 和 b 之间最短通路的长度为 $2+2=4$

要想实现双向广度优先搜索，先将结点类 Tree_Node 稍作修改，增加一个变量 degrees。这个变量是 Python 的 set 类型，用于存放从不同用户出发，到当前用户是第几度结点。例如，当前结点是 4，从结点 1 到结点 4 是 3 度，结点 2 到结点 4 是 2 度，结点 3 到结点 4 是 4 度，那么结点 4 的 degrees 变量存放的就是如表 4-1 所示的映射：

表 4-1　给定用户结点，从它到其他结点的度数映射

用户 ID	度数
1	3
2	2
3	4

有了变量 degrees，我们就能随时知道某个点和两个出发点各自相距多远。所以，在发现

交集之后，根据交集中的点和两个出发点各自相距多远，就能很快地算出最短通路的长度。理解了这一点之后，我们在原有的 `tree_node` 结点内增加 `degrees` 变量的定义和初始化。此外，为了让双向广度优先搜索的代码可读性更好，我们可以实现两个模块化的函数：`get_friends_by_degree` 和 `has_overlap`。函数 `get_friends_by_degree` 是根据给定的队列，查找和起始点相距度数为指定值的所有好友。而函数 `has_overlap` 用来判断两个集合是否有交集。有了这些模块化的函数，双向广度优先搜索的代码就更直观了。完整的代码如代码清单 4-9 所示。

代码清单 4-9　双向广度优先搜索及其和单向广度优先搜索的对比

```python
import random
from queue import Queue
from datetime import datetime


# 用户结点类
class user_node(object):
    def __init__(self, uid):
        self.user_id = uid          # 结点的名称，这里使用用户 id
        self.friends = set()        # 使用哈希映射存放相连的好友结点。哈希便于确认和某个用户是否
                                    # 相连，这里使用 Python 的 set
        self.degree = 0             # 用于存放和给定的用户结点是几度好友
        self.degrees = {uid: 0}     # 存放从不同用户出发，到当前用户结点是几度。结点自己到自己是 0 度


class user_network(object):
    def __init__(self):
        self.user_nodes = []

    # 生成图的结点和边
    # user_num-用户的数量，也就是结点的数量；relation_num-好友关系的数量，也就是边的数量
    # 返回值-图的所有结点
    def generate_graph(self, user_num, relation_num):
        self.user_nodes = []

        # 生成所有表示用户的结点
        for i in range(0, user_num):
            self.user_nodes.append(user_node(i))

        # 生成所有表示好友关系的边
        for i in range(0, relation_num):
            friend_a_id = random.randint(0, user_num - 1)
            friend_b_id = random.randint(0, user_num - 1)

            # 自己不能是自己的好友。如果生成的两个好友 id 相同，跳过
```

```
            if friend_a_id == friend_b_id:
                continue

            friend_a = self.user_nodes[friend_a_id]
            friend_b = self.user_nodes[friend_b_id]

            # 如果用户 a 和 b 直接的连接已经存在，跳过
            if friend_b_id not in friend_a.friends:
                friend_a.friends.add(friend_b_id)
                friend_b.friends.add(friend_a_id)


# 广度优先搜索和 user_id 相距度数为 degree 的所有好友
def get_friends_by_degree(self, uid, visit_queue, visited, degree):
    while visit_queue.qsize() > 0:
        # 如果下一个从队列头部取出来的用户和出发点用户相距的度数超过了参数 degree，就跳过
        current_user_id = visit_queue.get()   # 取出队列头部的第一个结点
        if self.user_nodes[current_user_id].degrees[uid] >= degree:
            break

        if self.user_nodes[current_user_id] is None:
            continue

        for friend_id in self.user_nodes[current_user_id].friends:
            if self.user_nodes[friend_id] is None:
                continue
            if friend_id in visited:
                continue
            visit_queue.put(friend_id)
            visited.add(friend_id)
            self.user_nodes[friend_id].degrees[uid] = self.user_nodes[current
_user_id].degrees[uid] + 1   # 好友度数是当前结点的好友度数再加 1


# 判断两个好友集合是否有交集
def has_overlap(self, friends_from_a, friends_from_b):
    for each_f_a in friends_from_a:
        if each_f_a in friends_from_b:
            return True
    return False


# 通过双向广度优先搜索，查找两人之间最短通路的长度
def bi_bfs(self, uid_a, uid_b):
    # 防止数组越界的异常
    if uid_a > len(self.user_nodes) or uid_b > len(self.user_nodes):
```

```
        return -1

    # 两个用户是同一人，直接返回 0
    if uid_a == uid_b:
        return 0

    # 用于结点 a 的广度优先搜索
    visit_queue_a = Queue(maxsize=len(self.user_nodes))    # 队列 a，用于从用户 a
                                                           # 出发的广度优先搜索
    visit_queue_a.put(uid_a)    # 放入起始结点
    visited_a = set()    # 存放从用户 a 出发已经被访问过的结点，防止回路的产生
    visited_a.add(uid_a)

    # 用于结点 b 的广度优先搜索
    visit_queue_b = Queue(maxsize=len(self.user_nodes))    # 队列 b，用于从用户 b
                                                           # 出发的广度优先搜索
    visit_queue_b.put(uid_b)    # 放入初始结点
    visited_b = set()    # 存放从用户 b 出发已经被访问过的结点，防止回路的产生
    visited_b.add(uid_b)

    degree_a, degree_b, max_degree = 0, 0, 20    # max_degree 的设置，防止两者之间
                                                 # 不存在通路的情况

    while (degree_a + degree_b) < max_degree:
        degree_a += 1
        self.get_friends_by_degree(uid_a, visit_queue_a, visited_a, degree_a)
        # 沿着 a 出发的方向，继续广度优先搜索 degree + 1 的好友
        # 判断到目前为止，被发现的 a 的好友和被发现的 b 的好友这两个集合是否存在交集
        if self.has_overlap(visited_a, visited_b):
            return degree_a + degree_b

        degree_b += 1
        self.get_friends_by_degree(uid_b, visit_queue_b, visited_b, degree_b)
        # 沿着 b 出发的方向，继续广度优先搜索 degree + 1 的好友
        # 判断到目前为止，被发现的 a 的好友和被发现的 b 的好友这两个集合是否存在交集
        if self.has_overlap(visited_a, visited_b):
            return degree_a + degree_b

    return -1    # 广度优先搜索超过 max_degree 之后，仍然没有发现 a 和 b 的重叠，认为没有通路


# 通过单向广度优先搜索，查找特定的好友
def bfs(self, uid_a, uid_b):
    # 防止数组越界的异常
    if uid_a > len(self.user_nodes):
        return
```

```
        if uid_a == uid_b:
            return 0

        # 用于广度优先搜索的队列
        visit_queue = Queue(maxsize=len(self.user_nodes))
        visit_queue.put(uid_a)    # 放入起始结点
        visited = set()    # 存放已经被访问过的结点，防止回路的产生
        visited.add(uid_a)

        while visit_queue.qsize() > 0:
            current_user_id = visit_queue.get()    # 取出队列头部的第一个结点
            if self.user_nodes[current_user_id] is None:
                continue

            # 遍历刚刚取出的这个结点的所有直接连接结点，并加入队列尾部
            for friend_id in self.user_nodes[current_user_id].friends:
                if self.user_nodes[friend_id] is None:
                    continue
                if friend_id in visited:
                    continue
                visit_queue.put(friend_id)
                visited.add(friend_id)    # 记录已经访问过的结点
                self.user_nodes[friend_id].degree = self.user_nodes[current_user_
id].degree + 1    # 好友度数是当前结点的好友度数再加 1

                # 发现特定的好友，输出，然后跳出循环并返回
                if friend_id == uid_b:
                    return self.user_nodes[friend_id].degree

        return -1


if __name__ == '__main__':
    # 模拟用户关系网的生成
    print('生成用户网络...')
    un = user_network()
    un.generate_graph(50000, 500000)
    print()

    a_id, b_id = 0, 1

    print('开始查找...')
    start = datetime.now()
    print('{}和{}两者是{}度好友'.format(a_id, b_id, un.bi_bfs(a_id, b_id)))
    end = datetime.now()
```

```
print('双向广度优先搜索耗时{}'.format(end - start))
print()

start = datetime.now()
print('{}和{}两者是{}度好友'.format(a_id, b_id, un.bfs(a_id, b_id)))
end = datetime.now()
print('单向广度优先搜索耗时{}'.format(end - start))
```

在代码清单 4-9 中，我们同时实现了双向广度优先搜索和单向广度优先搜索，然后通过实验来比较两者的执行时间，看看哪个更快。如果实验的数据量足够大（如结点在 5 万以上，边在 50 万以上），你应该能发现双向的方法对时间和内存的消耗都更少。为什么双向搜索的效率更高呢？请参考图 4-20 的用户网络，它的平均好友度数为 4。左边的图表示从结点 a 单向搜索走 2 步，右边的图表示分别从结点 a 和结点 b 双向搜索各走 1 步。左边的结点至少有 16 个，明显多于右边的 8 个结点。而且，随着每人认识的好友数、搜索路径的增加，这种差距会更加明显。

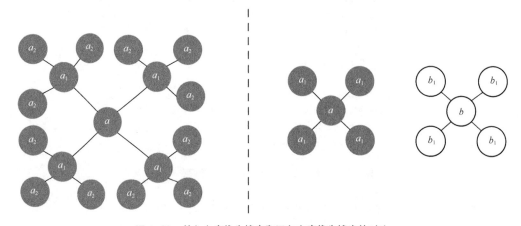

图 4-20　单向广度优先搜索和双向广度优先搜索的对比

我们假设每个人平均认识 100 个人，如果两个人相距六度，单向广度优先搜索要遍历 1 万亿（100^6）左右的人。如果是双向广度优先搜索，那么两边各自搜索的人只有 100 万（100^3）。当然，你可能会认为，单向广度优先搜索之后查找匹配用户的开销更小。假设我们要知道结点 a 和结点 b 之间的最短路径，单向搜索意味着要在 a 的 1 万亿个好友中查找 b。如果采用双向搜索的策略，从结点 a 和结点 b 出发进行广度优先搜索，每个方向会产生 100 万的好友，那么需要比较这两组 100 万的好友是否有交集。假设我们使用哈希表来存储 a 的 1 万亿个好友，并将搜索 b 是否存在其中的耗时记为 x，而将判断两组 100 万好友是否有交集的耗时记为 y，那么通常 $x < y$。不过，综合考虑广度优先搜索出来的好友数量，双向广度优先搜索还是更有效。为什么这么说呢？之后的章节，介绍算法复杂度的概念和衡量方法时，我们会来具体分析这个例子。

实际上，除了社交网络，广度优先搜索的应用场景有很多，下面我来介绍这种策略的另外一个应用。

4.4.4 更有效的嵌套型聚合

广度优先策略可以帮助我们大幅优化数据分析中的聚合操作。聚合是数据分析中一个很常见的操作,它会根据一定的条件将记录聚集成不同的分组,以便我们统计每个分组里的信息。目前,SQL 语言中的 GROUP BY 语句,Python 和 Spark 语言中的 data frame 的 groupby 函数,Solr 的 facet 查询和 Elasticsearch 的 aggregation 查询,都可以实现聚合的功能。我们可以嵌套使用不同的聚合,获得层级型的统计结果。但是,实际上,针对一个规模超大的数据集,聚合的嵌套可能会导致性能严重下降。这里我们来谈谈如何利用广度优先的策略,对这种问题进行优化。

首先,我们要理解什么是多级嵌套的聚合,以及为什么它会产生严重的性能问题。表格 4-2 列举了一些样例数据,它描述了一个职场社交网络中每个人的职业经历。字段包括项目 ID、用户 ID、公司 ID 和同事 ID。

表 4-2 职场社交的样例数据

项目 ID	用户 ID	公司 ID	同事 ID
p1	u1	c1	u2, u3, u4
p1	u2	c1	u1, u3, u4
p1	u3	c1	u1, u2, u4
p1	u4	c1	u1,u2,u3
p2	u1	c1	u5, u6
p2	u5	c1	u1, u6
p2	u6	c1	u1, u5
p3	u14	c2	u16
p3	u16	c2	u14
p4	u17	c2	u28, u29, u30
...	...	...	...

对于这张表,我们可以进行 3 级嵌套的聚合。第一级是根据用户 ID 来聚合,获取每位用户一共参与了多少个项目。第二级是根据公司 ID 来聚合,获取每位用户在每家公司参与了多少个项目。第三级是根据同事 ID 来聚合,获取每位用户在每家公司和每位同事共同参与了多少个项目。最终结果应该是类似下面这样的。

用户 u88,总共 50 个项目(包括在公司 c42 中的 10 个,c26 中的 8 个……)。

- 在公司 c42 中,参与 10 个项目:
  - ◆ 和 u120 共同参与 4 个项目;
  - ◆ 和 u99 共同参与 3 个项目;
  - ◆ 和 u72 共同参与 3 个项目。

- 在公司 c26 中，参与 8 个项目：
  - ◆ 和 u145 共同参与 5 个项目；
  - ◆ 和 u128 共同参与 3 个项目。
- 在其他公司参与的项目……

用户 u66，总共 47 个项目。

- 在公司 c28 中，参与 16 个项目：
  - ◆ 和 u65 共同参与 5 个项目；
  - ……
- 在其他公司参与的项目……

……

其他用户的数据……

为了实现这种嵌套式的聚合统计，你会怎么来设计呢？看起来挺复杂的，其实我们可以用最简单的排列的思想，分别为"每位用户""每位用户+每家公司""每位用户+每家公司+每位同事"生成很多很多的计数器。可是，如果用户的数量非常大，那么这个"很多"就会成为一个可怕的数字。我们假设这个社交网络有 5 万用户，每位用户平均在 5 家公司工作过，而用户在每家公司平均有 10 位共事的同事，那么针对"每位用户"的计数器有 5 万个，针对"每位用户+每家公司"的计数器有 25 万个，而针对"每位用户+每家公司+每位同事"的计数器就已经达到 250 万个了，3 个层级总共需要 280 万个计数器，如图 4-21 所示。

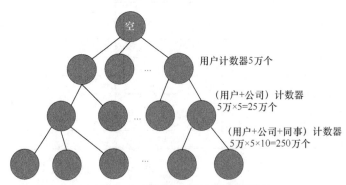

图 4-21　各个层级嵌套所需的计数器数量

我们假设一个计数器消耗 4 字节的内存，那么 280 万个计数器就需要消耗超过 10 MB 的内存。对于高并发、低延时的实时性服务，如果每个请求都要消耗 10 MB 内存，很容易就导致服务器崩溃。另外，实时性的服务往往只需要前若干结果就足以满足需求了。在这种情况下，完全基于排列的设计就有优化的空间了。其实从图 4-21 中我们就能想到一些优化的思路。对于只需要返回前若干结果的应用场景，我们可以对图中的树状结构进行剪枝，去掉绝大部分不需要的结点和边，这样就能节省大量的内存和 CPU 计算资源。例如，如果我们只需要返回前 100 位参与项目最多的用户，那么就没有必要按照深度优先的策略去扩展树中高度为 2 和 3 的结点了，而是应该使用广度优先策略，首先找出所有高度为 1 的结点，根据项目数量进行排序，然后只取出前 100 个，将计数器的数量从 5 万个一下子降到 100 个。以此类推，我们还可以控制高度为 2 和 3 的结点之数量。如果我们只要看前 100 位用户，每位用户只看排名第一的公司，而每家公司只看合作最多的 3 名同事，那么最终计数器数量就只有 $50000+100\times5+100\times1\times10=51500$。图 4-22 展示了这个过程。

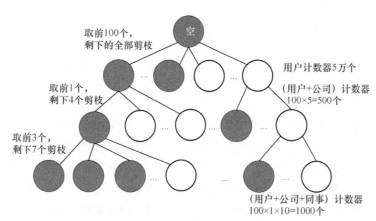

图 4-22　使用广度优先策略进行剪枝

这个过程说明，如果一个项目用到排列组合的思想，我们需要在程序里使用大量的变量来保存数据或者进行计算，这会导致内存和 CPU 使用量的急剧增加。在允许的情况下，我们可以考虑使用广度优先策略，对排列组合所生成的树进行优化。这样，我们就可以有效地缩减树中靠近根的结点数量，避免之后树的爆炸性生长。

最后，我们来对比一下广度优先搜索和深度优先搜索。广度优先的策略，无须函数的嵌套调用和回溯操作，所以运行速度比较快。但是，随着搜索过程的进行，广度优先搜索需要在队列中存放新遇到的所有结点，因此占用的存储空间通常比深度优先搜索多。相比之下，深度优先搜索只保留用于回溯的结点，而扩展完的结点会从栈中弹出并被删除。所以深度优先搜索占用空间相对较少。不过，深度优先搜索的速度比较慢，并不适合查找结点之间的最短路径这类的应用。

4.5　图中的最短路径

广度优先搜索解决了如何查找人际关系网中的最短连通路径，可是有的时候图的边不仅代表连接，还包含权重，这个时候我们该如何找到最短路径呢？举个例子，我们经常使用手机上的地图导航 App，查找出行的路线。路线上的权重可能是通行的时间，也可能是通行的距离。

假设你关心的是路上所花费的时间，那么权重就是从一点到另一点所花费的时间；如果你关心的是距离，那么权重就是两点之间的物理距离。这样，我们就将交通导航转换成图论中的一个问题：在边有权重的图中，如何让计算机查找最优通路？

4.5.1　基于广度优先或深度优先搜索的方法

首先，我们以寻找耗时最短的路线为例。一旦我们将地图转换成了图的模型，就可以运用广度优先搜索，计算从某个出发结点到图中任意一个其他结点的总耗时。基本思路是，从出发结点开始，广度优先遍历每个结点，当遍历到某个结点的时候，如果该结点还没有耗时的记录，记下当前这条通路的耗时。如果该结点之前已经有耗时记录了，那么就比较当前这条通路的耗时是否比之前少。如果是，那就用当前的记录替换之前的记录。

需要注意的是，交通导航和之前社交网络最大的不同在于，每个结点被访问了一次还是多次。在之前的社交网络的案例中，使用广度优先策略时，对每个结点的首次访问就能获得最短通路，因此每个结点只需要被访问一次，这也是广度优先比深度优先更有效的原因。而在交通导航的案例中，从出发结点到某个目的地结点可能有不同的通路，也就意味着耗时不同。而耗时是通路上每条边的权重决定的，而不是通路的长度决定的。因此，为了获取达到某个结点的最短时间，我们必须遍历所有可能的路线来取得最小值。也就是说，我们对某些结点的访问可能有多次。图 4-23 显示了多条通路对最终结果的影响。这张图中有 5 个结点 A、B、C、D、E，分别表示不同的地点。

从图 4-23 可以看出，从 A 出发到目的地 B，一共有 3 条路线。如果你直接从 A 到 B，度数为 1，需要 50 分钟。从 A 到 C 再到 B，虽然度数为 2，但是总共只要 40 分钟。从 A 到 D，然后到 E，再到最后的 B，虽然度数为 3，但是总共只要 35 分钟，比其他所有的路线更优。这种情形之下，使用广度优先找到的最短通路不一定是最优的路线。所以，对于在地图上查找最优路线的问题，无论是广度优先还是深度优先的策略，都需要遍历所有可能的路线，

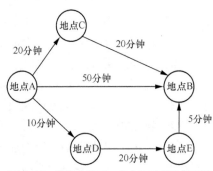

图 4-23　模拟的地图，存在不同耗时的通路

然后取最优的解。在遍历所有可能的路线时，需要注意以下问题。

（1）由于要遍历所有可能的通路，因此一个结点可能会被访问多次。当然，这个"多次"是指某个结点出现在不同的通路中，而不是多次出现在同一条通路中。因为我们不想让用户总是兜圈子，所以需要避免回路。

（2）如果某个结点 x 和起始结点 s 之间存在多条通路，每当 x 与 s 之间的最优路线被更新之后，我们还需要更新所有和 x 相邻的结点之最优路线，计算复杂度会很高。

4.5.2　一个优化的版本：Dijkstra 算法

无论是广度优先还是深度优先的实现，算法对每个结点的访问都可能多于一次，也就意味着要消耗更多的计算资源。那么，有没有可能在保证最终结果正确的情况下尽可能地减少访问结点的次数，从而提升算法的效率呢？首先，我们思考一下，对于某些结点，是否可以提前获得达到它们的最终的解（如最短耗时、最短距离、最低价格等），从而将它们提前移出遍历的清单呢？如果有，是哪些结点呢？什么时候可以将它们移出呢？现在，Dijkstra 算法要登场了，它就是为了解决这些问题而量身定制的。该算法的核心思想是，对于某个结点，如果我们已经发现了最优的通路，那么就无须在将来的步骤中再次考虑这个结点。Dijkstra 算法能够很巧妙地找到这种结点，而且能确保已经为它找到了最优路径。

1. Dijkstra 算法的主要步骤

我们先来看看 Dijkstra 算法的主要步骤，再来理解它究竟是如何确定哪些结点已经拥有了最优解。首先我们需要了解几个符号。

- source，表示图中的起始结点，缩写为 s。
- weight，表示二维数组，保存了任意边的权重，缩写为 w。$w[m,n]$ 表示从结点 m 到结点 n 的有向边之权重，其大于等于 0。如果 m 到 n 有多条边，而且权重各不相同，那么取权重最小的那条边。
- min_weight，表示一维数组，保存了从 s 到任意结点的最小权重，缩写为 mw。假设从 s 到某个结点 m 有多条通路，而每条通路的权重是这条通路上所有边的权重之和，那么 $mw[m]$ 就表示这些通路权重中的最小值。$mw[s]=0$，表示起始结点到自身的最小权重为 0。
- Finish，表示已经找到最小权重的结点之集合，缩写为 F。一旦结点被加入集合 F，这个结点就不再参与将来的计算。

初始的时候，Dijkstra 算法会做 3 件事情：第一，将起始结点 s 的最小权重赋为 0，也就是 $mw[s]=0$；第二，往集合 F 里添加结点 s，F 包含且仅包含 s；第三，假设结点 s 能直接到达的边集合为 M，对于其中的每一条边 m，则将 $mw[m]$ 设为 $w[s,m]$，同时对于所有其他 s 不能直接到达的结点，将通路的权重设为无穷大。然后，Dijkstra 算法会重复下面两个步骤。

（1）查找最小 mw。从 mw 数组中选择最小值，则这个值就是起始结点 s 到所对应的结点的最小权重，并且将这个结点加入 F 中，针对这个结点的计算就完成了。例如，当前 mw 中的最小值是 $mw[x]=10$，那么结点 s 到结点 x 的最小权重就是 10，并且将结点 x 加入集合 F 中，将来没有必要再考虑结点 x，$mw[x]$ 可能的最小值也就确定为 10 了。

（2）更新权重。然后，我们看看，新加入 F 的结点 x 是否可以直接到达其他结点。如果是，看看通过 x 到达其他结点的通路权重是否比这些结点当前的 mw 小，如果是，就替换这些结点

在 *mw* 中的值。例如，*x* 可以直接到达 *y*，那么将 (*mw*[*x*]+*w*[*x*,*y*]) 和 *mw*[*y*] 比较，如果 (*mw*[*x*]+*w*[*x*,*y*]) 的值更小，那么将 *mw*[*y*] 更新为这个更小的值，而我们将 *x* 称为 *y* 的前驱结点。

　　然后，重复上述两个步骤，再次从 *mw* 中找出最小值，此时要求 *mw* 对应的结点不属于 *F*，重复上述动作，直到集合 *F* 包含了图的所有结点，也就是说，没有结点需要处理了。我们再用一个具体的例子来解释整个过程，首先参考图 4-24 所示的图结构。

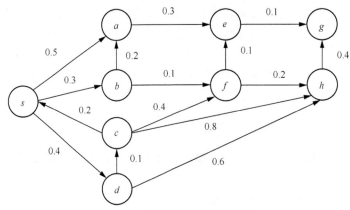

图 4-24　图的边带有不同的权重

　　将结点 *s* 加入集合 *F* 中。和 *s* 直接相连的结点有 *a*、*b*、*c* 和 *d*，我们将它们的 *mw* 更新为 *w* 数组中的值，就可以得到如表 4-3 所示的结果。

表 4-3　Dijkstra 算法的第一步

步骤	F	mw	已确定的 mw
1	s	mw[a] = 0.5 mw[b] = 0.3 mw[c] = 0.2 mw[d] = 0.4　其他 mw = ∞	空集

　　然后，我们从 *mw* 中选出最小值 0.2，将对应的结点 *c* 加入集合 *F* 中，并更新和 *c* 直接相连的结点 *f*、*h* 的 *mw* 值，得到如表 4-4 所示的结果。

表 4-4　Dijkstra 算法的前两步

步骤	F	mw	已确定的 mw
1	s	mw[a] = 0.5 mw[b] = 0.3 mw[c] = 0.2 mw[d] = 0.4　其他 mw = ∞	空集
2	s,c	mw[a] = 0.5 mw[b] = 0.3 mw[d] = 0.4 mw[f] = 0.6 mw[h] = 1.0　其他 mw = ∞	mw[c] = 0.2

　　然后，我们从 *mw* 中选出最小值 0.3，将对应的结点 *b* 加入集合 *F* 中，并更新和 *b* 直接相连的结点 *a* 和 *f* 的 *mw* 值。以此类推，可以得到如表 4-5 所示的最终结果。

表 4-5　Dijkstra 算法的整个推导步骤

步骤	F	mw	已确定的 mw
1	s	$mw[a]=0.5$, $mw[b]=0.3$, $w[c]=0.2$, $mw[d]=0.4$，其他 $mw=\infty$	空集
2	s,c	$mw[a]=0.5$, $mw[b]=0.3$, $mw[d]=0.4$, $mw[f]=0.6$, $mw[h]=1.0$，其他 $mw=\infty$	$mw[c]=0.2$
3	s,c,b	$mw[a]=0.5$, $mw[d]=0.4$, $mw[f]=0.4$, $mw[h]=1.0$，其他 $mw=\infty$	$mw[c]=0.2$　$mw[b]=0.3$
4	s,c,b,d	$mw[a]=0.5$, $mw[f]=0.4$, $mw[h]=1.0$，其他 $mw=\infty$	$mw[c]=0.2$　$mw[b]=0.3$ $mw[d]=0.4$
5	s,c,b,df	$mw[a]=0.5$, $mw[h]=0.6$, $mw[e]=0.5$，其他 $mw=\infty$	$mw[c]=0.2$　$mw[b]=0.3$ $mw[d]=0.4$　$mw[f]=0.4$
6	s,c,b,df,a	$mw[h]=0.6$, $mw[e]=0.5$，其他 $mw=\infty$	$mw[c]=0.2$　$mw[b]=0.3$ $mw[d]=0.4$　$mw[f]=0.4$ $mw[a]=0.5$
7	s,c,b,df,a,e	$mw[h]=0.6$, $mw[g]=0.6$	$mw[c]=0.2$　$mw[b]=0.3$ $mw[d]=0.4$　$mw[f]=0.4$ $mw[a]=0.5$　$mw[e]=0.5$
8	s,c,b,df,a,e,h	$mw[g]=0.6$	$mw[c]=0.2$　$mw[b]=0.3$ $mw[d]=0.4$　$mw[f]=0.4$ $mw[a]=0.5$　$mw[e]=0.5$ $mw[h]=0.6$
9	s,c,b,df,a,e,h,g	空集	$mw[c]=0.2$　$mw[b]=0.3$ $mw[d]=0.4$　$mw[f]=0.4$ $mw[a]=0.5$　$mw[e]=0.5$ $mw[h]=0.6$　$mw[g]=0.6$

　　说到这里，你可能会产生一个疑问：Dijkstra 算法提前将一些结点排除在计算之外，而且没有遍历全部可能的路径，那么它是如何确保找到最优路径的呢？下面就来看看这个问题的答案。Dijkstra 算法的步骤看上去有点复杂，不过其中最关键的两步是：第一，每次选择最小的 mw；第二，假设被选中的最小 mw 所对应的结点是 x，查看和 x 直接相连的结点并更新它们的 mw。

2. 为什么每次都要选择最小的 mw

　　最小的、非无穷大的 mw 值对应的结点是还没有加入集合 F 且和 s 有通路的那些结点。假设当前 mw 数组中的最小值是 $mw[x]$，其对应的结点是 x。如果边的权重都是正值，那么通路上的权重之和是单调递增的，所以其他通路的权重之和一定大于当前的 $mw[x]$，即使存在其他的通路，其权重也比 $mw[x]$ 大。图 4-25 进一步解释了这一点。

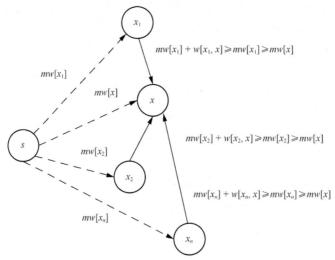

图 4-25   为什么选择最小的 mw

图 4-25 中的虚线表示省略了通路中间的若干结点。$mw[x]$ 是当前 mw 数组中的最小值，所以它小于等于任何一个 $mw[x_n]$，其中 x_n 不等于 x。假设存在另一条通路，通过 x_n 达到 x，那么通路的权重总和为 $mw[x_n]+w[x_n,x] \geqslant mw[x_n] \geqslant mw[x]$。所以我们可以得到一个结论：拥有最小 mw 值的结点 x 不可能再找到更小的 mw 值，所以可以将它加入"已完成"的集合 F 中。

这就是每次都要选择最小的 mw 值的原因，并认为对应的结点已经完成了计算。和广度优先或者深度优先的搜索相比，Dijkstra 算法可以避免对某些结点的重复且无效的访问。因此，每次选择最小的 mw，就可以提升搜索的效率。

3. 为什么每次都要看 x 直接相连的结点

只要确定了 $mw[x]$ 是从结点 s 到结点 x 的最小权重，就可以将这个确定的值传播到和 x 直接相连且不在集合 F 中的结点。通过这一步，我们就可以获得从结点 s 到这些结点且经过 x 的通路中最小的那个权重，如图 4-26 所示。

在图 4-26 中，x 直接相连 $y_1, y_2, \cdots, y_n$。从 s 到 x 的 $mw[x]$ 已经确定了，而对于从 s 到 y_n 的所有通路，只有两种可能，即经过 x 和不经过 x。如果某条通路经过 x，那么其权重的最小值就是 $mw[y_i] = mw[x]+w[x,y_i]$（$1 \leqslant i \leqslant$

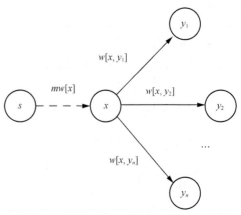

图 4-26   起始结点 s 通过结点 x 到各个 y 结点

n）中的一个，我们只需要将这个值和其他未经过 x 的通路之权重比较就足够了。这就是每次要更新和 x 直接相连的结点之 mw 的原因。这一步和广度优先策略中的查找某个结点的所有相邻结点类似。但是，之后 Dijkstra 算法重复挑选最小权重的步骤，既没有遵从广度优先，又没有遵从深度优先。即便如此，它仍然保证了不会遗漏任意结点和起始结点 s 之间具有最小权重的通路，从而保证了搜索的覆盖率。你可能会奇怪，这是如何得到保证的？我们使用数学归纳法来证明。

我们的命题是，对于任意一个结点，Dijkstra 算法都可以找到它和起始结点 s 之间具有最小权重的通路。要使用数学归纳法，就要证明下面两点。

（1）当 $n=1$ 时，也就是只有起始结点 s 和另一个终止结点时，Dijkstra 算法的初始化阶段的第 3 步保证了命题的成立。

（2）假设 $n=k-1$ 时命题成立，需要证明
$n=k$ 时命题也成立。命题在 $n=k-1$ 时成立，表
明从点 s 到 $k-1$ 个终止结点的任何一个时，
Dijkstra 算法都能找到具有最小权重的通路。那
么再增加一个结点 x，Dijkstra 算法同样可以为包
含 x 的 k 个终止结点找到最小权重通路。这里只
需要考虑 x 和这 $k-1$ 个结点连通的情况。因为如
果不连通，就没有必要考虑 x 了。既然连通，x
就可能会指向之前 $k-1$ 个结点，也有可能被这
$k-1$ 个结点所指向，如图 4-27 所示。假设 x 指向

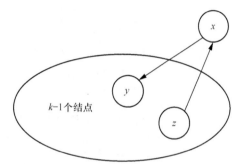

图 4-27　结点 x、y 和 z 的关系

y，而 z 指向 x，y 和 z 都是之前 $k-1$ 个结点中的一个。先来看 x 对 y 的影响。如果 x 不在从 s 到 y 的最小权重通路上，那么 x 的加入并不影响 $mw[y]$ 的最终结果。如果 x 在从 s 到 y 的最小权重通路上，那么就意味着 $mw[x]+w[x,y]\leqslant mw'[y]$，$mw'$ 表示没有引入结点 x 时 mw 的值。所以有 $mw[x]\leqslant mw'[y]$，这就意味着 Dijkstra 算法在查找最小 mw 的步骤中，会在 $mw'[y]$ 之前挑出 $mw[x]$，也就是找到了从 s 到 y 且经过 x 的最小权重通路。再来看 z 对 x 的影响。假设有多个 z 指向 x，分别是 $z_1,z_2,\cdots,z_m$，从 s 到 x 的通路必定会经过这 m 个 z 结点中的一个。Dijkstra 算法中查找最小 mw 的步骤中一定会遍历 $mw[z_i]$（$1\leqslant i\leqslant m$），而更新权重的步骤，可以并保证从 $(mw[z_i]+w[z_i,x])$ 中找出最小值，最终找到从 s 到 x 的最优通路。

有了算法的详细推导，就能写出相关代码了，代码清单 4-10 供参考。

代码清单 4-10　Dijkstra 算法实现的示例

```python
import random


# 地点类
class geo_node(object):
    def __init__(self, gid):
```

```
        self.geo_id = gid    # 地点的名称，这里使用地理位置的 id
        self.closeby_geo_ids = {}  # 哈希便于确认和某个地点是否相连，并获取相应的权重。由于是
                                   # 有向边，因此假设边的方向都是从 geo_id 到 closeby_geo_ids


# 地图类
class map_network(object):
    def __init__(self):
        self.geo_nodes = []

    # 生成图的结点和边
    # geo_num-地点的数量，也就是结点的数量；closeby_num-地点邻近关系的数量，也就是边的数量
    # 返回值-图的所有结点
    def generate_graph(self, geo_num, closeby_num):
        self.geo_nodes = []

        # 生成所有表示地点的结点
        for i in range(0, geo_num):
            self.geo_nodes.append(geo_node(i))

        # 生成所有表示地点邻近关系的边
        for i in range(0, closeby_num):
            geo_a_id = random.randint(0, geo_num - 1)
            geo_b_id = random.randint(0, geo_num - 1)

            # 地点不能和自己邻近。如果生成的两个地点 id 相同，跳过
            if geo_a_id == geo_b_id:
                continue

            geo_a = self.geo_nodes[geo_a_id]

            # 由于是有向边，假设生成的边是从 a 到 b
            # 这里为了简化，暂时不考虑重复的邻近地点 id。如果有重复，跳过
            if geo_b_id not in geo_a.closeby_geo_ids.keys():
                geo_a.closeby_geo_ids[geo_b_id] = random.random()


    def craftedGraph(self):
        self.geo_nodes = []
        self.geo_nodes.append(geo_node(0))
        self.geo_nodes.append(geo_node(1))
        self.geo_nodes.append(geo_node(2))
        self.geo_nodes.append(geo_node(3))
        self.geo_nodes.append(geo_node(4))
        self.geo_nodes.append(geo_node(5))
        self.geo_nodes.append(geo_node(6))
```

```
self.geo_nodes.append(geo_node(7))
self.geo_nodes.append(geo_node(8))

self.geo_nodes[0].closeby_geo_ids[1] = 0.5
self.geo_nodes[0].closeby_geo_ids[2] = 0.3
self.geo_nodes[0].closeby_geo_ids[3] = 0.2
self.geo_nodes[0].closeby_geo_ids[4] = 0.4
self.geo_nodes[1].closeby_geo_ids[5] = 0.3
self.geo_nodes[2].closeby_geo_ids[1] = 0.2
self.geo_nodes[2].closeby_geo_ids[6] = 0.1
self.geo_nodes[3].closeby_geo_ids[6] = 0.4
self.geo_nodes[3].closeby_geo_ids[8] = 0.8
self.geo_nodes[4].closeby_geo_ids[3] = 0.1
self.geo_nodes[4].closeby_geo_ids[8] = 0.6
self.geo_nodes[5].closeby_geo_ids[7] = 0.1
self.geo_nodes[6].closeby_geo_ids[5] = 0.1
self.geo_nodes[6].closeby_geo_ids[8] = 0.2
self.geo_nodes[8].closeby_geo_ids[8] = 0.4


# 给定起始结点，通过 Dijkstra 算法，计算这个起始结点到其他任意结点的最小权重通路
# source_geo_id 表示给定的起始结点 ID，要从这个结点出发
def do_dijkstra(self, source_geo_id):
    # 初始化步骤
    F = set()       # 集合
    F.add(source_geo_id)        # 往集合 F 里加入结点 s，F 包含且仅包含 s
    mw = [float('inf')] * len(self.geo_nodes)
    # 将通路的权重默认设为无穷大或者某个最大值，用于处理 s 不能直接到达的结点
    for i in range(0, len(mw)):
        if i == source_geo_id:
            mw[i] = 0       # 将起始结点 s 的最小权重赋为 0，也就是 mw[s] = 0

    self.update_weights(source_geo_id, mw)
    # 假设结点 s 能直接到达的边集合为 M，对于其中的每一条边 m，将 mw[m] 设为 w[s, m]

    while len(F) < len(self.geo_nodes):
        geo_with_min_weight = self.find_geo_with_min_weight(mw, F)
        # 从 mw 数组中选择最小值，并获得对应的结点
        if geo_with_min_weight == -1 or geo_with_min_weight >= len(mw):
          break

        F.add(geo_with_min_weight)          # 将这个结点加入 F 中

        # 新加入 F 的结点 x 是否可以直接到达其他结点。
        # 如果是，看看通过 x 到达其他结点的通路权重是否比这些结点当前的 mw 小，如果是，就替换
        # 这些结点在 mw 中的值
```

```
                self.update_weights(geo_with_min_weight, mw)

        for i in range(0, len(self.geo_nodes)):
            print('起始结点和结点{}的最小距离是：{}\n'.format(self.geo_nodes[i].geo_id,
mw[i]))    # 输出最终的结果


    # 每次发现最小的 mw 及对应的结点 x 之后，更新和 x 相邻结点的权重
    # geo_id-具有最小 mw 的结点 x；mw-目前所有结点的 mw 值
    def update_weights(self, geo_id, mw):
        for closeby_node in self.geo_nodes[geo_id].closeby_geo_ids.keys():
            # 获取通过 x 到达这个结点的通路权重
            new_weight = mw[geo_id] + self.geo_nodes[geo_id].closeby_geo_ids
[closeby_node]

            # 如果新的通路权重比这个结点当前的 mw 小，那么就替换它的 mw 值
            if new_weight < mw[closeby_node]:
                mw[closeby_node] = new_weight


    # 在当前还未完成的 mw 中，查找最小值，及其对应的结点 x
    # mw-目前所有结点的 mw 值；F-已完成的结点
    # 返回值-最小 mw 值所对应的结点 ID
    def find_geo_with_min_weight(self, mw, F):
        geo_with_min_weight = -1
        min_weight = float('inf')
        for i in range(0, len(mw)):
            # 跳过已经完成的结点
            if i in F:
                continue
            if mw[i] < min_weight:
                # 记录最小值和对应的结点 ID
                min_weight = mw[i]
                geo_with_min_weight = i

        return geo_with_min_weight


if __name__ == '__main__':
    source_geo_id = 0

    # 随机模拟地图的生成
    mn = map_network()
    mn.generate_graph(5, 20)
    mn.do_dijkstra(source_geo_id)
```

```
print('****************************\n')
```

```
# 手动构建书中图解的例子
mn.craftedGraph()
mn.do_dijkstra(source_geo_id)
```

在自动生成图的函数中，你需要将广度优先搜索的相应代码做两处修改：第一，现在边是有向的了，所以生成的边只需要添加一次；第二，要给边赋予一个权重值，例如可以将边的权重设置为$[0, 1.0]$的 float 型数值。此外，为了更好地模块化，该代码实现了两个函数：find_geo_with_min_weight 和 update_weights。它们分别对应于之前提到的最重要的两步：每次选择最小的 mw；更新和 x 直接相连的结点之 mw。每次查找最小 mw 的时候，需要跳过已经完成的结点，只考虑那些不在集合 F 中的结点。这也是 Dijkstra 算法比较高效的原因。此外，如果你想输出最优路径上的每个结点，那么在 update_weights 函数中就要记录每个结点的前驱结点。

有的时候，边的权重是负数，对于这种情况，Dijkstra 算法就需要调整为每次找到最大的 mw，更新邻近结点时也要找更大的值。关键在于掌握核心思路，具体的实现可以根据情况灵活调整。

第 5 章
编程中的数学思维

前面的几章讲了计算领域中的数学知识，本章将从编程的角度出发，重新梳理这些内容，作为第一篇"基础思想"的总结。

5.1　数据结构、编程语言和基础算法

这一节我们汇总数学在常见的数据结构、编程语言和基础算法中的体现，让你对数学和编程的关系有个新的认识。

5.1.1　数据结构

先来看一些基本的数据结构，你可别小看这些数据结构，它们其实就是一个个解决问题的"模型"。有了这些模型，你就能将一个个具体的问题抽象化，然后再来解决。这里从最简单的数据结构数组开始介绍。自从你开始接触计算机编程，数组一定是你经常使用的数据结构，它的特点也很鲜明。数组可以通过下标直接定位到所需的数据，因此数组特别适合快速地随机访问。它常常和循环语句相结合来实现迭代法，例如二分搜索、斐波那契数列等。另外，将要在第三篇"线性代数"介绍的矩阵也可以使用多维数组来表示。不过，数组只对稠密的数列更有效。如果数列非常稀疏，那么很多数组的元素就是无效值，浪费了存储空间。此外，数组中元素的插入和删除也比较麻烦，需要进行数据的批量移动。

那么对稀疏的数列而言，使用什么样的数据结构更有效呢？答案是链表。链表中的结点存储了数据，而链表结点之间的相连关系，在 C 和 C++语言中是通过指针来实现的，而在 Python 和 Java 语言中是通过对象引用来实现的。链表的特点是不能通过下标来直接访问数据，而必须按照存储的结构逐个读取。这样做的优势在于，不必事先规定数据的数量，也不再需要保存无效的值，因而表示稀疏的数列时可以更有效地利用存储空间，同时也利于数据的动态插入和删除。但是，相对于数组，链表无法支持快速地随机访问，所以进行读写操作时就更耗时。和数

组一样，链表也可以是多维的。对于非常稀疏的矩阵，也可以用多维链表的结构来表达。此外，在链表结构中，点和点之间的连接，分别体现了图论中的顶点和边。因此，我们还可以使用指针、对象引用等来表示图结构中的顶点和边。常见的图模型，例如多叉树、无向图和有向图等，都可以用指针或引用来实现。

在数组和链表这些基础的数据结构之上，我们可以构建更复杂的数据结构，如哈希表、队列和栈等。这些数据结构，提供了逻辑更复杂的模型，可以通过数组、链表或这两者的结合来实现。在第 1 章中，我提到过哈希的概念，而哈希表就可以通过数组和链表来构造。在很多编程语言中，哈希表的实现采用的就是链式哈希表。这种方法的主要思想是，先分配一个很大的数组空间，而数组中的每一个元素都是一个链表的头部。随后，我们就可以根据哈希函数算出的哈希值（也叫哈希的 key）找到数组中的某个元素及其对应的链表，然后将数据添加到这个链表中。之所以要这样设计，是因为存在哈希冲突。对于不同的数据，哈希函数可能产生相同的哈希值，这就是哈希冲突。如果数组的每个元素都只能存放一个数据，那就无法解决冲突。如果每个元素对应了一个链表，那么当发生冲突的时候，我们就可以将多个数据添加到同一个链表中。可是，将多个数据存放在一个链表中就代表访问效率不高。所以，我们要尽量找到一个合理的哈希函数，减少冲突发生的机会，提升检索的效率。第 1 章中还提到了使用求余相关的操作来实现哈希函数。我在这里举个例子，如图 5-1 所示。

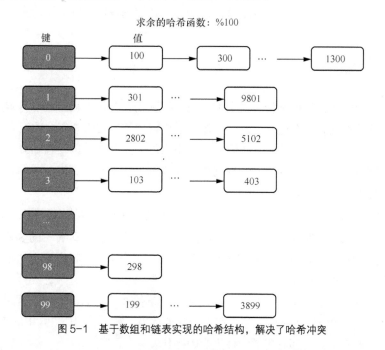

图 5-1　基于数组和链表实现的哈希结构，解决了哈希冲突

我们将对 100 求余作为哈希函数。因此数组的长度是 100。对于每一个数据，通过它对 100 求余，确定它在数组中的位置。如果多个数据的求余结果一样，就产生冲突，使用链表来解决。

可以看到，图 5-1 中键为 98 的链表没有冲突，而 0、1、2、3 和 99 的链表都有冲突。

　　介绍了哈希，再来看看栈这种数据结构。我在介绍树的深度优先搜索时讲到过栈。它是先进后出的。在进行函数递归的时候，函数调用和返回的顺序也是先进后出，所以，栈体现了递归的思想，可以实现基于递归的编程。实际上，计算机系统里的函数递归，在内部也是通过栈来实现的。虽然直接通过栈来实现递归不如函数递归调用那么直观，但是，由于栈可以避免使用过多的中间变量，它可以节省内存空间。

　　在介绍广度优先搜索策略时，我谈到了队列。队列和栈最大的不同在于，它是一种先进先出的数据结构，先进入队列的元素会优先得到处理。队列模拟了日常生活中人们排队的现象，其思想已经延伸到很多大型的数据系统中，例如消息队列。在消息系统中，生产者会源源不断地推送新的消息，而消费者会对这些消息进行处理。可是，有时消费者的处理速度会慢于生产者推送的速度，这会带来很多复杂的后续问题，因此可以通过队列实现消息的缓冲。新产生的数据会先进入队列，直到消费者处理它。经过这样的异步处理，消息队列实现了生产者和消费者的松耦合，对消费者起到了保护作用，使它不容易被数据洪流冲垮。相比于哈希表，队列和栈更为复杂的数据结构是基于图论中的各种模型，例如各种二叉树、多叉树、有向图和无向图等。通常，这些模型表示了顶点和顶点之间的稀疏关系，所以它们常常是基于指针或者对象引用来实现的。我在讲前缀树、社交关系图和交通导航的案例中，都使用了这些模型。另外，树模型中的多叉树、特别是二叉树体现了递归的思想。之前的递归方式编程的案例中的图示也可以对应到多叉树的表示。

5.1.2　编程语句

　　在学习编程的时候，我们都接触过条件语句、循环语句和函数调用这些基本的语句。条件语句的一个关键元素是布尔表达式。它其实体现了逻辑代数中逻辑和集合的概念。第 1 章介绍过逻辑代数，它也被称为布尔代数，主要包括逻辑表达式及其相关的逻辑运算，可以帮助我们消除自然语言所带来的歧义，并严格、准确地描述事物。在编程语言中，我们将逻辑表达式和控制语言结合起来，例如 Java 语言的 if 语句：

　　if(表达式) {函数体 1} else {函数体 2}：若表达式为真，执行函数体 1，否则执行函数体 2

　　当然，逻辑代数在计算机中的应用远不止条件语句，例如 SQL 语言中的 Select 语句和布尔检索模型。Select 是 SQL 查询语言中十分常用的语句。这个语句将根据指定的逻辑表达式，在一个数据库中进行查询并返回结果，而返回的结果就是满足条件的记录之集合。类似地，布尔检索模型利用逻辑表达式，确定哪些文档满足检索的条件并将它们作为结果返回。除了条件语句中的布尔表达式，逻辑代数还体现在编程中的其他地方。例如，SQL 语言中的 Join 操作。Join 有多种类型，每种类型其实都对应了一种集合的操作。

　　循环语句可以让我们进行有规律的重复性操作，直到满足某个条件。这和迭代法中反复修改某个值的操作非常一致。所以循环常用于迭代法的实现，例如二分法或者牛顿法求解方程的根。在之前的迭代法讲解中，我经常使用循环来实现编码。另外，循环语句也会经常和布尔表达式相结合。嵌套的多层循环常常用于比较多个元素的大小或者计算多个元素之间的相似度等，这也体现了排列组合的思想。

至于函数的调用，一个函数既可以调用自己，又可以调用其他函数。如果函数不断地调用自己，这就体现了递归的思想。同时，函数的递归调用也可以体现排列组合的思想。

5.1.3　基础算法

介绍分治思想的时候，我谈及了 MapReduce 的数据切分。在分布式系统中，除了数据切分，还要经常处理的问题是：如何确定服务请求被分配到哪台机器上？这就引出了负载均衡算法，常见的包括轮询或者源地址哈希算法。轮询算法将请求按顺序轮流地分配到后端服务器上，它并不关心每台服务器当前的负载。如果给每个请求标记一个自动递增的 ID，我们就可以认为轮询算法是对请求的 ID 进行求余操作（或者是求余的哈希函数），被除数就是可用服务器的数量，余数就是接受请求的服务器 ID。而源地址哈希算法进一步扩展了这个思想，主要体现在：

- 它可以对请求的 IP 或其他唯一标识进行哈希，而不一定是请求的 ID；
- 哈希函数的变换操作不一定是求余。

不管是对何种数据进行哈希变换，也不管是何种哈希函数，只要能为每个请求确定哈希 key 之后，我们就能为它查找对应的服务器。

另外，第 3 章谈到了字符串的编辑距离，但是没有涉及字符串匹配的算法。知名的 RK 字符串（Rabin-Karp）匹配算法在暴力（brute force）匹配基础之上，充分利用了迭代法和哈希，提升了算法的效率。首先，RK 算法可以根据两个字符串哈希后的值来判断它们是否相同。如果哈希值不同，则两个字符串肯定不同，不用再比较。此外，RK 算法中的哈希设计非常巧妙，让相邻两个子字符串的哈希值产生了固定的联系，让我们可以通过前一个子字符串的哈希值推导出后一个子字符串的哈希值，这样就能使用迭代法来计算每个子字符串的哈希值，大大减少了用于哈希函数的计算。

除了分治和动态规划，另一个常用的算法思想是回溯。我们可以使用回溯来解决的问题包括八皇后和 0/1 背包等。回溯实际上体现了递归和排列的思想。不过，它对搜索空间做了一些优化，提前排除了不可能的情况，提升了算法整体的效率。当然，既然回溯体现了递归的思想，那么也可以将整个搜索状态表示成树，而对结果的搜索就是树的深度优先遍历。

讲到这里，我们已经对常用的数据结构、编程语句和基础算法中体现的数学思想做了一个大体的梳理。可以看到，不同的数据结构都是在编程中运用数学思维的产物。每种数据结构都有自身的特点，有利于更方便地实现某种特定的数学模型。从数据结构的角度来看，最基本的数组遍历体现了迭代的思想，而链表和树的结构可用于描述图论中的模型。栈的先进后出和队列的先进先出分别适用于图的深度优先和广度优先遍历。哈希表则充分利用了哈希函数的特点，大幅降低了查询的时间复杂度。

当然，仅使用数据结构来存储数据还不够，还需要操作这些数据。为了实现操作的流程，条件语句使用了布尔代数来控制编程逻辑，循环和函数嵌套使用迭代、递归和排列组合等思想来实现更精细的数学模型。

但是，有时候我们面对的问题太复杂了，除了数据结构和基本的编程语句，我们还需要发明一些算法。为了提升算法的效率，我们需要对其进行复杂度分析。通常，这些算法中的数学思想更为明显，因为它们都是为了解决特定的问题，根据特定的数学模型而设计的。有的时候，某个算法会体现多种数学思想，例如 RK 字符串匹配算法，同时使用了迭代法和哈希。此外，多种数学思维可能都是相通的。例如，递归的思想、排列的结果、二进制数的枚举都可以用树的结构来图示化，因此我们可以通过树来理解。

总之，在平时学习编程的时候，我们可以多从数学的角度出发，思考其背后的数学模型。这样不仅有利于你对现有知识的融会贯通，还可以帮助你优化数据结构和算法。既然谈到了程序的优化，那么我们还需要讨论另一个话题：复杂度分析。其实这类分析的背后也隐藏着数学的原理。

5.2　算法复杂度分析

算法复杂度的分析并不简单，不过熟悉了数学原理之后，要解决相关的问题就不难了。

5.2.1　复杂度分析的原理和法则

作为程序员，你一定非常清楚复杂度分析对编码的重要性。计算机系统从最初的设计、开发到最终的部署，要经过很多的步骤，而影响系统性能的因素有很多。我将这些因素分为 3 大类：算法理论上的计算复杂度、开发实现的方案和硬件设备的规格。如果将构建整个系统比作生产汽车，那么计算复杂度相当于在蓝图设计阶段对整个汽车的性能进行预估。如果我们能够进行准确的复杂度分析，就能从理论上预估汽车的各项指标，避免生产出一辆既耗油又开得很慢的汽车。可是，你常常会发现，要准确地分析复杂度并不容易。本节我们就用数学思维来进行系统性的复杂度分析。

1. 基本概念

我们先简短地回顾一下几个重要概念，便于稍后更好地理解本节的内容。算法复杂度是一个比较抽象的概念，通常只是一个估计值，它用于衡量程序在运行时所需要的资源，用于比较不同算法的性能好坏。同一段代码处理不同的输入数据所消耗的资源也可能不同，所以分析复杂度时，需要考虑 3 种情况，最好情况、最差情况和平均情况。

复杂度分析会考虑性能的各个方面，不过我们最关注的是两个部分，即时间和空间。时间因素是指程序执行的耗时长短，空间因素是程序占用内存或磁盘存储空间的大小。因此，我们将复杂度进一步细分为时间复杂度和空间复杂度。

我们通常所说的时间复杂度是指渐进时间复杂度，表示程序运行时间随着问题复杂度增加而变化的规律。同理，空间复杂度是指渐进空间复杂度，表示程序所需要的存储空间随着问题复杂度增加而变化的规律。我们可以使用 O 来表示这两者。这里通过数学的思维，总结一些比较通用的方法和法则，帮助你快速、准确地进行复杂度分析。

2. 6 个通用法则

复杂度分析有时看上去很难，其实我们只要通过一定的方法进行系统性的分析，就能得出正确的结论。本书总结了 6 个法则，相信它们对你会很有帮助。

（1）四则运算法则

对于时间复杂度，代码的添加意味着计算机操作的增加，也就是时间复杂度的增加。如果代码是平行增加的，就是加法。如果是循环、嵌套或者函数的嵌套，就是乘法。

例如，在二分搜索的代码中，第一步是对长度为 n 的数组排序，第二步是在这个已排序的数组中进行查找。这两个部分是平行的，所以计算时间复杂度时可以使用加法。第一步的时间复杂度是 $O(n\log n)$，第二步的时间复杂度是 $O(\log n)$，所以时间复杂度是 $O(n\log n)+O(\log n)$。再来看另外一个例子。从 n 个元素中选出 3 个元素的可重复排列，使用 3 层循环的嵌套或者 3 层递归嵌套，这里时间复杂度的计算使用乘法。由于 $n\times n\times n=n^3$，时间复杂度是 $O(n^3)$。对应加法和乘法，分别是减法和除法。如果去掉平行的代码，就减去相应的时间复杂度。如果去掉嵌套内的循环或函数，就除去相应的时间复杂度。

对于空间复杂度，同样如此。需要注意的是，空间复杂度看的是对存储空间的使用，而不是计算的次数。如果语句中没有新开辟空间，那么无论是平行增加还是嵌套增加代码，都不会增加空间复杂度。

（2）主次分明法则

这个法则主要是运用了数量级和运算法则优先级的概念。在刚刚介绍的第一个法则中，我们会对代码的不同部分所产生的复杂度进行加法或乘法。使用加法或减法时，你可能会遇到不同数量级的复杂度。这个时候，我们只需要看最高数量级的复杂度，而忽略常量、系数和较低数量级的复杂度。

在介绍二分搜索的时候，经历了先排序、后二分搜索的过程，其总的时间复杂度是 $O(n\log n)+O(\log n)$。实际上，之前给出的代码清单中还有数组初始化、变量赋值、Console 输出等步骤，如果细究的话，时间复杂度应该是 $O(n\log n)+O(\log n)+O(3)$，但是和 $O(n\log n)$ 相比，常量和 $O(\log n)$ 这种数量级都是可以忽略的，所以最终简化为 $O(n\log n)$。

再举个例子，我们先通过随机函数生成一个长度为 n 的数组，然后生成这个数组的全排列。通过循环，生成 n 个随机数的时间复杂度为 $O(n)$，而全排列的时间复杂度为 $O(n!)$，如果使用四则运算法则，总的时间复杂为 $O(n)+O(n!)$。不过，因为 $n!$ 的数量级远远大于 n，所以可以将总的时间复杂度简化为 $O(n!)$。这对于空间复杂度同样适用。假设计算一个长度为 n 的向量和

一个维度为 $[n \times n]$ 的矩阵的乘积，那么总的空间复杂度是 $O(n) + O(n^2)$，简化为 $O(n^2)$。注意，这个法则对于乘法或除法并不适用，因为乘法或除法会改变参与运算的复杂度的数量级。

（3）齐头并进法则

这个法则主要是运用了多元变量的概念，其核心思想是复杂度可能受到多个因素的影响。在这种情况下，我们要同时考虑所有因素，并在复杂度公式中体现出来。之前的章节介绍了使用动态规划解决的编辑距离问题。从解决方案的推导和代码可以看出，这个问题涉及两个因素：参与比较的第一个字符串的长度 n 和第二个字符串的长度 m。代码使用了两次嵌套循环，第一层循环的长度为 n，第二层循环的长度为 m，根据乘法法则，时间复杂度为 $O(n \times m)$。而空间复杂度很容易从推导结果的状态转移表得出，也是 $O(n \times m)$。

（4）排列组合法则

排列组合的思想不仅体现在数学模型的设计中，同样也会体现在复杂度分析中，它经常会用在最好、最差和平均复杂度分析中。下面来看一个简单的算法题。

给定两个不同的字符 a 和 b，以及一个长度为 n 的字符数组。字符数组里的字符都只出现过一次，而且一定存在一个 a 和一个 b，请输出 a 和 b 之间的所有字符，其中包括 a 和 b。假设我们的算法是按照数组下标值从低到高的顺序依次扫描数组，那么时间复杂度是多少呢？这里的时间复杂度是由被扫描的数组元素之数量决定的，但是要准确地求解并不容易。仔细思考一下，你会发现被扫描的元素之数量存在很多可能的值。

首先，考虑字母出现的顺序，第一个遇到的字母有两个选择，a 或者 b；第二个字母只有一个选择，这就是两个元素的全排列。下面我们将两种情况分开来看。

- a 在 b 之前出现。接下来是 a 和 b 之间的距离，这会决定我们要扫描多少个字符。两者之间的距离最大为 $n-1$，最小为 1，所以最差的时间复杂度为 $O(n-1)$，根据主次分明法则，简化为 $O(n)$，最好复杂度为 $O(1)$。平均复杂度的计算稍微烦琐一些。如果距离为 $n-1$，只有 1 种可能，即 a 为数组中第一个字符，b 为数组中最后一个字符。如果距离为 $n-2$，那么 a 的位置有 2 种可能，b 在 a 位置确定的情况下只有 1 种可能，因此排列数是 2。以此类推，如果距离为 $n-3$，那么有 3 种可能，一直到距离为 1，有 $n-1$ 种可能。所以平均的扫描次数为 $(1 \times (n-1) + 2 \times (n-2) + 3 \times (n-3) + \cdots + (n-1) \times 1)/(1 + 2 + \cdots + n)$，最后时间复杂度简化为 $O(n)$。

- b 在 a 之前出现。这个分析过程和第一种情况类似。我们假设第一种和第二种情况出现的概率相等，那么综合这两种情况，可以得出平均复杂度为 $O(n)$。

（5）一图千言法则

在第 2、3 和 4 章中，我们提到的很多数学和算法思想都体现了树这种结构，通过画图，它们内在的联系就一目了然了。同样，这些树结构也可以帮助我们分析某些算法的复杂度。就以我们之前介绍的归并排序为例，这个算法分为数据的切分和归并两大阶段，每个阶段的数据划分不同，分组数量也不同，因此时间复杂度的计算较为复杂。下面来看一个例子。

假设待排序的数组长为 n。首先，看数据切分阶段。数据切分的次数，就是切分阶段那棵树的非叶结点之数量。这个切分阶段的树是一棵满二叉树，叶结点是 n 个，那么非叶结点的数量就是 $n-1$ 个，所以切分的次数也就是 $n-1$ 次，如图 5-2 所示。如果切分数据的时候并不重新生成新的数据，只是生成切分边界的下标，那么时间复杂度就是 $O(n-1)$。

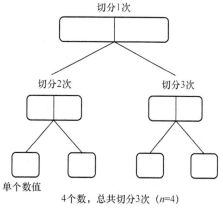

图 5-2　n 个数值的二分次数

在数据归并阶段，情况稍微复杂一些。和切分不用，不同的合并步骤意味着不同的数组长度。这个时候，我们可以看到二叉树的高度为 $\log_2 n$，如图 5-3 所示。另外，无论在树的哪一层，每次归并都需要扫描整个长度为 n 的数组，因此归并阶段的时间复杂度为 $O(n \times \log_2 n)$。两个阶段加起来的时间复杂度为 $O(n-1) + O(n \times \log_2 n)$，最终简化为 $O(n \log_2 n)$，非常直观。

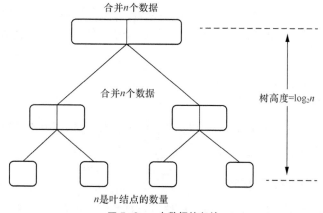

图 5-3　n 个数据的归并

当然，除了图论，很多简单的图表也能帮助我们做分析。例如，在使用动态规划的时候，我们经常要画出状态转移的表格。看到这类表格，可以很容易地得出该算法的时间复杂度和空间复杂度。以编辑距离为例，参看表 5-1，我们可以发现每个单元格都对应了 3 次计算，以及一个存储单元，而总共的单元格数量为 $m \times n$，其中 m 为第一个字符串的长度，n 为第二个字符串的长度。所以，很快就能得出这种算法的时间复杂度为 $O(3 \times m \times n)$，简化为 $O(m \times n)$，空间复杂度为 $O(m \times n)$。

表 5-1　动态规划的状态转移表格

	空 B	m	o	u	s	e
空 A	0	1	2	3	4	5
m	1	min(2,2,0)=0	min(3,1,2)=1	min(4,2,3)=2	min(5,3,4)=3	min(6,4,5)=4

	空 B	m	o	u	s	e
o	2	min(1,3,2)=1	min(2,2,0)=0	min(3,1,2)=1	min(4,2,3)=2	min(5,3,4)=3
u	3	min(2,4,3)=2	min(1,3,2)=1	min(2,2,0)=0	min(3,1,2)=1	min(4,2,3)=2
u	4	min(3,5,4)=3	min(2,4,3)=2	min(1,3,1)=1	min(2,2,1)=1	min(3,2,2)=2
s	5	min(4,6,5)=4	min(3,5,4)=3	min(2,4,3)=2	min(2,3,1)=1	min(3,2,2)=2
e	6	min(5,7,6)=5	min(4,6,5)=4	min(3,5,4)=3	min(2,4,3)=2	min(3,3,1)=1

（6）时空互换法则

在给定的计算量下，通常时间复杂度和空间复杂度呈数学中的反比关系。这就说明，如果无法降低整体的计算量，也许可以通过提高空间复杂度来达到降低时间复杂度的目的，或者反之，通过提高时间复杂度来降低空间复杂度。对于这个法则，最直观的例子就是缓存系统。在没有缓存系统的时候，每次请求都要服务器来处理，因此时间复杂度比较高。如果使用了缓存系统，那么会消耗更多的内存空间，但是减少了请求响应的时间。说到这，你也许会产生一个疑惑：在使用广度优先策略优化聚合操作的时候，无论是时间复杂度还是空间复杂度，都大幅降低了吗？请注意，这里时空互换法则有个前提条件，就是计算量固定。而聚合操作的优化是利用了广度优先的特点，大幅减少了整体的计算量，因此可以保证时间复杂度和空间复杂度都降低。

5.2.2　复杂度分析的案例

实际工作中我们会碰到很多复杂的问题，正确地运用这些法则并不是容易的事。本节我们将结合两个案例一步步地使用这几个法则。

1. 案例分析一：广度优先搜索

在图遍历的 4.4.2 节介绍了单向广度优先搜索和双向广度优先搜索。当时我们提到了通常情况下，双向广度优先搜索性能更好。那么，应该如何从理论上分析谁的效率更高呢？先来看单向广度优先搜索。我们先快速回顾一下搜索的主要步骤。

（1）判断边界条件，时间复杂度和空间复杂度都是 $O(1)$。

（2）生成空的队列。对于常量级的 CPU 和内存操作，根据主次分明法则，时间复杂度和空间复杂度都是 $O(1)$。

（3）将搜索的起始结点放入队列 queue 和已访问结点的哈希集合 visited，类似于第 2 步的常量级操作，其时间复杂度和空间复杂度都是 $O(1)$。

（4）最后也是最核心的步骤，包括 while 和 for 的两个循环嵌套。

先看时间复杂度。根据四则运算法则，时间复杂度是两个循环的次数相乘。对于嵌套在内的 for 循环，这个次数很好理解，和每个结点的直接连接点有关。要计算平均复杂度，就取直接连接点的平均数量，假设它为 m。现在的难题在于，第一个 while 循环次数是多少呢？我们考虑一下齐头并进法则,是否存在其他的因素来决定计算的次数?第一次 while 循环,只有起始结点一个。从起始结点出发,会找到 m 个一度连接点,将它们放入队列,那么第二次 while 循环就是 m 次,依次类推,到第 l 次,那么总次数就是 $m+m\times m+m\times m\times m+\cdots+m^l$。这里假设被重复访问的结点不多,可以忽略不计。在循环内部,所有操作都是常量级的,包括通过哈希集合判断是否找到终止结点。所以时间复杂度就是 $O(m+m\times m+m\times m\times m+\cdots+m^l)$,取最高数量级 m^l,最后可以简化成 $O(m^l)$,其中 l 是从起始结点开始所走的边数。这就是除 m 之外的第二个关键因素。使用一图千言法则,我们画出图 5-4 进行展示。

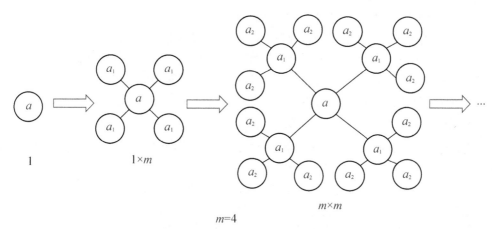

图 5-4　单向广度优先搜索的展开

再来看这个步骤的空间复杂度。通过代码你应该可以看出来,只有 queue 和 visited 变量新增了数据,而图的结点本身没有发生改变。所以,考虑内存空间使用时,只需要考虑 queue 和 visited 的使用情况。两者都是在新发现一个结点时进行操作,因此新增的内存空间和被访问过的结点数成正比,同样为 $O(m^l)$。最后,上述 4 个步骤是平行的,所以只需要将这几个时间复杂度相加就行了。很明显前 3 步都是常量级操作,只有最后一步是决定性因素,因此时间复杂度和空间复杂度都是 $O(m^l)$。这里没有考虑图的生成,因为这步在单向搜索和双向搜索中是一样的,而且在实际项目中,我们也不会采用随机生成的方式。

接下来,我们来看看双向广度优先搜索,有两个关键点需要注意。

(1)双向搜索所要走的边数。如果单向需要走 l 条边,那么双向需要走 $l/2$ 条边。因此时间复杂度和空间复杂度都会变为 $O(2\times m^{l/2})$,简化为 $O(m^{l/2})$。这里 $l/2$ 中的 2 不能省去,因为它是在指数上,改变了数量级。仅从这一点来看,双向比单向的复杂度低。

(2)双向搜索过程中,判断是否找到通路的方式。单向搜索只需要判断一个结点是否存在集合中,每次只有 $O(1)$ 的复杂度。而双向搜索需要比较两个集合是否存在交集,其复杂度肯定要高于 $O(1)$。最常规的实现方法是,循环遍历其中一个集合 A,看看 A 中的每个元素是否出现在集合 B 中。假设两个集合中元素的数量都为 n,那么循环 n 次,时间复杂度就为 $O(n)$。基于这些,我们重新推导一下双向广度优先搜索的时间复杂度。

假设我们分别从结点 a 和 b 出发。从 a 出发，找到 m 个一度连接点 a_1，时间复杂度是 $O(m)$，然后查看 b 是否在这 m 个结点中，时间复杂度是 $O(1)$。然后从 b 出发，找到 m 个一度连接点 b_1，时间复杂度是 $O(m)$，然后查看 a 和 a_1 是否在 b 和 b_1 中，时间复杂度是 $O(m+1)$，简化为 $O(m)$。从 a 继续推进到第二度的结点 a_2，这个时候 a、a_1 和 a_2 的并集的数量已经有 $1+m+m^2$，而 b 和 b_1 的并集数量只有 $1+m$，因此，针对 b 和 b_1 的集合进行循环更高效一些，时间复杂度是 $O(m)$。逐步递推下去，可以得到下面这个式子：

$$O(m)+O(1)+O(m)+O(m)+O(m^2)+O(m)+\cdots+O(m^{l/2})+O(m^{l/2})$$
$$=O(1)+O(4m)+O(4m^2)+\cdots+O(3m^{l/2})$$

其中，第一项 $O(m)$ 表示找到 a_1 的时间复杂度，第二项 $O(1)$ 表示判断 b 是否在 a_1 中的时间复杂度，第三项 $O(m)$ 表示找到 b_1 的时间复杂度，第四项 $O(m)$ 表示判断 a 和 a_1 是否在 b 和 b_1 中的时间复杂度，以此类推。虽然这个式子简化后仍然为 $O(m^{l/2})$，但是我们可以通过这些推导的步骤了解整个算法运行的过程，以及对最终复杂度的影响。最后比较单向广度搜索的复杂度 $O(m^l)$ 和双向广度搜索的复杂度 $O(m^{l/2})$，双向的方法更优。

上面讨论的内容，都是假设每个结点的直接连接的结点数量都很均匀，都是 m 个。如果数量不是均匀的呢？我们来看几种不同的情况。

（1）用 $a=b$ 来表示，也就是前面讨论的，不管从 a 和 b 哪个结点出发，每个结点的直接连接数量都是相当的。这个时候的最好、最差和平均复杂度非常接近。

（2）用 $a<b$ 来表示，表示从 a 出发，每个结点的直接连接结点数量远远小于从 b 出发的那些结点数量。例如，从 a 出发，2 度之内所有的结点都只有一两个直接连接的结点，而从 b 出发，2 度之内的大部分结点都有 100 个以上的直接连接的结点。

（3）和第 2 种情况类似，用 $a>b$ 表示，表示从 b 出发，每个结点的直接连接结点数量远远小于从 a 出发的那些结点数量。

对于第 2 种和第 3 种情况，双向搜索的最好、最差和平均复杂度是多少？还会是双向的方法更优吗？你可以思考一下。

2. 案例分析二：全文搜索

在刚才的分析中，我们已经使用了 6 个复杂度分析法则中的 5 个，不过还没涉及最后一个时空互换法则。这个法则有自己的特殊性，我们需要通过牺牲空间复杂度来降低时间复杂度，或者反之。因此，在实际运用中，更多的是使用这个法则来指导和优化系统的设计。下面我就使用搜索引擎的例子来讲一下如何做到这一点。

对于搜索引擎你一定用的很多了，它的最基本也是最重要的功能，就是根据输入的关键词查找指定的数据对象。这里以文本搜索为例。要查找某个关键词是否出现在一篇文章里，最基本的处理方式有两种。

（1）将全文作为一个很长的字符串，将用户输入的关键词作为一个子字符串，这个搜索问题就会变成子字符串匹配的问题。假设字符串平均长度为 n 个字符,关键词平均长度为 m 个字符,使用最简单的暴力法,就是将代表全文的字符串的每个字符,和关键词字符串的每个字符两两比较,那么时间复杂度就是 $O(n \times m)$ 。

(2)对全文进行分词,将全文切分成一个个有意义的词,那么这个搜索问题就变成了将输入关键词和这些切分后的词进行匹配的问题。拉丁文分词比较简单,基本上就是根据各种分隔符来切分。而中文分词涉及很多算法,不过这不是讨论的重点。假设无论何种语言、何种分词方法,其时间复杂度都是 $O(n)$,其中 n 为文章的长度。而在词的集合中查找输入的关键词,时间复杂度是 $O(m)$, m 为词集合中元素的数量。我们也可以先对词的集合排序,时间复杂度是 $O(m \times \log m)$,然后使用二分搜索,时间复杂度只有 $O(\log m)$ 。如果文章很少改变,那么全文的分词和词的排序基本上都属于一次性的开销,对于关键词查询来说,每次的时间复杂度都只有 $O(\log m)$ 。

无论使用上述哪种方法,看上去时间复杂都不算太高。但是我们是在海量的文章中查找信息,还需要考虑文章数量这个因素。假设文章数量是 k ,那么时间复杂度就变为 $O(k \times n)$,或者 $O(k \times \log m)$,数量级一下子就增加了。为了降低搜索引擎在查询时候的时间复杂度,我们需要引入倒排索引(或逆向索引),这属于典型的牺牲空间来换取时间。如果你对倒排索引的概念不熟悉,我通过一个比方加以解释。假设你是一个热爱读书的人,当你进入图书馆或书店的时候,怎样快速找到自己喜爱的书籍?没错,就是看书架上的标签。如果看到一个架子上标着“计算机–编程”,那么恭喜你,离程序员的书籍就不远了。而倒排索引做的就是“贴标签”的事情。为了实现倒排索引,对于每篇文章我们都要先进行分词,然后将切分好的词作为该篇文章的标签。我们来看一下表 5-2 中的 3 篇样例文章和对应的分词,也就是标签。其中,分词之后,还做了一些标准化的处理,例如全部转成小写、去除时态等。

表 5-2　文章和分词

文章 ID	文章内容	分词
1	I love this movie	i, love, this, movie
2	This movie is so great	this, movie, is, so, great
3	I watched this movie last week	i, watch, this, movie, last, week

表 5-2 看上去并没有什么特别。体现“倒排”的时刻来了,我们转换一下,不再从文章的角度出发,而是从标签的角度出发来看问题。也就是说,从每个标签,我们能找到哪些文章?通过这样的思考,我们可以得到表 5-3。

表 5-3　倒排索引

标签	文章 ID
i	1, 3
love	2
this	1, 2, 3
movie	1, 2, 3

标签	文章 ID
is	2
so	2
great	2
watch	3
last	3
week	3

有了表 5-3，就很容易知道某个关键词在哪些文章中出现。整个过程就像在哈希表中查找一样，时间复杂度只有 $O(1)$ 了。当然，我们所要付出的成本就是倒排索引这张表。假设有 n 个不同的单词，而每个单词所对应的文章平均数为 m 的话，那么这种索引的空间复杂度就是 $O(n \times m)$。好在 n 和 m 通常不会太大，对内存和磁盘空间的消耗都是可以接受的。

第二篇
概率统计

本篇以概率统计中最核心的贝叶斯公式为基点，向上讲解随机变量、概率分布这些基础概念，向下讲解朴素贝叶斯，并分析其在生活和编程中的实际应用，在应用中反哺概念，让读者真正理解概率统计的本质，跨越概念和应用之间的鸿沟。

第 6 章

概率和统计基础

通过第一篇"基础思想"的学习，你对离散数学在编程领域中的应用应该已经有了较为全面的认识。可以看出来，数据结构和基础算法体现的大多数都是离散数学的思想。这些思想更多的时候是提供一种解决问题的思路，在具体指导你解决问题的时候，你还需要更多的数学知识。例如，在机器学习、数据挖掘等领域，概率统计就发挥着至关重要的作用。那么关于概率统计，需要掌握哪些知识呢？这些知识究竟可以用在什么地方呢？在本章中我们会讨论一下这些问题，让你对本篇的学习做到心中有数。

6.1 概论和统计对于编程的意义

你可能会好奇，为什么从事编程的你，需要学习概率和统计？其实概率和统计都是帮助你对现实问题进行建模的好工具，学好了它们，你就能事半功倍。

6.1.1 概率和统计的概念

在第一篇中，我们认为所有事件都是一分为二的，要么必然发生，要么必然不发生。换句话说，事件的发生只有必然性，没有随机性。但是现实生活中，我们常常会碰到一些模棱两可的情况。例如，你读到一则新闻，它报道了娱乐圈某个明星投资了一家互联网公司，那么这篇报道属于娱乐新闻还是属于科技新闻呢？你仔细读了读，觉得全篇报道中大部分的内容都在讲述这家互联网公司的发展，而只有少部分的内容涉及这位明星的私生活。你可能会说，这篇报道 80% 的可能属于科技新闻，只有 20% 的可能属于娱乐新闻。这里的数字表示了事件发生的可能性。概率就是描述这种可能性的一个数值。

在概率的世界里，有很多概念。这里介绍一些最基本、最重要的概念。我们用随机变量（random variable）来描述事件所有可能出现的状态，并使用概率分布来描述每个状态出现的可能性。而随机变量又可以分为离散型随机变量和连续型随机变量。假设我们使用一个随机变量

x 来表示新闻类型,它属于离散型随机变量。如果在 100 篇新闻中,有 60 篇是娱乐新闻,有 20 篇是科技新闻,有 20 篇是体育新闻,那么你看到娱乐新闻的概率就是 60%,看到科技新闻的概率就是 20%,看到体育新闻的概率就是 20%。而这 3 组数据就可以构成变量 x 的概率分布 $P(x)$。

在刚刚提到的这个概率分布中,我们只有一个随机变量 x,现在添加另一个随机变量 y,表示新闻属于国际的还是国内的。这个时候,新的概率分布就需要由 x 和 y 这两个变量联合起来才能确定,我们将这种概率称为联合概率(joint probability)。例如,刚才那 100 篇新闻中有 30 篇是国际新闻,而这 30 篇国际新闻中有 5 篇是科技新闻,那么国际科技新闻的联合概率就是 $5/100 = 5\%$。不同的 x 和 y 取值的组合,就对应了不同的联合概率,我们用 $P(x, y)$ 来表示。

对于离散型随机变量,通过联合概率 $P(x, y)$ 在 y 上求和,就可以得到 $P(x)$,这个 $P(x)$ 就是边缘概率(marginal probability)。对于连续型随机变量,我们可以通过联合概率 $P(x, y)$ 在 y 上的积分,推导出边缘概率 $P(x)$。边缘概率有什么用呢?有的时候,情况看起来很复杂,而我们其实只需要研究单个事件对概率分布的影响就可以了。这个时候,边缘概率可以帮助我们去除那些我们不需要关心的事件,将联合概率转换为非联合概率,例如从 $P(x, y)$ 得到 $P(x)$,从而忽略 y 事件。

对于多个随机变量,还有一个很重要的概念是条件概率(conditional probability)。例如,我们现在假设 100 篇新闻中有 30 篇是国际新闻,而这 30 篇国际新闻中有 5 篇是科技新闻,那么在国际新闻中出现科技新闻的概率是多少呢?这时候就需要使用条件概率了,也就是某个事件受其他事件影响之后出现的概率,对于我们的例子,在国际新闻中出现科技新闻的概率就是 $5/30 \approx 16.67\%$,在科技新闻中出现国际新闻的概率就是 $5/20 = 25\%$。

概率论研究的就是这些概率之间相互转化的关系,如联合概率、条件概率和边缘概率。通过这些关系,概率论中产生了著名的贝叶斯定理或者贝叶斯法则。加上变量的独立性,就可以构建朴素贝叶斯分类算法,这个算法在机器学习中的应用非常广泛,第 7 章中会专门来讲述。此外,基于概率发展而来的信息论,提出了很多重要的概念,例如信息熵/香农熵、信息增益、基尼指数等。这些概念都被运用到了决策树的算法中。

提到概率论,就一定要提统计学。这是因为,概率和统计其实是互逆的。如何互逆呢?概率论是对数据产生的过程进行建模,然后研究某种模型所产生的数据有什么特性。而统计学则正好相反,它需要通过已知的数据来推导产生这些数据的模型是怎样的。因此统计特别关注数据的各种分布、统计值及其对应的统计意义。例如,现在有一大堆的新闻稿,我们想知道这里面有多少是娱乐新闻,有多少是科技新闻,等等。我们可以先拿出一小部分采样数据,逐个来判断属于哪个类型。例如,分析了 10 篇新闻稿之后,我们发现有 7 篇是科技新闻,2 篇是娱乐新闻,1 篇是体育新闻,那么从统计结果来看,3 个类型的概率分别是 70%、20% 和 10%。然后,我们根据从这个小采样得来的结论,推测出科技新闻、娱乐新闻和体育新闻所占的比例。这就是统计学要做的事情。在真实的世界里,我们通常只能观测到一些数据,而无法事先知道是什么模型产生了这些数据,这时候就要依赖统计学。所以,海量数据的分析、实验和机器学习都离不开统计学。

6.1.2 概率和统计可以做什么

弄清楚这些基本概念之后，我们来看看概率和统计的知识能帮我们做点什么。首先是复杂度分析。你可能会奇怪，之前讨论的复杂度分析好像没有涉及概率。这是因为，在计算平均复杂度的时候，我们其实做了一个假设：所有情况出现的概率都是一样的。但实际情况中，这一点并不一定成立。以最简单的查找算法为例。假设一个数组包含 n 个元素，我们对其中的元素采取逐个扫描的方式，来查找其中的某个元素。如果这个元素一定会被找到，那么最好时间复杂度是 $O(1)$ ，最差时间复杂度是 $O(n)$ ，平均时间复杂度是 $O((n+1)/2)$ 。为什么平均复杂度是 $O((n+1)/2)$ 呢？假设一共扫描了 n 次，第 1 次扫描了 1 个元素，第 2 次扫描了 2 个元素，一直到第 n 次扫描了 n 个元素，那么总共的扫描次数是 $1+2+\cdots+n=((n+1)\times n)/2$ ，然后除以 n 次，得到每次扫描的元素数量的平均值是 $(n+1)/2$ ，所以时间复杂度就是 $O((n+1)/2)$ 。我们可以将上述求和式改写成下面这样：

$$\frac{1+2+\cdots+n}{n}=1\times\frac{1}{n}+2\times\frac{1}{n}+\cdots+n\times\frac{1}{n}$$

如果 $1/n$ 是每种情况发生的概率，那么平均的扫描次数就是，不同情况下扫描次数按照概率进行的加权平均。问题来了，为什么这 n 种情况发生的概率都是 $1/n$ 呢？这是因为之前我们做了一个默认的假设——每种情况发生的概率是一样的。但在实际生活中，概率很可能不是均匀分布的。例如，一个网站要向它的用户发放优惠券，那么我们就需要先找到这些用户。我们用一个长度为 n 的数组代表这个网站的用户列表，并通过顺序扫描的方式来查找他们。假设第一个注册用户 ID 是 1，第二个注册用户 ID 是 2，以此类推，最近刚刚注册的用户 ID 为 n 。如果网站的发放策略是倾向于奖励新用户，那么搜索的用户 ID 有很大的概率会非常接近 n ，因此平均复杂度就会非常接近 $O(n)$ 。相反，如果网站的发放策略是倾向于奖励老用户，那么搜索的用户 ID 有很大的概率是非常接近 1 的，因此平均复杂度会非常接近 $O(1)$ 。由此可以看出，现实中每种情况出现的可能性是不一样的，这也就意味着概率分布是不均匀的。而不均匀的概率分布最终会影响平均复杂度的加权平均计算。因此，要想获得更加准确的复杂度分析结果，就必须要学习概率知识。

除此之外，概率和统计对于机器学习和大数据分析更为重要。对机器学习而言，统计的运用是显而易见的。机器学习中的监督学习，就是通过训练样本估计出模型的参数，最后使用训练得出的模型对新的数据进行预测。对于通过训练样本来估计模型，我们可以交给统计来完成。在机器学习的特征工程步骤中，我们可以使用统计的正态分布标准化（standardization）不同取值范围的特征，让它们具有可比性。另外，对机器学习算法进行效果评估时，AB 测试可以减少不同因素对评估结果的干扰。为了获得更可靠的结论，需要理解统计意义，并为每个 AB 测试计算相应的统计值。最后，概率模型从理论上对某些机器学习算法提供了支持。朴素贝叶斯分类充分利用了贝叶斯定理，使用先验概率推导出后验概率，并通过变量之间相互独立的假设，将复杂的计算进行大幅的简化。简化之后，我们就可以将这个算法运用在海量文本的分类任务上。

而决策树使用了信息熵和信息增益，挑出最具有区分度的条件，构建决策树的结点和分支。这样构建的树不仅分类效率更高，还更利于人脑的理解。谷歌的 PageRank 算法利用马尔可夫链的概率转移有效地描述了人们浏览互联网的行为，大幅提升了互联网搜索的体验。之后的章节会进行更为详细的讲解。

6.2   随机变量、概率分布和期望值

我们先从最基本的随机变量，以及对应的概率分布和期望值入手，让你了解概率世界中最核心的概念。

6.2.1   随机变量

数学方程式和编程代码中经常会用到变量。我们在概率中常说的随机变量和普通的变量有什么不同呢？在没有进行运算之前，普通变量的值并不会发生变化，也就是说，它可以取不同的值，但是一旦取值确定之后，它就会是一个固定的值，除非有新的运算操作。而随机变量的值并不固定，例如，某个随机变量可能有 10%的概率等于 10，有 20%的概率等于 5，有 30%的概率等于 28，等等。随机变量根据其取值是否连续可分为离散型随机变量和连续型随机变量。例如，抛硬币出现正反面的次数以及每周下雨的天数，都是离散值，所以对应的随机变量为离散型。汽车每小时行驶的速度和在银行排队的时间是连续值，对应的随机变量为连续型。换句话说，从计算的角度来说，我们可以直接求和得出的，就是"离散的"，需要用积分计算的，就是"连续的"。而随机变量的取值对应了随机现象的一种结果。正是结果的不确定性才导致了随机变量取值的不确定性，于是我们就引入了概率。可以说，每种值是以一定的概率出现的。

6.2.2   概率分布

随机变量的每种取值的出现都遵从一定的可能性，将这个可能性用具体的数值表示出来就是概率。如果将随机变量所有可能出现的值及其对应的概率都罗列出来，我们就能获得这个变量的概率分布。以最简单的抛硬币事件为例，从理论上来说，出现正面和反面的概率都是 50%（假设不存在硬币竖立的情况），如表 6-1 所示。

表 6-1   理论上抛硬币的概率分布

正反面	概率
正面	50%
反面	50%

我们通过代码清单 6-1 做一个模拟实验，验证一下这个分布。在运行这段代码之前，请确

保你已经安装了 Python 的一些必备包，包括 matplotlib、pandas 和 numpy。

代码清单 6-1　抛硬币的模拟实验

```
import random
import pandas as pd
import numpy as np
import matplotlib.pyplot as plt


def flip_coin(times):
    data_array = np.empty(times)
    weights_array = np.empty(times)
    weights_array.fill(1 / times)

    for i in range(0, times):  # 抛 times 次的硬币
        data_array[i] = random.randint(0, 1)  # 假设 0 表示正面，1 表示反面

    data_frame = pd.DataFrame(data_array)
    data_frame.plot(kind='hist', legend=False, color='k', title='Frequency
Distribution')  # 获取正反面统计次数的直方图
    plt.xticks(np.arange(0, 2, 1))
    data_frame.plot(kind='hist', legend=False, weights=weights_array, color='k',
title='Probability Distribution').set_ylabel("Probability")  # 获取正反面统计概率的直方图
    plt.xticks(np.arange(0, 2, 1))
    plt.show()


flip_coin(10)
```

代码清单 6-1 随机生成若干的 0 或 1（0 表示硬币正面朝上，1 表示硬币反面朝上）。表 6-2 是某次运行的结果，一共随机产生了 10 个数，其中正面 4 次，反面 6 次。

表 6-2　抛硬币的模拟

正反面	次数	概率
正面	4	40%
反面	6	60%

图 6-1 是本次实验结果所对应的正反面频次直方图，图 6-2 是所对应的概率直方图，也就是概率分布。

通过修改 flip_coin 函数中的数字，我们可以修改抛硬币的次数。例如修改为 100，某次运行得到的结果是正面 47 次，反面 53 次，以此统计出，出现正面的概率是 47%，出现反面的概率是 53%。接下来是抛 10000 次的结果，正面 4982 次，反面 5018 次，以此统计出，出现正面的概率是 49.62%，出现反面的概率是 50.38%。你可能已经发现了，根据计算机模拟的结果所统计的概率并不是精确的正反面各 50%。如果你运行同样的代码，也会发现类似的情况。这是

因为理论上的概率是基于无限次的实验，而这里实验的次数是有限的，是一种统计采样。从 10 次、100 次到 10000 次，我们能看到，概率会变得越来越稳定，越来越趋近于正反面各 50% 的分布。也就是说，统计的采样次数越多，越趋近于理论上的情况。

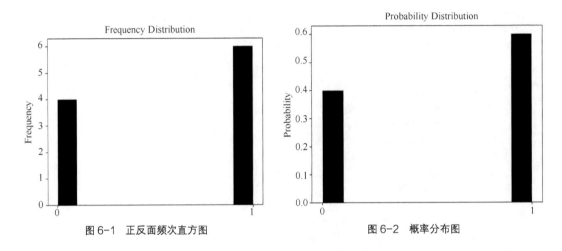

图 6-1　正反面频次直方图　　　　　图 6-2　概率分布图

从这个统计实验可以看出，概率分布描述的其实就是随机变量的概率规律。抛硬币正面次数、每周下雨天数这种离散型随机变量对应的概率分布是很好理解的，但是对于连续型随机变量，如何理解它们的概率分布呢？如果将连续的值离散化，你会发现这个问题其实不难理解。以汽车每小时行驶的公里数为例。现实生活中我们通过汽车的仪表盘读取的速度都是整数值，例如每小时 60 公里。也许比较高档的车会显示数字化的速度，并带有小数位，但实际上汽车最精确的速度是一个无限位数的小数，即从 0 到最大公里数之间的任意一个数值。所以仪表盘所显示的数字是将实际速度离散化处理之后的数字。除了仪表盘上的速度，汽车行驶在时间维度上也是连续的。类似地，我们还需要对时间进行离散化，例如每分钟查看仪表盘一次并读取速度值。

理解了这些之后，我们同样使用代码来模拟一些行驶速度的数据。第一次模拟，假设我们手头上有一辆老爷车，它的仪表盘的最小刻度是 5，也就是说，它只能显示 55、60、65 这样的公里数。然后我们每分钟采样一次（读一次仪表盘），那么 1 小时内我们将生成 60 个数据，如代码清单 6-2 所示。

代码清单 6-2　汽车速度的模拟实验

```
import random
import pandas as pd
import numpy as np
import matplotlib.pyplot as plt


def check_speed(time_gap, speed_gap, total_time, max_speed):
```

```
times = int(total_time / time_gap)    # 获取读取仪表盘的次数

data_array = np.empty(times)
weights_array = np.empty(times)
weights_array.fill(1 / times)

for i in range(0, times):
    if speed_gap < 1:
        data_array[i] = random.random() * max_speed
        # 随机生成一个最高速和最低速之间的速度
    else:
        data_array[i] = random.randint(0, max_speed / speed_gap) * speed_gap
        # 随机生成一个最高速和最低速之间的速度, 先除以 speed_gap,
        # 然后乘以 speed_gap 进行离散化

data_frame = pd.DataFrame(data_array)
bin_range = np.arange(0, 200, speed_gap)
data_frame.plot(kind='hist', bins=bin_range, legend=False, color='k', title='
Speed Distribution')  # 获取时速统计次数的直方图
data_frame.plot(kind='hist', bins=bin_range, legend=False, weights=weights_ar
ray, color='k', title='Probability Distribution').set_ylabel("Probability")
    # 获取时速统计概率的直方图
plt.show()

check_speed(1, 5, 60, 200)
```

对生成的 60 个数据,统计其出现在每个速度区间的频次以及相应的概率,并以直方图的形式来展示,分别如图 6-3 和图 6-4 所示。

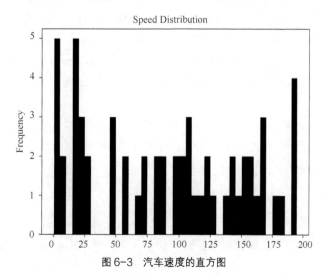

图 6-3 汽车速度的直方图

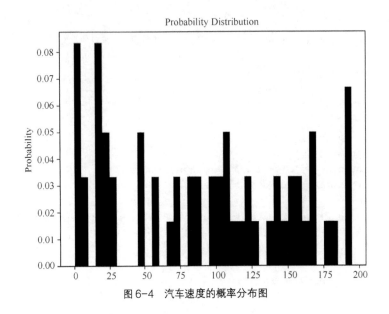

图 6-4　汽车速度的概率分布图

　　第二次模拟，假设我们将车升级到当今的主流车，仪表盘的最小刻度已经到 1 了，然后在时间维度上，我们细分到 0.1 分钟，那么 1 小时内将生成 600 个数据。我们还可以进行第三次、第四次甚至是无穷次的模拟，每次模拟的时候我们都将行驶速度的精度进一步提升、将时间间隔进一步缩小，让两者都趋近于 0，那么我们的模拟就从离散逐步趋近于连续了。随机变量的概率分布由离散型的直方图变为了连续型的曲线图。通过图 6-5，你可以看到整个演变的过程。

　　当速度间隔和时间间隔（精度）逐步缩小的时候，直方图的分组（bin）就越小，你会看到 x 轴上的数据越密集，y 轴上的数据越平滑。当间隔（精度）无穷小并趋近于 0 的时候，y 轴的数据就会随着 x 轴连续变化而变化。不过，当时间间隔小于数秒时，我们需要考虑随机产生的数据是否具有真实性，毕竟现实中汽车的速度不可能在数秒中从 0 到 200 公里，因此两次临近的采样数据不能相差太大。离散概率分布也称为概率质量函数（probability mass function，PMF），而连续概率分布也称为概率密度函数（probability density function，PDF），非常形象地体现了两种分布的特点。

　　上面我通过两个模拟实验，分别展示了离散概率分布和连续概率分布。其实，人们在实际运用中，已经总结出了一些概率分布，首先来看看离散分布模型。常用的离散分布有伯努利分布、二项分布、范畴分布、多项分布、泊松分布等。

1.　伯努利分布

　　第一个是伯努利分布（Bernoulli distribution），这是单个随机变量的分布，而且这个变量的取值只有两个，即 0 或 1。伯努利分布通过参数 λ 来控制这个变量为 1 的概率，具体的概率质量函数如下：

$$P(X = 0) = 1 - \lambda$$
$$P(X = 1) = \lambda$$

或者写作:

$$P(X) = \lambda^X (1 - \lambda)^{1-X}$$

其中 X 只能为 0 或 1,所以之前抛硬币的概率分布就属于伯努利分布。确保安装 Python 的 SciPy 包之后,你可以使用代码清单 6-3 产生一系列基于此概率分布的数据。通过随机生成的数据,还能得到图 6-6,从该图可以看出当采样次数足够多时,统计得到的概率分布近似于理论上的概率分布。

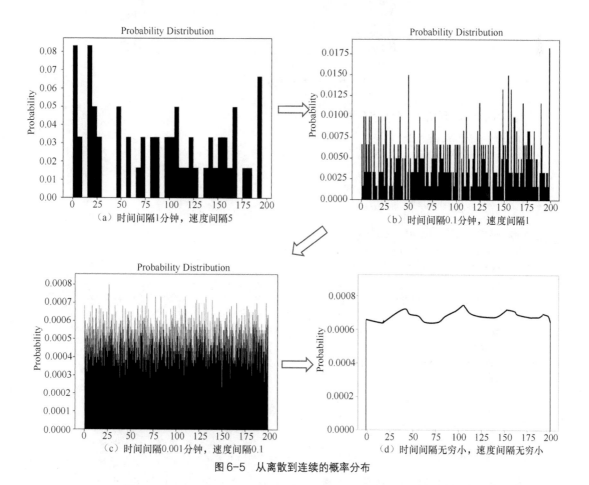

图 6-5　从离散到连续的概率分布

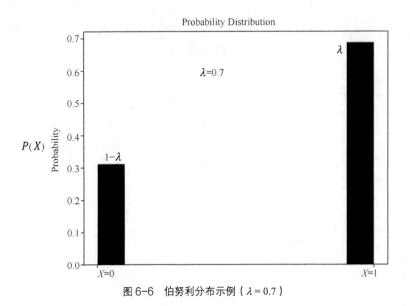

图 6-6　伯努利分布示例（ $\lambda = 0.7$ ）

代码清单 6-3　用伯努利分布产生数据

```
import pandas as pd
import numpy as np
import matplotlib.pyplot as plt
from scipy.stats import bernoulli


def show_bernoulli(times):
    weights_array = np.empty(times)
    weights_array.fill(1 / times)

    data_array = bernoulli.rvs(p=0.7, size=times)     # 根据伯努利分布，产生若干样本点
    data_frame = pd.DataFrame(data_array)
    data_frame.plot(kind='hist', legend=False, weights=weights_array, color='k',
title='Probability Distribution').set_ylabel("Probability")   # 获取概率分布图
    plt.xticks(np.arange(0, 2, 1))
    plt.show()


show_bernoulli(10000)
```

2.　二项分布

　　第二个分布与伯努利分布的关系很紧密，它就是**二项分布**（binomial distribution）。二项分布中随机变量的取值也为 0 或 1，不过二项分布是指 n 次独立实验（或者说采样）获得 k 次 1 的概率，以抛硬币为例，就是抛 n 次硬币后，有 k 次反面朝上（取值为 1）的概率，它的概率质

量函数如下：

$$P(x=k) = \frac{n!}{k!(n-k)!}\lambda^k(1-\lambda)^{n-k}$$

基于组合的思想，我们很容易理解 $\frac{n!}{k!(n-k)!}$ 这部分，它表示 n 次实验中有 k 次取值为 1 的组合有多少种。请注意，因为每次实验的顺序是固定的，所以我们计算的是组合的次数，而不是排列的次数。而每一种组合产生的概率是 $\lambda^k(1-\lambda)^{n-k}$，最终概率就是两者的乘积。至于为什么针对某种 n 次独立实验中有 k 次取值 1 的组合，其产生概率为 $\lambda^k(1-\lambda)^{n-k}$，我稍后在介绍联合概率和独立变量时会详细阐述。当 $n=1$ 的时候，二项分布就是伯努利分布。基于这个公式来推算一下，取 1 的概率是 0.7（$\lambda=0.7$）的时候，进行 4 次（$n=4$）独立实验所产生的二项分布。

- 0 次值为 1（$k=0$），4 次值为 0，只有 1 种可能，产生的概率为 $0.7^0 \times (1-0.7)^{4-0} = (0.3)^4 = 0.0081$，最终概率为 $1 \times 0.0081 = 0.0081$。

- 1 次值为 1（$k=1$），3 次值为 0，共 $\frac{4!}{1!(4-1)!} = 4$ 种可能，每种可能产生的概率为 $0.7^1 \times (1-0.7)^{4-1} = 0.0189$，最终概率为 $4 \times 0.0189 = 0.0756$。

- 2 次值为 1（$k=2$），2 次值为 0，共 $\frac{4!}{2!(4-2)!} = 6$ 种可能，每种可能产生的概率为 $0.7^2 \times (1-0.7)^{4-2} = 0.0441$，最终概率为 $6 \times 0.0441 = 0.2646$。

- 3 次值为 1（$k=3$），1 次值为 0，共 $\frac{4!}{3!(4-3)!} = 4$ 种可能，每种可能产生的概率为 $0.7^3 \times (1-0.7)^{4-3} = 0.1029$，最终概率为 $4 \times 0.1029 = 0.4116$。

- 4 次值为 1（$k=4$），0 次值为 0，只有 1 种可能，产生的概率为 $0.7^4 \times (1-0.7)^{4-4} = (0.7)^4 = 0.2401$，最终概率为 $1 \times 0.2401 = 0.2401$。

我们也可以使用代码清单 6-4，通过统计来获取近似的概率分布。

代码清单 6-4 用二项分布产生数据

```
import pandas as pd
import numpy as np
import matplotlib.pyplot as plt
from scipy.stats import binom


def show_binomial(times):
    weights_array = np.empty(times)
    weights_array.fill(1 / times)

    data_array = binom.rvs(n=4, p=0.7, size=times)   # 根据二项分布，产生若干样本点，
```

```
                                                        # 进行 4 次独立实验
        data_frame = pd.DataFrame(data_array)
        data_frame.plot(kind='hist', legend=False, weights=weights_array, color='k',
title='Probability Distribution').set_ylabel("Probability")   # 获取概率分布图
        plt.xticks(np.arange(0, 5, 1))
        plt.show()
```

```
show_binomial(10000)
```

获得的结果如图 6-7 所示。

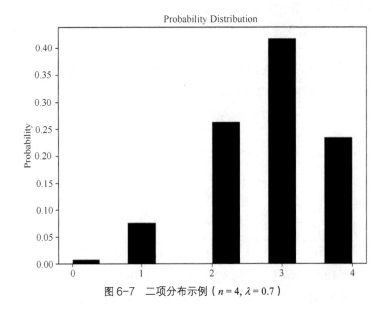

图 6-7   二项分布示例（ $n=4, \lambda=0.7$ ）

3. 范畴分布

第三个是范畴分布（categorical/multinoulli distribution）。它描述了一个具有 k 个不同状态的单个随机变量。这里的 k 是有限的数值，k 为 2 的时候，范畴分布就变成了伯努利分布，具体的概率质量函数如下：

$$P(X=k) = \lambda_k$$

代码清单 6-5 可以产生图 6-8 的概率分布。

代码清单 6-5   用范畴分布产生数据

```
import pandas as pd
import numpy as np
import matplotlib.pyplot as plt
from scipy.stats import multinomial
```

```
def show_categorical(times):
    # 设置 n 为 1，多项分布就是范畴分布
    # 设置 p 为一个数组，表示每类产生的概率
    data_array = multinomial.rvs(n=1, p=[0.08, 0.4, 0.25, 0.12, 0.15], size=times)
    data_frame = pd.DataFrame(data_array)
    data_frame = (data_frame.sum() / times).to_frame()
    data_frame.plot(kind='bar', legend=False, color='k', title='Probability
Distribution').set_ylabel("Probability")    # 获取正反面统计概率的直方图
    plt.xticks(np.arange(0, 5, 1))
    plt.show()


show_categorical(10000)
```

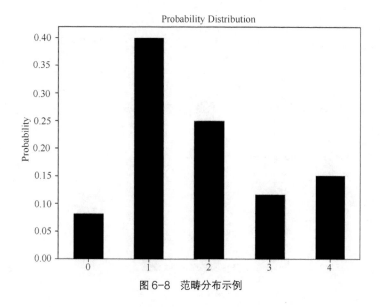

图 6-8 范畴分布示例

4. 多项分布

实际上代码清单 6-5 中的范畴分布是通过多项分布的简化来实现的。多项分布（multinomial distribution）是二项分布的推广，二项分布规定了每次实验的结果只有两种，例如硬币的正面和反面，而多项分布中实验的结果可以多于两种。假设有 k 种结果，进行 n 次实验，那么其概率质量函数如下：

$$P(x_1 = n_1, x_2 = n_2, \cdots, x_k = n_k) = \frac{n!}{n_1! n_2! \cdots n_k!} \lambda_1^{n_1} \lambda_2^{n_2} \cdots \lambda_k^{n_k}$$

$$\sum_{i=1}^{k} n_k = n$$

其中 n_k 表示 n 次实验中，第 k 种结果出现的总次数；λ_k 表示单次实验时，出现第 k 种结果的概率。当 $k = 2$ 时，多项分布就是二项分布。当 $n = 1$ 时，多项分布就是范畴分布。代码清单 6-6 演示了基于多项分布的数据生成，其中的 $k = 5$，$n = 8$。由于 5 种类型、8 次实验的可能性太多，因此无办法算出所有可能性的概率分布，这段代码针对某个特定的结果[1, 5, 0, 1, 1]，也就是第 1 类到第 5 类，出现的次数分别是 1、5、0、1、1 次的情况，估算了可能出现的概率。

代码清单 6-6　用多项分布产生数据

```
import pandas as pd
import numpy as np
from scipy.stats import multinomial


def show_multinomial(times, np_array):
    # 设置 n 为 8，表示实验 8 次。设置 p 为一个数组，表示 5 个类产生的概率
    data_array = multinomial.rvs(n=8, p=[0.08, 0.4, 0.25, 0.12, 0.15], size=times)
    data_frame = pd.DataFrame(data_array)

    # 统计特定结果的出现次数
    i = 0
    for row in data_frame.iterrows():
        if np.array_equal(np.array(row[1]), np_array):
            i += 1

    # 计算概率
    return i / times


# 进行 10 次的数据生成，求得特定情况产生的概率之平均值
avg = 0
for i in range(0, 10):
    avg += show_multinomial(10000, np.array([1, 5, 0, 1, 1]))
print(round(avg / 10, 4))
```

在我的测试中，10 次后的均值为 0.00488。让我们看看和理论值是否接近。理论值应该是：

$$P(x_1 = 1, x_2 = 5, x_3 = 0, x_4 = 1, x_5 = 1) = \frac{8!}{1! \times 5! \times 0! \times 1! \times 1!} \times 0.08^1 \times 0.4^5 \times 0.25^0 \times 0.12^1 \times 0.15^1$$

$$= 336 \times 0.08 \times 0.01024 \times 1 \times 0.12 \times 0.15 = 0.004955$$

注意 0 的阶乘是 1，理论值 0.004955 和测试结果 0.00488 非常接近。

5. 泊松分布

自然界中，某些随机事件，例如某段时间内下雨的天数、乘坐某路公交汽车的乘客数量、某所学校走入校门的学生数量等，以固定的平均速率 θ 随机且独立地出现时，那么这个事件在单位时间内出现的次数或个数就近似地服从泊松分布（Poisson distribution）。它的概率质量函数如下：

$$P(X = k) = \frac{\theta^k e^{-\theta}}{k!}$$

其中 θ 表示单位时间（或单位面积、单位体积）内随机事件的平均发生次数，k 表示实际出现的次数。代码清单 6-7 演示了基于泊松分布的数据生成。图 6-9 展示了对应的概率分布，从这张图可以看出平均次数 10 附近的概率比较高，而离平均次数越远，概率越低。

代码清单 6-7　用泊松分布产生数据

```python
import pandas as pd
import numpy as np
import matplotlib.pyplot as plt
from scipy.stats import poisson


def show_poisson(times):
    weights_array = np.empty(times)
    weights_array.fill(1 / times)

    data_array = poisson.rvs(mu=10, size=times)      # mu=10 设置了单位时间内事件发生的
                                                     # 平均次数为 10
    data_frame = pd.DataFrame(data_array)
    print(data_frame)

    data_frame.plot(kind='hist', legend=False, weights=weights_array, color='k',
title='Probability Distribution').set_ylabel("Probability")   # 获取正反面统计概率的直方图
    plt.xticks(np.arange(0, 22, 1))
    plt.show()


show_poisson(10000)
```

离散型随机变量的状态数量是有限的，所以可以通过伯努利分布、范畴分布等来描述。可是对于连续型随机变量来说，状态是无穷多的，这时就需要连续分布模型。比较经典的连续分布有正态分布、均匀分布、指数分布、拉普拉斯分布等，这里介绍最为常用的正态分布。

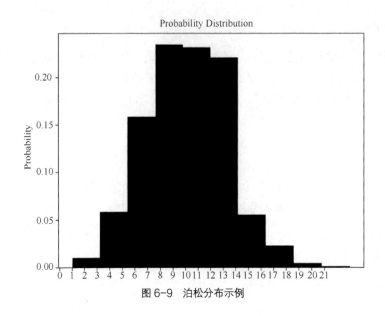

图 6-9   泊松分布示例

6. 正态分布

正态分布（Normal distribution），也叫高斯分布（Gaussian distribution）、Z 分布。当二项分布和泊松分布中的 n 趋向于无穷大，而取值变得连续时，这两个离散分布都可以使用正态分布来替代。正态分布可以近似表示日常生活中很多数据的分布，也常用于机器学习领域，例如特征工程中对原始数据实施标准化，使得不同范围的数据具有可比性。该分布的概率密度函数如下：

$$f(x) = \frac{1}{\sigma\sqrt{2\pi}} e^{-(x-\mu)^2 / 2\sigma^2}$$

在这个公式中有两个参数，μ 表示均值，σ 表示方差。图 6-10 展示了对应的概率分布。

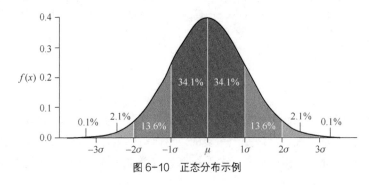

图 6-10   正态分布示例

从图 6-10 可以看出，越靠近中心点 μ，出现的概率越高，而随着渐渐远离 μ，出现的概率先是加速下降，然后减速下降，直到趋近于 0。对于连续型的分布，我们需要通过积分求得某个区域的面积，从而得知对应的概率大小。

$$\int_a^b xf(x)\mathrm{d}x$$

这里深色区域中的数字表示这个区域的面积，也就是数据取值在这个区域范围内的概率。例如，数据取值在 $[-1\sigma, \mu]$ 之间的概率为 34.1%。现实中，很多数据都是近似服从正态分布的。例如人类的身高和体重。拿身高来说，大部分人都是接近均值身高，偏离均值身高越远，相对应的人数越少。这也是正态分布很常用的原因。

正态分布可以扩展到多元正态分布或多维正态分布（multivariate normal distribution），不过最实用的还是一元标准正态分布（standard normal distribution），这种分布的 μ 为 0，σ 为 1。代码清单 6-8 展示了图 6-11 中的标准正态分布。

代码清单 6-8 画出标准正态分布

```python
import numpy as np
import matplotlib.pyplot as plt
from scipy.stats import norm


def show_normal():
    x = np.linspace(norm.ppf(0.001), norm.ppf(0.999), 100)     # 设置曲线的起始值,
                                                                # 以及平滑程度
    fig, ax = plt.subplots(1, 1)
    ax.plot(x, norm.pdf(x), 'r-', lw=3, color='k', alpha=1, label='norm pdf')
    plt.show()


show_normal()
```

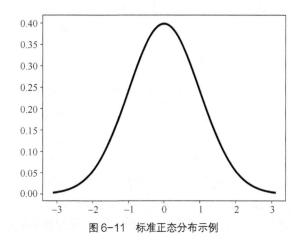

图 6-11 标准正态分布示例

6.2.3   期望值

理解了概率分布，你还需要了解期望值。期望值，也叫期望、数学期望，是每次随机结果出现的概率乘以其结果的总和。如果将每种结果的概率看作权重，那么期望值就是所有结果的加权平均值。它在生活中十分常见，例如，计算多个数值的平均值，其实就是求期望值，只不过我们假设每个数值出现的概率是相等的。在第 5 章中，我们提到如何使用概率来解决复杂度分析，通过概率的加权平均来获得平均时间复杂度，就是时间复杂度的期望值。当然，这个概念能帮助你解决的实际问题远不止这些。

通常一个问题只要具备以下两个要素，就可以考虑使用期望值。

（1）在这个问题中可能出现不同的情况，而且各种情况的出现服从一定的概率分布。

（2）每种情况都对应一个数值，这个数值代表具体的应用含义。

让我们回到汽车驾驶的案例，这里有个问题：给定了行驶速度的概率分布，如何计算汽车在 1 小时内每分钟行驶的平均速度？我们还是从比较容易理解的离散型随机变量开始，这个问题的答案就是使用 1 小时所行驶的总距离除以 60 分钟。以之前的每分钟读取仪表盘、仪表盘最小刻度是 5 为例。概率分布如表 6-3 所示。

表 6-3   汽车速度的概率分布

距离	0 公里	5 公里	10 公里	15 公里	...	190 公里	195 公里
频次	0	1	1	1	...	3	0
概率	0%	1.67%	1.67%	1.67%	...	5%	0%

1 小时行驶的总距离为每种速度乘以用该速度行驶的时间的乘积之总和：

$$0\times0+5\times1+10\times1+15\times1+\cdots+190\times3+195\times0$$

1 小时内每分钟平均的行驶速度为总距离除以 60 分钟：

$$(0\times0+5\times1+10\times1+15\times1+\cdots+190\times3+195\times0)/60$$

将上述式子变化一下，我们可以得到：

$$0\times\frac{0}{60}+5\times\frac{1}{60}+10\times\frac{1}{60}+15\times\frac{1}{60}+\cdots+190\times\frac{3}{60}+195\times\frac{0}{60}$$
$$=0\times0\%+5\times1.67\%+10\times1.67\%+15\times1.67\%+\cdots+190\times5\%+195\times0\%$$

你会发现，每分钟行驶速度的平均值就是每种速度的加权平均，而每种速度的权重就是其在概率分布中出现的概率。汽车可能按照不同的速度行驶，每种速度都有一个出现的概率，就是前面提到的第一个要素。而每种速度所对应的每分钟行驶多少公里这个数值，就是第二个要素。结合这两个要素，计算得到的平均值，也就是汽车每分钟行驶速度的期望值。换个角度来看，我们平时所求的一组数的平均值，就是假设每个数字出现的概率都是相等的情况下这组数的期望值。

理解了期望值的概念，我们来看看伯努利分布和二项分布的期望值。伯努利分布的期望值比较简单：

$$E(X) = \lambda \times 1 + (1-\lambda) \times 0 = \lambda$$

实验次数为 n，1 出现的概率为 λ 的二项分布，它的期望值是 k 取不同值时，各种情况的期望值之和，最终结果为 $n\lambda$，具体推导如下：

$$E(X) = \sum_{k=0}^{n} E(X_k) = \sum_{k=0}^{n} k \frac{n!}{k!(n-k)!} \lambda^k (1-\lambda)^{n-k}$$

$$= 0 + \sum_{k=1}^{n} \frac{n\lambda(n-1)!}{(k-1)![(n-1)-(k-1)]!} \lambda^{k-1} (1-\lambda)^{(n-1)-(k-1)}$$

$$= 0 + \sum_{k=1}^{n} \frac{n\lambda(n-1)!}{(k-1)![(n-1)-(k-1)]!} \lambda^{k-1} (1-\lambda)^{(n-1)-(k-1)}$$

$$= n\lambda \sum_{j=0}^{n-1} \frac{(n-1)!}{j![(n-1)-j]!} \lambda^j (1-\lambda)^{(n-1)-j}$$

$$= n\lambda$$

注意，$\sum_{j=0}^{n-1} \frac{(n-1)!}{j![(n-1)-j]!} \lambda^j (1-\lambda)^{(n-1)-j}$ 表示进行 $n-1$ 次实验，1 出现的概率为 λ 的二项分布之各种情况概率和，所以为 1。

通过 6.2 节的内容，你对概率的基本知识已经有所了解。我们通过抛硬币和驾驶汽车的例子，讲述了概率论中一些最基本也是最重要的概念，包括随机现象、随机变量、概率分布和期望值。离散型随机变量在计算机编程中的应用更为广泛。它可以和排列组合的思想结合起来，通过不同排列或组合的数量，计算每种情况出现的概率。如果将这种概率和每种情况下的复杂度数值结合起来，就可以计算复杂度的期望值。另外，离散型概率也可以运用在机器学习的分类算法中。例如，对于文本进行分类时，可以通过离散型随机变量表示每个分类或者每个单词出现的概率。不过在此之前，我们需要先理解另一些重要的概念，包括联合概率、条件概率和贝叶斯定理。

6.3 联合概率、条件概率和贝叶斯定理

6.2 节介绍了随机现象、随机变量以及概率分布这些比较简单的概念。学习这些概念是为了更精确地描述我们生活中的现象，以数学的视角看世界，以此解决其中的问题。但是实际生活中的现象并非都会像"抛硬币"那样简单。有很多影响因素都会影响我们去描述这些现象。例如，看似很简单的"抛硬币"，我们其实只是考虑了最主要的情况，粗略地将硬币出现的情况分为两种。其他情况例如，不同类型的硬币是否会影响正反面的概率分布呢？竖立的情况如何考虑呢？再如，在汽车速度的例子中，不同的交通路线是否会影响速度的概率分布呢？一旦影响

因素变多了，我们需要考虑的问题就多了。想要解决刚才那几个问题，更精确地描述这些现象，我们就需要理解几个新的概念，即联合概率、条件概率以及贝叶斯法则。从数学的角度来说，这些概念能描述现实世界中更为复杂的现象，从而建立更细致的数学模型。例如，我们后面要讲的朴素贝叶斯算法就是建立在联合概率、条件概率和边缘概率之上的。

6.3.1　联合概率、条件概率和边缘概率

最近我一直在研究儿子的成绩，为了弄清儿子在班级中的排名，我向老师要了一张全班学生的成绩单，如表 6-4 所示。

表 6-4　班级学生的成绩单

分数区间	[0~60)	[60~70)	[70~80)	[80~90)	[90~100)	总人数
男生	2	2	2	2	2	10
女生	2	2	2	2	2	10
总人数	4	4	4	4	4	20

这张表中有两个随机变量，一个是学生的性别，另一个是分数区间。我们很容易就可以得出，这个班中男生的概率是 $P(男生) = 10/20 = 50\%$，90 分及以上的学生的概率是 $P(90\sim100) = 4/20 = 20\%$。那么全班考了 90 分及以上的男生的概率是多少呢？我们只要找到 90 分以上的男生人数，用这个人数除以全班总人数就行了，也就是 $P(男生, 90\sim100) = 2/20 = 10\%$。

你有没有发现，"90 分及以上的男生"这个概率和之前单独求男生的概率或 90 分及以上的概率不一样。之前只有一个决定因素，现在这个概率由性别和分数区间这两个随机变量同时决定。这种由多个随机变量决定的概率称为联合概率，它的概率分布就是联合概率分布。随机变量 x 和 y 的联合概率使用 $P(x, y)$ 表示，所有情况下所产生的联合概率之和为 1。离散型随机变量的联合概率质量函数为：

$$\sum_{i=1}^{n}\sum_{j=1}^{m}P(x_i, y_j) = 1$$

连续型随机变量的联合概率密度函数为：

$$\int_x \int_y f(x, y)\mathrm{d}y\mathrm{d}x = 1$$

在表 6-5 中列出了这个例子里所有的联合概率分布，这里是离散型随机变量。

表 6-5　成绩单中的联合概率

分数区间	[0~60)	[60~70)	[70~80)	[80~90)	[90~100)
男生	10%	10%	10%	10%	10%
女生	10%	10%	10%	10%	10%

这里的例子只有两个随机变量，但是我们可以很容易扩展到更多的随机变量，例如再增加

一个学科的变量。那么，我们就可以观测这样的数据："班级中的女生数学考了 90 分及以上的概率是多少？"，其中女生是关于性别的变量，数学是关于学科的变量，而 90 分及以上是关于分数区间的变量。

那么联合概率和单个随机变量的概率之间有什么关联呢？对于离散型随机变量，我们可以通过联合概率 $P(x, y)$ 在 y 上求和得到 $P(x)$，公式如下：

$$P(x) = \sum_{j=1}^{m} P(x, y_j)$$

对于连续型随机变量，我们可以通过联合概率 $f(x, y)$ 在 y 上的积分推导出概率 $f(x)$，公式如下：

$$f(x) = \int_y f(x, y) \mathrm{d}y$$

这个时候，我们称 $P(x)$ 为边缘概率。除了边缘概率的推导，多个变量的联合概率和单个变量的概率之间还存在一个有趣的关系。在解释这个关系之前，我们先来介绍条件概率。

条件概率也是由多个随机变量决定的，但是和联合概率不同的是，它计算给定某个（或多个）随机变量的情况下，另一个（或多个）随机变量出现的概率，其概率分布叫作条件概率分布。给定随机变量 x，随机变量 y 的条件概率用 $P(y \mid x)$ 表示。回到成绩分布的案例。如果我更关心的是儿子和其他男生相比是否落后了，那么我的脑子里就产生了这样一个问题："在男生中，考 90 分及以上的概率是多少？" 仔细看，这个问题和前面几个有所不同，我只关心男生这个群体，所以解答应该是找到考了 90 分及以上的男生之人数，然后用这个人数除以男生总人数。注意，这里不再是除以全部的总人数。根据表 6-4 的数据来计算，$P(90 \sim 100 \mid 男生) = 2/10 = 20\%$。

解释清楚了条件概率，我们就可以列出概率、条件概率和联合概率之间的"三角"关系了。简单地说，联合概率是条件概率和概率的乘积，对于离散型随机变量，通用的公式如下：

$$P(x, y) = P(x \mid y) \times P(y)$$

$$P(y, x) = P(y \mid x) \times P(x)$$

我们仍然可以使用成绩的案例来验证这个公式。为了更清晰地表述这个问题，我们使用如下符号：

- $|男, 90 \sim 100|$ 表示考了 90 分及以上的男生人数；
- $|男|$ 表示男生人数；
- $|全班|$ 表示全班人数。

男生中考了 90 分及以上的概率为 $P(90 \sim 100 \mid 男生) = |男生, 90 \sim 100| / |男生|$，全班中男生的概率为 $P(男生) = |男生| / |全班|$。如果将 $P(90 \sim 100 \mid 男生)$ 乘以 $P(男生)$ 会得到什么结果呢？

$$(|男, 90 \sim 100| / |男生|) \times (|男生| / |全班|) = |男, 90 \sim 100| / |全班|$$

这就是全班中男生考了 90 分及以上的联合概率。

同样的道理，我们也可以得到适用于连续型随机变量的公式：

$$f(x, y) = f(x \mid y) \times f(y)$$

$$f(y, x) = f(y \mid x) \times f(x)$$

这种三角关系有很多应用的场景，下面介绍一个模拟的传染病案例。假设有一种基于病毒的传染病，它的发病率是 1%，检测某人是否患病的试剂的准确率是 99%。进行全民检测时，我们发现某人检测的结果为阳性。那么，此人真正患病的概率是多少？是不是 99% 呢？联合概率、条件概率和边缘概率就能帮助我们解决这个难题。

因为现实中基本上不存在准确率为 100% 的检测试剂，所以实际是否患病和检测出来是否患病不完全是一回事。我们可以通过一种叫作混淆矩阵的表格来分析，如表 6-6 所示。

表 6-6　试剂检测中的混淆矩阵

	实际患病	实际未患病
检测患病	真阳性（TruePositive）	假阳性（FalsePositive）
检测未患病	假阴性（FalseNegative）	真阴性（TrueNegative）

从表 6-6 可以看出一共有 4 种情况。根据这个混淆矩阵，如果一个人检测出患病，那么分两种情况。

（1）此人真的患病（真阳性），患病而且被试剂检测准确的识别，假设这两件事情是相互独立的，那么根据独立变量的联合概率公式 $P(x, y) = P(x \mid y) \times P(y) = P(x) \times P(y)$，这个概率是 1%（患病的比例）× 99%（试剂检测的准确率）= 0.0099。至于独立变量的联合概率公式，在 6.3.3 节会单独介绍。

（2）此人未患病（假阳性），未患病但是被试剂误检测为有病，那么根据独立变量的联合概率公式，这个概率是 99%（未患病的比例）× 1%（试剂检测的错误率）= 0.0099。

根据边缘概率、条件概率和联合概率之间的关系，在检测呈阳性的情况下，此人真的患病的概率是

$$P(TruePositive \mid TestPositive) = \frac{P(TruePostive, TestPositive)}{P(TestPositive)} = \frac{0.0099}{2 \times 0.0099} = 50\%$$

换言之，这种情况下，某人检测呈阳性时只有 50% 的概率为"真正"的患病，也就是真阳性占真假阳性的比例。实际上并没有那么可怕。所以，即使被检测出阳性，也并不是说明一定是患病了，真正患病的概率和发病率以及试剂的准确率都有关。

类似地，如果检测呈阴性，此人真正患病的概率是

$$P(FalseNegative \mid TestNegative) = \frac{P(FalseNegative, TestNegative)}{P(TestNegative)} = \frac{1\% \times 1\%}{(1\% \times 1\% + 99\% \times 99\%)}$$

$$\approx 0.01020\%$$

结果为万分之一左右，可能性非常小。

概率、条件概率和联合概率之间的这种"三角"关系有很多应用场景，也是著名的贝叶斯定理的核心，下面我以离散型随机变量为例来详细解释什么是贝叶斯定理，以及它可以运用在什么场景之中。

6.3.2　贝叶斯定理

假设有这样一个场景，我想知道男生考 90～100 分的概率是多少，从而评估一下我儿子在男生中处于什么水平。老师出于隐私保护，并没有将全班数据的分布告诉我，只是说："我可以告诉你全班考 90～100 分的概率，以及 90～100 分中男生的概率，但是不能告诉你其他信息了。"这个时候，贝叶斯定理就可以帮上忙。刚刚我提到：

$$P(x, y) = P(x \mid y) \times P(y)$$
$$P(y, x) = P(y \mid x) \times P(x)$$

所以就有：

$$P(x \mid y) \times P(y) = P(x, y) = P(y, x) = P(y \mid x) \times P(x)$$

$$P(x \mid y) = \frac{P(y \mid x) \times P(x)}{P(y)}$$

这就是非常经典的贝叶斯公式。为什么经典呢？是因为它有很多的应用场景，如朴素贝叶斯。在这个公式中，还包含了先验概率（Prior Probability）、似然函数（Likelihood）、边缘概率（Marginal Probability）和后验概率（Posterior Probability）的概念。这里，我们将 $P(x)$ 称为先验概率。之所以称为"先验"，是因为它属于以往的经验和分析，不需要经过贝叶斯定理的推导，例如从统计资料中得到的数据。

$P(y \mid x)$ 是给定 x 之后 y 出现的条件概率。在统计学中，也将 $P(y \mid x)$ 写作似然函数 $L(y \mid x)$。在数学里，似然函数和概率是有区别的。概率是指已经知道模型的参数来预测结果，而似然函数是根据观测到的结果数据来预估模型的参数。不过，当给定 y 值的时候，两者在数值上是相等的。$P(y)$ 可以通过联合概率 $P(x, y)$ 计算边缘概率得来，而联合概率 $P(x, y)$ 可以由 $P(y \mid x) \times P(x)$ 推出。而 $P(y \mid x)$ 是根据贝叶斯定理，通过先验概率 $P(x)$、似然函数 $P(y \mid x)$ 和边缘概率 $P(y)$ 推导而来，因此我们将它称为后验概率。回到刚才的案例，我可以通过这样的式子来计算男生考 90～100 分的概率：

$$P(90 \sim 100 \mid 男生) = \frac{P(男生 \mid 90 \sim 100) \times P(90 \sim 100)}{P(男生)}$$

只需要数一数班上男生人数有多少、总人数多少，就能算出 $P(男生)$。加上之前老师告诉我的 $P(男生 \mid 90 \sim 100)$ 和 $P(90 \sim 100)$，就能推算出 $P(90 \sim 100 \mid 男生)$ 了。这个例子就是通过先验概率推导出后验概率，这就是贝叶斯定理神奇的地方，也是它最主要的应用场景。当然，贝叶斯定理的应用还有很多，例如朴素贝叶斯分类算法，下一章我们会详细介绍。

6.3.3 随机变量之间的独立性

说到多个随机变量的联合概率和条件概率，你可能会产生一个问题：这些随机变量是否会相互影响呢？例如，性别和分数之间有怎样的关系？性别是否会影响分数的概率分布？在之前的成绩分布表中，我们可以得到：

$$P(90\sim100\,|\,男生) = 20\%$$

$$P(90\sim100\,|\,女生) = 20\%$$

$$P(90\sim100) = 20\%$$

所以，$P(90\sim100\,|\,男生) = P(90\sim100\,|\,女生) = P(90\sim100)$，也就是全班中考 90 分及以上的概率、男生中考 90 分及以上的概率、女生中考 90 分及以上的概率，这三者都是相等的。以此类推到其他的分数区间，同样如此。从这个数据中得出的结论就是性别对分数的区间没有影响。反之，我们也可以看到 $P(男生\,|\,90\sim100) = P(男生\,|\,80\sim90) = P(男生\,|\,70\sim80) = \cdots = P(男生) = 50\%$，也就是说分数区间对性别没有影响。这种情况下我们就说性别和分数这两个随机变量是相互独立的。相互独立会产生一些有趣的现象，根据其定义，我们可以得到：

$$P(x\,|\,y) = P(x)$$

$$P(y\,|\,x) = P(y)$$

此时将 $P(x\,|\,y) = P(x)$ 代入贝叶斯公式，就可以得到：

$$P(x,y) = P(x\,|\,y) \times P(y) = P(x) \times P(y)$$

说到这里，我们再来回顾一下二项分布。我们说过，二项分布中 n 次独立实验 k 次取值 1 的组合，其产生概率为 $\lambda^k(1-\lambda)^{n-k}$。由于每次实验都是相互独立的，因此 k 次取值为 1 的概率为 $\prod_{i=1}^{k}\lambda = \lambda^k$，而 $(n-k)$ 次取值为 0 的概率为 $\prod_{i=1}^{n-k}(1-\lambda) = (1-\lambda)^{n-k}$，总共 n 次实验的概率为 $\lambda^k(1-\lambda)^{n-k}$。

变量之间的独立性，可以帮我们简化计算。举个例子，假设有 6 个随机变量，每个变量有 10 种可能的取值，那么计算它们的联合概率 $P(x_1,x_2,x_3,x_4,x_5,x_6)$ 在实际中是非常困难的一件事情。根据排列，可能的联合取值会达到 10 的 6 次方，也就是 100 万。那么使用实际的数据进行统计时，我们也至少需要这个数量级的样本，否则很多联合概率分布的值就是 0，产生了数据稀疏的问题。但是，如果假设这些随机变量都是相互独立的，就可以将联合概率 $P(x_1,x_2,x_3,x_4,x_5,x_6)$ 转换为 $P(x_1) \times P(x_2) \times P(x_3) \times P(x_4) \times P(x_5) \times P(x_6)$。如此一来，只需要计算 $P(x_1)$ 到 $P(x_6)$ 就行了。

在实际项目中，我们会假设多个随机变量是相互独立的，并基于这个假设大幅简化计算，降低对数据统计量的要求。虽然这个假设通常是不成立的，但是仍然可以帮助我们得到近似的解。与实现的可行性和求解的精确度比较，可行性更为重要。在朴素贝叶斯分类算法中，我们会充分利用这一点，从有限的训练样本中构建分类器。

　　小结一下，本章讲述了概率论中一些最基本、最重要的概念，包括随机现象、随机变量、概率分布、期望值，以及和多个随机变量相关的联合概率、条件概率、边缘概率。贝叶斯定理定义了先验概率、后验概率和似然函数，后验概率和似然函数与先验概率的乘积成正比。此外，通过多个变量之间的独立性，我们可以简化联合概率的计算问题。贝叶斯定理和变量之间独立性的假设，对后面理解朴素贝叶斯算法很有帮助。如果有一定数量的标注数据，那么通过统计的方法可以很方便地得到先验概率和似然函数，然后推算出后验概率，最后依据后验概率来做预测。这整个过程符合监督式机器学习的模型训练和新数据预测两个阶段，因此朴素贝叶斯算法被广泛应用在机器学习的分类问题中。在下一章中我们将详细讨论这个算法。

第 7 章

朴素贝叶斯分类

本章将通过一些通俗易懂的案例来理解基于概率论的分类算法。先来看看人们是如何区分苹果、甜橙和西瓜的。你会觉得这个问题太简单了，可是要教会计算机进行这种区分就没那么容易了。如果你将计算机想象成一个两三岁的孩子，你会怎么教一个孩子区分这些水果呢？也许你们之间会有这样的对话：

小朋友：什么样的水果才是苹果呀？

你：圆形的、绿色的水果。

小朋友：西瓜也是圆形的、绿色的呀？

你：嗯……苹果也有可能是黄色或红色的，但西瓜不是。

小朋友：那甜橙也是圆形的、黄色的呀？

你：好吧，你看到的大部分情况下的甜橙都是黄色的，而苹果只有很少情况（少数品种）是黄色的。你还可以尝尝，它们的味道也是不同的。

最终，你会发现想要描述清楚，并没有想象中的那么容易。不过，更为重要的是下面两点。

- 使用了"可能""大部分情况""很少情况"等词，这些词包含了概率的概念；
- 使用了多个条件来判断一个水果属于哪个类别。

接下来我们将介绍如何通过数学的思想和方法来系统性地解决这个问题。其中，朴素贝叶斯（Naive Bayesian）是一个切实可行的方案。不过，在深入了解它之前，我们还需要做点准备工作。

7.1 原始信息的转化

事实上，计算机并不像两三岁的小孩那样，可以看到水果的颜色、形状和纹理，或者能尝到水果的味道。我们需要将水果的特征转化为计算机所能理解的数据。最常用的方式就是提取现实世界中的对象之属性，并将这些转化为数字。以水果为例，通常我们会考虑这些属性：形状、外皮颜色、斑马纹理、重量、握感、口感。假设我们手边有一个苹果、一个甜橙和一个西瓜，它们的属性列在了表 7-1 中。

表 7-1　3 个水果的属性

水果	形状	外观颜色	斑马纹理	重量	握感	口感
苹果	不规则圆	红色	无条纹	200.45 克	较硬	酸甜
甜橙	圆形	橙色	无条纹	150.92 克	较软	甜
西瓜	椭圆形	绿色	有条纹	6000.88 克	较硬	甜

然后，我们需要将这些属性转化为计算机能够理解的东西——数字，也就是说，我们给每种属性都定义了具体的数值，用来代表它们的具体属性，如表 7-2 所示。

表 7-2　3 个水果的属性值

水果	形状 不规则圆：1 圆形：2 椭圆形：3	外观颜色 红色：1 橙色：2 绿色：3	斑马纹理 无条纹：1 有条纹：2	重量 小于 200 克：1 200~500 克：2 大于 500 克：3	握感 较硬：1 较软：2	口感 酸甜：1 甜：2
苹果	1	1	1	2	1	1
甜橙	2	2	1	1	2	2
西瓜	3	3	2	3	1	2

你可能已经发现了，表 7-2 中的重量已经由连续值转化成了离散值，这是因为朴素贝叶斯处理的都是离散值，仅仅 3 个水果还不足以构成朴素贝叶斯分类所需的训练样本。为了保证训练的质量，我们可以继续扩展到 10 个水果，如表 7-3 所示。

表 7-3　10 个水果的属性值

水果	形状 不规则圆：1 圆形：2 椭圆形：3	外观颜色 红色：1 橙色：2 绿色：3	斑马纹理 无条纹：1 有条纹：2	重量 小于 200 克：1 200～500 克：2 大于 500 克：3	握感 较硬：1 较软：2	口感 酸甜：1 甜：2
苹果 a	1	1	1	2	1	1
苹果 b	1	1	1	1	1	1
苹果 c	2	3	1	1	2	1
甜橙 a	2	2	1	1	2	2
甜橙 b	2	2	1	2	2	2
甜橙 c	1	2	1	1	1	2
西瓜 a	3	3	2	3	1	2
西瓜 b	3	3	2	3	1	2
西瓜 c	3	3	2	3	1	2
西瓜 d	1	3	2	3	2	2

7.2　朴素贝叶斯的核心思想

　　现在已经拿到了这 10 个水果的数据，如果我手上有一个新的水果，它也有一定的形状、外观颜色、口感等，你怎么判断它是哪种水果呢？第 6 章讲过先验概率、后验概率、条件概率和贝叶斯定理，它们是朴素贝叶斯分类的核心组成部分。通过贝叶斯定理，我们可以根据先验概率和条件概率推导出后验概率。首先让我们快速回想一下贝叶斯公式：

$$P(x \mid y) = \frac{P(y \mid x) \times P(x)}{P(y)}$$

　　我已经详细解释了这个公式的推导和每一部分的含义，这里再强调一下贝叶斯定理的核心思想：用先验概率和条件概率推导后验概率。那么，具体到这里的分类问题，我们该如何运用这个公式呢？为了便于理解，我们可以将上述公式改写成这样：

$$P(c \mid f) = \frac{P(f \mid c) \times P(c)}{P(f)}$$

其中，c 表示一个分类（class），f 表示属性对应的数据字段（field）。如此一来，等号左边的 $P(c \mid f)$ 就是待分类样本中出现属性值 f 时，样本属于类别 c 的概率。而等号右边的 $P(f \mid c)$ 是根据训练数据统计得到分类 c 中出现属性 f 的概率。$P(c)$ 是分类 c 在训练数据中出现的概率，$P(f)$ 是属性 f 在训练样本中出现的概率。不过，这里的贝叶斯公式只描述了单个属性值属于某个分类的概率，可是我们要分析的每个水果都有很多属性，这该怎么办呢？朴素贝叶斯在这里就要发挥作用了。这是基于一个简单假设建立的一种贝叶斯方法，假定数据对象的不同属性对其归类影响时是相互独立的。此时若数据对象 o 中同时出现属性 f_i 与 f_j，则对象 o 属于类别 c 的概率就是这样：

$$P(c \mid o) = \frac{P(c, o)}{P(o)} = \frac{P(c, f_i, f_j)}{P(o)} = \frac{P(c)P(f_i \mid c)P(f_j \mid c, f_i)}{P(o)} = \frac{P(c)P(f_i \mid c)P(f_i \mid c)}{P(o)}$$

　　这个推导使用了第 6 章所介绍的贝叶斯定理和变量的独立性。当 f_i 和 f_j 相互独立时，$P(f_j \mid c, f_i) = P(f_j \mid c)$。现在，我们应该已经可以用 10 个水果的数据来建立朴素贝叶斯模型了。其中，苹果的分类中共包含 3 个数据实例，对形状而言，出现 2 次不规则圆、1 次圆形和 0 次椭圆形，因此各自的统计概率为 0.67、0.33 和 0.00。这些值称为给定一个水果分类时出现某个属性值的条件概率。以此类推，所有的统计结果如表 7-4 所示。

表 7-4　给定分类时，各个属性的条件概率

水果	形状	外观颜色	斑马纹理	重量	握感	口感
	不规则圆：1 圆形：2 椭圆形：3	红色：1 橙色：2 绿色：3	无条纹：1 有条纹：2	小于 200 克：1 200～500 克：2 大于 500 克：3	较硬：1 较软：2	酸甜：1 甜：2
苹果	1：0.67 2：0.33 3：0.00	1：0.67 2：0.00 3：0.33	1：1.00 2：0.00	1：0.67 2：0.33 3：0.00	1：0.67 2：0.33	1：1.00 2：0.00
甜橙	1：0.33 2：0.67 3：0.00	1：0.00 2：1.00 3：0.00	1：1.00 2：0.00	1：0.33 2：0.67 3：0.00	1：0.33 2：0.67	1：0.33 2：0.67
西瓜	1：0.25 2：0.00 3：0.75	1：0.00 2：0.00 3：1.00	1：0.00 2：1.00	1：0.00 2：0.00 3：1.00	1：0.75 2：0.25	1：0.25 2：0.75
总共	1：0.40 2：0.30 3：0.30	1：0.20 2：0.30 3：0.50	1：0.60 2：0.40	1：0.30 2：0.30 3：0.40	1：0.60 2：0.40	1：0.50 2：0.50

在做贝叶斯公式中的乘积计算时，我们会发现零概率，例如表 7-4 中出现的 0。此时，我们通常取一个比这个数据集里最小统计概率还要小的极小值来代替“零概率”，如这里取 0.01。在填充训练数据中从来没有出现过的属性值的时候，我们就会使用这种技巧，它的名字叫作平滑。有了这些条件概率，以及各类水果和各个属性出现的先验概率，我们已经建立起了朴素贝叶斯模型。现在，我们就可以用它进行朴素贝叶斯分类了。假设有一个新的水果，它的形状是圆形，口感是甜的，那么根据朴素贝叶斯模型，它属于苹果、甜橙和西瓜的概率分别是多少呢？先来计算一下它属于苹果的概率有多大。

$$P(apple \mid o) = \frac{P(apple)P(shape\text{-}2 \mid apple)P(taste\text{-}2 \mid apple)}{P(o)}$$

$$\approx P(apple)P(shape\text{-}2 \mid apple)P(taste\text{-}2 \mid apple)$$

$$= 0.30 \times 0.33 \times 0.01 = 0.00099$$

注意，因为 $P(o)$ 对于不同的分类都是一样的，所以这里省略了这部分，取得了近似值。其中，apple 表示分类为苹果，shape-2 表示形状属性的值为 2（也就是圆形），taste-2 表示口感属性的值为 2（也就是甜的）。以此类推，还可计算该水果分别属于甜橙和西瓜的概率：

$$P(orange \mid o) = \frac{P(orange)P(shape\text{-}2 \mid orange)P(taste\text{-}2 \mid orange)}{P(o)}$$

$$\approx P(orange)P(shape\text{-}2 \mid orange)P(taste\text{-}2 \mid orange)$$

$$= 0.30 \times 0.67 \times 0.67 = 0.13467$$

$$P(watermelon \mid o) = \frac{P(watermelon)P(shape\text{-}2 \mid watermelon)P(taste\text{-}2 \mid watermelon)}{P(o)}$$

$$\approx P(watermelon)P(shape\text{-}2 \mid watermelon)P(taste\text{-}2 \mid watermelon)$$

$$= 0.40 \times 0.01 \times 0.75 = 0.003$$

比较这 3 个数值，有 0.00099 < 0.003 < 0.13467，所以计算机可以得出结论，该水果属于甜橙的可能性是最大的，或者说，这个水果最有可能是甜橙。这几个公式里的概率乘积通常都非常小，在物品的属性非常多的时候，这个乘积可能小到计算机无法处理的程度。因此，在实际应用中，我们还会采用一些数学方法进行转换（比如取对数将小数转换为绝对值大于 1 的负数），原理都是一样的。

通过上述这些内容，我们可以看出朴素贝叶斯分类主要包括以下几个步骤。

（1）准备数据：针对水果分类这个案例，我们收集了若干水果的实例，并从水果的常见属性入手，将其转化为计算机所能理解的数据。这种数据也称为训练样本。

（2）建立模型：通过手头上水果的实例，我们让计算机统计每种水果、属性出现的先验概率，以及在某个水果分类下某种属性出现的条件概率。这个过程也称为基于样本的训练。

（3）分类新数据：对于一个新水果的属性数据，计算机根据已经建立的模型进行推导计算，得到该水果属于每个分类的概率，实现了分类的目的。这个过程也称为预测。

讲述到这里，你可能会有一个问题：贝叶斯定理中的概率及其关系都是从理论出发进行推导的，可是上述计算中的概率都是基于若干水果样本计算得出的。这两者一致吗？确实，我们无法直接得知这些变量最真实的值，而只能通过大量的历史资料统计各项数据，然后对这些概率值进行预估。此时，你需要理解似然和最大似然。似然也称似然函数，表示在统计参数固定的情况下一系列观测值的可能性有多大。换成随机变量来理解，就是在随机变量的概率分布固定的情况下，让这个随机变量输出取值若干次，然后判断这组输出产生的可能性有多大。回到第 6 章介绍的抛硬币案例，假设这枚硬币被抛出之后出现正反面的概率各为 50%。将此枚硬币抛了 10 次之后，我们观测到正面 6 次、反面 4 次，那么出现这种局面的可能性或者说似然是 $0.5^6 \times 0.5^4 = 0.5^{10} = 0.0009765625$。现在重新假设这枚硬币被抛出之后出现正反面的概率不一样，正面出现的概率为 60%，而反面出现的概率为 40%。又抛了 10 次，仍然观测到正面 6 次、反面 4 次，那么似然是 $0.6^6 \times 0.4^4 = 0.046656 \times 0.0256 = 0.0011943936$。可以看到，第二次的似然比第一次的似然大。也就说，如果抛 10 次硬币，观测到正面 6 次、反面 4 次，那么我们认为此枚硬币正反面概率分别为 60% 和 40% 的可能性比正反面概率各为 50% 的可能性更高。实际上，理论可以证明如果观测到正面 6 次、反面 4 次，那么此枚硬币正反面概率分别为 60% 和 40% 会使似然最大化，这也就是我们所说的"最大似然"。而求取最大似然的方法叫最大似然估计。下面我就以抛硬币的例子，对离散型随机变量的最大似然估计进行理论上的推导。

假设某枚硬币为一个随机变量 x，抛出它之后，出现正面的概率为 x_1，出现反面的概率为 x_2，且 $x_1 + x_2 = 1$。抛出硬币一共 n 次，其中 a_1 次出现正面，a_2 次出现反面，且 $a_1 + a_2 = n$，那么求似然有如下公式：

$$\mathcal{L} = x_1^{a_1} \times x_2^{a_2} = x_1^{a_1} \times (1 - x_1)^{a_2}$$

而我们要求 x_1 取值为多少时，这个似然会取得最大值。当 $x_1 \rightarrow 0$ 和 $x_1 \rightarrow 1$ 的时候，似然都会趋近于 0，并且似然是大于 0 的，所以当 x_1 取某个值的时候会得到最大似然。为了求这个最大值，我们首先对上述式子两边取对数，结果如下：

$$\ln \mathcal{L} = a_1 \ln x_1 + a_2 \ln(1 - x_1)$$

在求乘积的极值时，取对数是常见操作。一方面对数可以保证极值所对应的 x_1 值不变，另一方面可以将乘积操作转换为求和操作，从而降低对计算机系统的精度要求。然后，使用取对数后的似然对变量 x_1 求偏导，得到：

$$\frac{\partial \ln \mathcal{L}}{\partial x_1} = \frac{a_1}{x_1} + \frac{a_2}{1 - x_1} \times (-1)$$

当上述式子为 0 的时候，就能得到最大值，所以有：

$$\frac{a_1}{x_1} + \frac{a_2}{1 - x_1} \times (-1) = 0$$

$$\frac{a_1}{x_1} = \frac{a_2}{1 - x_1}$$

$$a_1(1 - x_1) = a_2 x_1$$

$$x_1 = \frac{a_1}{a_1 + a_2}$$

推导的结论是，要让似然取值最大，需要让 x_1 的取值为 $\dfrac{a_1}{a_1 + a_2}$，而这个值正好是观测到的正面次数除以抛硬币的总次数。也就是说，如果我们认为似然取值最大的时候其对应的概率分布是最接近真实概率分布的，就可以根据观测到的频次来近似真实的概率值。通常统计的数量越多，这个值越接近真实的概率值。根据数学归纳法，这个证明可以推广到多于两个变量的函数。而连续型随机变量也可以以此类推。

7.3　基于朴素贝叶斯算法的文本分类

我们经常会浏览手机 App 推送的新闻。你有没有觉得这些 App 的推荐算法很神奇呢？它们竟然可以根据你的喜好来推荐新闻。想要实现这些推荐算法，有一个非常重要的步骤就是给新闻分类。可是，新闻头条这种综合性的平台需要处理的新闻都是海量的，我们不可能完全靠人工处理这些新闻。这个时候，我们就要用到计算机技术来对文本进行自动分类。上一节介绍了如何利用朴素贝叶斯方法，教会计算机进行最基本的水果分类。基于水果分类，下面我们继续深入分类这个话题，讲述如何利用自然语言处理和朴素贝叶斯方法，对新闻这种长篇文本进行分类。

7.3.1 文本分类系统的基本框架

想要实现一个完整的文本分类系统，我们通常需要进行以下步骤。

（1）采集训练样本。对于每个数据对象，我们必须告诉计算机它属于哪个分类。上一节的水果案例里，我们给每个水果打上"苹果""甜橙""西瓜"的标签，这就是采集训练样本。同样，我们可以给每一篇新闻打上标签，也就是说，我们首先要分辨某篇新闻是什么类型，如政治的、军事的、财经的、体育的还是娱乐的等。这一点非常关键，因为分类标签就相当于计算机所要学习的标准答案，其质量高低直接决定了计算机的分类效果。此外，我们也可以在一开始就预留一些训练样本，专门用于测试分类的效果。

（2）预处理自然语言。在水果的案例中，当我们将这些水果的特征值提取出来后，能很容易地将它们的属性转化成计算机所能处理的数据，可是这一步对文本而言就没有那么容易了。好在专家们已经发明出了一套相对成熟的方法，包括词袋（bag of words）、分词、取词干（stemming）和归一化（normalization）、停用词（stop word）、同义词（synonyms）和扩展词处理。

（3）训练模型。训练模型就是算法通过训练数据进行模型拟合的过程。对朴素贝叶斯方法而言，训练的过程就是要获取每个分类的先验概率、每个属性的先验概率以及给定某个分类时出现某个属性的条件概率。

（4）实时分类预测。算法模型在训练完毕后，根据新数据的属性来预测它属于哪个分类的过程。对朴素贝叶斯方法而言，分类预测的过程就是根据训练阶段所获得的先验概率和条件概率，来预估给定一系列属性的情况下属于某个分类的后验概率。综合以上几个步骤，整个流程大致可以用图 7-1 来描述。

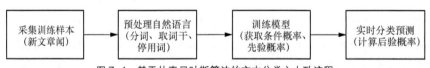

图 7-1　基于朴素贝叶斯算法的文本分类之大致流程

我们假设训练样本已经就绪，并重点介绍其他 3 个模块。对文本中的自然语言进行预处理，主要是指从文本集合建立字典；而朴素贝叶斯模型的构建，是指使用建好的字典，统计朴素贝叶斯方法所需的数据；最后的分类预测，是指利用构建好的朴素贝叶斯模型，对新的数据样本进行预测。

7.3.2 自然语言的预处理

和之前的水果案例相比，新闻这种文本数据的最大区别在于，它包含了大量的自然语言。那么如何让计算机理解自然语言呢？我们的计算机体系没有思维，要理解人类的语言在现阶段是不现实的。但是，我们仍然可以对自然语言进行适当的处理，将其变为机器所能处理的数据。

首先要知道文本的重要属性是什么，这样我们才能提取出它的特征。怎么才能知道哪些属性是重要的呢？举个例子，有人给你一篇几千字的文章，让你在 10 秒之内说出文章大意，你会怎么办？大部分人的解决方案是"找关键词"。没错，我们也可以交给计算机用同样的办法。而计算机处理文本的基本单位就是字和词，这就是人们最常用的方法：词袋模型。这种模型会忽略文本中的词出现的顺序以及相应的语法，而将整篇文章仅仅看作是一个大量的词的组合。文本中每个词的出现都是独立的，不依赖于其他词的出现情况。实际上，词袋模型中的所有词相互之间是独立的假设，和朴素贝叶斯模型的独立假设是一致的。所以我们就可以很巧妙地将朴素贝叶斯和文本处理结合起来了。

1. 分词

计算机处理自然语言的基本单位是词和词组。对于英语等拉丁语系的语言，单词之间是以空格作为自然分界符的，所以我们可以直接使用空格对句子进行分割，然后来获取每个单词。但是，使用中文、日文、韩文这些语言书写的时候，词和词之间并没有空格可以进行自然分界，所以我们就需要使用一些算法来估计词之间的划分，我们将这个过程称为分词。这里有一个中文分词的例句：

分词前：今天我们一起来学习计算机学科中的数学知识

分词后：今天 我们 一起 来 学习 计算机 学科 中 的 数学 知识

目前有很多现成的分词模型可以使用。第一种是在第 4 章提到过的基于字符串匹配。如果发现字符串的子串和词相同，就算匹配成功。匹配规则通常是"正向最大匹配""逆向最大匹配""长词优先"。这些算法的优点是只需使用基于字典的匹配，因此计算复杂度低；缺点是处理歧义词效果不佳。第二种是基于统计和机器学习。这类分词基于人工标注的词性和统计特征，对中文进行建模。训练阶段，根据标注好的语料对模型参数进行估计。在分词阶段再通过模型计算各种分词出现的概率，将概率最大的分词作为最终结果。常见的序列标注模型有隐马尔可夫模型（hidden Markov model，HMM）和条件随机场（conditional random field，CRF），我们在后面章节会讲到，这里暂不展开。

2. 取词干和归一化

我们刚才说过，相对于中文而言，英文完全不需要考虑分词。不过英文有中文不具有的单复数、各种时态情况，因此需要考虑取词干。取词干的目标就是减少词的变化形式，将派生词转化为基本形式，就像下面这样：

将 am、is、are、was、were 全部转化为 be

将 car、cars、car's、cars'全部转化为 car

最后，我们还要考虑大小写转化和多种拼写形式（例如 color 和 colour）这样的统一化，我们将这种做法称为归一化。

3. 停用词

无论何种语言，都会存在一些不影响（或基本不影响）相关性的词。有的时候干脆可以指定一个称为停用词（stop word）的字典，直接将这些词过滤，而不予以考虑。例如英文中的 a、an、the、that、is、good、bad 等。中文"的、个、你、我、他、好、坏"等。如此一来，我们可以在基本不损失语义的情况下，减少数据文件的大小，从而提高计算机的处理效率。当然，也要注意停用词的使用场景，例如对于用户观点分析，good 和 bad 这样的形容词反而成了关键，不仅不能过滤，反而要加大它们的权重。

4. 同义词和扩展词

不同的地域或者不同时代，会导致人们对于同样物品的叫法不同。例如，中国北方将"番茄"称为"西红柿"，而中国台湾地区将"菠萝"称为"凤梨"。对计算机而言，需要意识到这两个词是等价的。添加同义词就是一个很好的手段。我们可以维护如下同义词词典：

番茄，西红柿
菠萝，凤梨
洋山芋，土豆
泡面，方便面，速食面，快餐面
山芋，红薯
鼠标，滑鼠
……

有了这样的词典，当看到文本中出现关键词"番茄"的时候，计算机系统就会将其等同于"西红柿"这个词。有的时候我们还需要扩展词。如果简单地将 Dove 分别和多芬、德芙等价，那么多芬和德芙这两个完全不同的品牌也变成了同义词，这样做明显是有问题的。那么我们可以采用扩展关系，当系统看到文本中的"多芬"时将其等同于"Dove"，看到"德芙"时将其等同于"Dove"，但是看到"Dove"时并不将其等同于"多芬"或"德芙"。

5. 词袋模型和 TF-IDF 机制

词袋模型是自然语言处理领域十分常用的文档表示方法。这种模型假设文本（无论是一个句子还是一篇文档），都可以用一堆单词来表示，就像把装在一个大的袋子里。这种表示方式不考虑单词出现的顺序、句法以及文法。另外，通常词袋模型还认为每个单词的出现都是独立的，这一点和一元语法是相同的。请看下面这两句话：

- I do not like this phone
- Like not phone do this I

在词袋模型看来，这两句话没有区别。那么针对多篇的文档，词袋模型是如何工作的呢？这里以下面两个句子为例来解释：

- I do not like this phone
- I do not want to leave, I really like this place

基于这两个句子构造一个字典，每个不同的单词出现一次且仅一次，结果如表 7-5 所示。

表 7-5　基于两个句子构造的字典

ID	单词
1	i
2	do
3	not
4	like
5	this
6	phone
7	want
8	to
9	leave
10	really
11	place

注意，这里使用的是将句子全部转化为小写之后的处理结果。这个字典总共包含了 11 个不同的单词，利用字典的索引号，上面每个句子都可以用一个 11 维的向量表示，如下所示：

$$[1,1,1,1,1,1,0,0,0,0,0]$$

$$[2,1,1,1,1,0,1,1,1,1,1]$$

其中，向量的每一维都表示一个单词，而这一维分量表示某个单词在这个句子中出现的次数。实际上，除了文本，每个单词也可以用向量来表示，这种词向量的维度大小为整个词汇表的大小，而对于每个具体的词汇表中的单词，我们将对应的位置设置为 1。例如对于 ID 为 1 的单词 I，词向量就是 $[1,0,0,0,0,0,0,0,0,0,0]$，而 ID 为 11 的单词 place，词向量就是 $[0,0,0,0,0,0,0,0,0,0,1]$。这种词向量的编码方式叫作独热（one hot）编码或者独热表示。不仅是单词，多元语法同样可以使用这种编码方式，词向量或者说多元组向量的每一维对应于某个单词或多元组。这种编码方式没有考虑单词相互之间的位置关系，也导致了词向量和文本向量非常稀疏。无论如何，词袋通过单词的字典，很简洁地表示了文本。文本向量中的每一维分量，除了可以用单词的词频来表示，还可以使用 TF-IDF 的机制，其中 TF 是 "term frequency"（词频）的英文缩写，而 IDF 是 "inverted document frequency"（逆文档频率）的英文缩写，下面来具体解释一下这种机制是如何运作的。

假设有一个文档集合，c 表示整个集合，d 表示其中一篇文档，t 表示一个词，tf 表示词频，也就是一个词 t 在文档 d 中出现的次数。一般的假设是，词 t 在文档中的 tf 越高，表示该词对该文档 d 而言越重要。当然，篇幅更长的文档可能拥有更高的 tf 值。另外，idf 表示了逆文档频率。首先，df 表示文档频率，即文档集合 c 中出现某个词 t 的文档数量。一般的假设是，

某个词 t 在整个文档集合 c 中出现在越多的文档中，那么其重要性越低，反之则越高。刚开始你可能对此感觉有点困惑，但是仔细想想这并不难理解。例如"的，你，我，他，是"这种词经常会出现在文档中，但是不代表什么具体的含义。再举个例子，在体育新闻的文档集合中，"比赛"一词可能会出现在上万篇文档中，但它并不能使某篇文档变得特殊。相反，如果只有几篇文档讨论到"足球"，那么这几篇文档和足球运动的相关性就远远高于其他文档。"足球"这个词在文档集合中就应该具有更高的权重。对此，通常用 df 的反比例指标 idf 来表示，基本公式如下：

$$idf = \log \frac{N}{df}$$

其中， N 是整个文档集合中的文档数量， $\log$ 是为了确保 idf 分值不要远远高于 tf 而埋没 tf 的贡献，默认取以 10 为底。所以词 t 的 df 越低，其 idf 越高， t 的重要性越高。那么综合起来， $tf\text{-}idf$ 的基本公式表示如下：

$$tf\text{-}idf = tf \times idf = tf \times \log \frac{N}{df}$$

也就是说，一个词 t 在文档 d 中的词频 tf 越高，且在整个集合中的 idf 也越高， t 对 d 而言就越重要。因此，对于给定的文档集合，我们可以使用某个词的 $tf\text{-}idf$ 值来替代这个词的词频 tf ，进行文档向量的构建，这就是 TF-IDF 机制的主要思想。在一般的应用场景中，采用 TF-IDF 机制的处理都会有比较好的效果。我们还是以上述的两个句子为例，假设文档集合只包含这两个句子，使用 TF-IDF 之后，两者的向量变为：

$$[0,0,0,0,0,0,0.301,0,0,0,0,0]$$
$$[0,0,0,0,0,0,0.301,0.301,0.301,0.301,0.301]$$

其中很多维度的值为 0，原因是那些词在两篇文档中都出现了，所以 idf 为 0。在真实的文档集合中，除非是很常见的停用词，否则这种情况基本上不会发生。这里涉及了一些向量的概念，如果你还不能完全理解，也不用担心，线性代数部分会详细讲解相关的内容。

7.3.3 朴素贝叶斯模型的构建

通过词袋模型的假设，以及上述这些自然语言处理的方法，我们可以将整篇文档切分为一个个的词，这些是表示文档的关键属性。不难发现，每个词可以作为文档的属性，而通过这些词的词频（出现的频率），我们很容易进行概率的统计。表 7-6、表 7-7 和表 7-8 分别给出了分类的先验概率、词的先验概率和某个分类下某个词的条件概率的示例。

表 7-6　每个分类的先验概率

分类	数量	先验概率	词总词频
政治	1000	20%	726898

续表

分类	数量	先验概率	词总词频
军事	800	16%	897213
财经	900	18%	311241
体育	1100	22%	549329
娱乐	1200	24%	353210
总共	5000	100%	2837891

表 7-7 每个词的先验概率

词	词频	先验概率
中国	300	0.0106%
美国	80	0.0028%
电影	90	0.0032%
奥运	50	0.0018%
清宫戏	150	0.0053%
世界杯	40	0.0014%
航母	80	0.0028%
...	...	...
总共	2837891	100%

表 7-8 某个分类下某个词的条件概率

分类	词	词频	条件概率
政治	中国	80	0.0110%
军事	中国	100	0.0111%
财经	中国	50	0.0161%
体育	中国	40	0.0073%
娱乐	中国	30	0.0075%
政治	美国	80	0.0028%
军事	美国	...	...
...	...	...	...
政治	航母	25	0.0034%
军事	航母	48	0.0053%
财经	航母	7	0.0022%
体育	航母	0（1）	0.0002%
娱乐	航母	0（1）	0.0003%
...	...	...	...
/	总计	2837891	/

在表 7-8 中，你会发现某些词从未在某个分类中出现，例如"航母"这个词从未在"体育"

和"娱乐"这两个分类中出现。对于这种情况，我们仍然使用平滑技术，将其词频或条件概率设置为一个极小的值。这里，我们将其设置为了最小的词频，也就是 1。有了这些词属性以及相应的概率统计，下一步就是如何使用朴素贝叶斯模型进行文本的分类了。

7.3.4　朴素贝叶斯模型的预测

先来回顾一下上一节推导的朴素贝叶斯公式：

$$P(c\,|\,o) = \frac{P(c,o)}{P(o)} = \frac{P(c,f_i,f_j)}{P(o)} = \frac{P(c)P(f_i\,|\,c)P(f_j\,|\,c,f_i)}{P(o)} = \frac{P(c)P(f_i\,|\,c)P(f_j\,|\,c)}{P(o)}$$

在新闻分类中，o 表示一篇文章，c 表示新闻的种类（包括政治、军事、财经等），属性字段 f 就是我们从文档集合而建立的各种单词。在公式中，$P(c\,|\,f)$ 就是待分类新闻中出现单词 f 时该新闻属于类别 c 的概率，$P(f\,|\,c)$ 是根据训练数据统计得到分类 c 中出现单词 f 的概率，$P(c)$ 是分类 c 在新闻训练数据中出现的概率，$P(f)$ 是单词 f 在训练样本中出现的概率。当然，一篇文章所包含的不同的单词数量要远远大于两个，如果我们考虑更长的文章（也就是更多的单词），那么上述公式可扩展为：

$$P(c\,|\,o) = \frac{P(c,f_1,f_2,\cdots,f_{n-1},f_n)}{P(o)} = \frac{P(c)P(f_1\,|\,c)P(f_2\,|\,c,f_1)\cdots P(fn\,|\,c,f_1,f_2,\cdots,f_{n-1})}{P(o)}$$

$$= \frac{P(c)P(f_1\,|\,c)P(f_2\,|\,c)\cdots P(f_n\,|\,c)}{P(o)}$$

这里假设每篇待分类的文章出现的概率 $P(o)$ 是相等的，那么上述公式可以简化如下：

$$P(c\,|\,o) = \frac{P(c)P(f_1\,|\,c)P(f_2\,|\,c)\cdots P(f_n\,|\,c)}{P(o)} \approx P(c)P(f_1\,|\,c)P(f_2\,|\,c)\cdots P(f_n\,|\,c)$$

由于我省略了 $P(o)$ 的计算，因此只需用表 7-6 和表 7-8 中的数据来近似"中国航母"这个短语属于每个分类的概率。

$$P(时政|中国航母) \approx P(时政)P(中国|时政)P(航母|时政) = 20\% \times 0.0110\% \times 0.0034\% = 7.48 \times 10^{-10}$$

$$P(科技|中国航母) \approx P(科技)P(中国|科技)P(航母|科技) = 16\% \times 0.0111\% \times 0.0053\% \approx 9.41 \times 10^{-10}$$

$$P(财经|中国航母) \approx P(财经)P(中国|财经)P(航母|财经) = 18\% \times 0.0161\% \times 0.0022\% \approx 6.38 \times 10^{-10}$$

$$P(体育|中国航母) \approx P(体育)P(中国|体育)P(航母|体育) = 18\% \times 0.0073\% \times 0.0002\% \approx 2.63 \times 10^{-11}$$

$$P(娱乐|中国航母) \approx P(娱乐)P(中国|娱乐)P(航母|娱乐) = 24\% \times 0.0075\% \times 0.0003\% \approx 5.4 \times 10^{-11}$$

可以看出，"中国航母"这个短语本身属于"时政"和"科技"两个分类的可能性最高，而属于"体育"的可能性最低。需要注意的是，我在上述公式使用了中文词是为了便于你的理解，在真正的实现中，我们需要将中文词和中文分类名称转换为数字型的 ID，以提高系统的效率。这里需要注意一个很实际的问题：文章的篇幅很长，常常会导致非常多的 $P(f\,|\,c)$ 连续乘积。

$P(f|c)$ 通常是非常小的数值，因此最后的乘积将快速趋近于 0 以至于计算机无法识别。这里可以使用之前提到的一些数学方法进行转换，例如对数变换，将小数转换为绝对值大于 1 的负数。这样的转换，虽然会改变每篇文章属于每个分类的概率之绝对值，但是并不会改变这些概率的相对大小。

7.3.5　朴素贝叶斯分类的实现

首先我们来看实验所用的数据。这里使用清华大学自然语言处理实验室推出的中文数据集 THUCNews[①]，这个数据集根据新浪新闻 RSS 订阅频道 2005—2011 年间的历史数据筛选过滤生成，包含 83 万多篇新闻文档，均为 UTF-8 纯文本格式。清华大学自然语言处理实验室在原始新浪新闻分类体系的基础上，重新整合划分出 14 个候选分类类别：财经、彩票、房产、股票、家居、教育、科技、社会、时尚、时政、体育、星座、游戏、娱乐。读者可以在下载资源中获取这个数据。

解压之后，打开每一篇后缀为.txt 的文档，你会看到第一行是新闻标题，而剩下的就是新闻正文。下载了数据之后，我们还要确保安装了必备的 Python 包。这里使用了 jieba 中文分词和 sklearn 库所带的 TF-IDF 功能，使用代码清单 7-1 中的命令安装它们。

代码清单 7-1　安装 jieba 和 sklearn

```
pip install jieba
pip install sklearn
```

先列出分类器相关的代码，为了代码的可读性更好，将模型的训练和预测分别写入两个函数 train 和 predict。训练函数 train 的代码如代码清单 7-2 所示。

代码清单 7-2　朴素贝叶斯训练的代码

```
# 训练分类模型的函数
def train(data_path, dict_path):
    # 获取 THUCNews 数据集目录下的所有新闻，并进行分词，然后添加到文档集 corpus
    from os import listdir
    from os.path import isfile, isdir, join
    import jieba
    import pickle
    from sklearn.feature_extraction.text import TfidfVectorizer


    categories = [f for f in listdir(data_path) if isdir(join(data_path, f))]

    corpus = []
    corpus_label = []
```

---

① 可以在异步社区本书的下载资源中下载本数据集。

```
print('采样新闻内容...')
# 获取每篇新闻稿，根据比例采样。对于进入采样的新闻，进行分词然后加入 corpus
i = 0
sample_fraction = 0.01    # 采样比例
# 获取所有新闻分类
for category in categories:
    # 获取当前新闻分类下的所有文档
    for doc in listdir(join(data_path, category)):

        # 如果进入采样
        if (i % (1/sample_fraction) == 0):
            # 记录当前新闻的分类标签
            corpus_label.append(category)

            # 读取当前新闻的内容
            doc_file = open(join(data_path, category, doc), encoding = 'utf-8')

            # 采用隐马尔可夫模型分词
            corpus.append(' '.join(jieba.cut(doc_file.read(), HMM=True)))
            if i % 100000 == 0:
                print(i, ' finished')

        i += 1


print('新闻分类的模型拟合...')
# 将文档中的词转换为字典和相应的向量，构建 tfidf 的值，不采用规范化，采用 idf 的平滑
tfidf_vectorizer = TfidfVectorizer(norm=None, smooth_idf=True)
tfidf = tfidf_vectorizer.fit_transform(corpus)

# 将向量化后的词典存储下来，便于新文档的向量化
pickle.dump(tfidf_vectorizer, open(dict_path, 'wb'))

# 构建最基本的朴素贝叶斯分类器
mnb = MultinomialNB(alpha=1.0, class_prior=None, fit_prior=True)
# 通过 tfidf 向量和分类标签，进行模型的拟合
mnb.fit(tfidf, corpus_label)

return mnb
```

　　这里有两点需要注意：第一是数据采样，如果采用全部的 THUCNews 数据，那么硬件开销比较大，过程耗时比较长，所以这里采用了 1%的采样数据来构建模型；第二是向量化之后词典的存储，这里使用 pickle 将这个词典导出，稍后在预测函数中加载它，就能保证新的文档和训练文档的词汇集是一致的。然后是预测函数 predict 的代码，如代码清单 7-3 所示。

代码清单 7-3　朴素贝叶斯预测的代码

```python
# 加载分类模型并进行预测的函数
def predict(dict_path, mnb, topic):
    import jieba
    import pickle


    # 构建主题的 tfidf 向量，这里从存储的词典中加载词汇，便于确保训练和预测的词汇一致
    topic = [' '.join(jieba.cut(topic, HMM = True))]
    tfidf_vectorizer = pickle.load(open(dict_path, 'rb'))
    topics_tfidf = tfidf_vectorizer.transform(topic)

    # 根据训练好的模型来预测输入主题的分类
    return mnb.predict(topics_tfidf[0])[0]
```

这里 train 和 predict 函数都使用了 tfidf 向量的构建。最后通过代码清单 7-4 的主体函数来调用 train 和 predict 函数。

代码清单 7-4　朴素贝叶斯的测试

```python
# 主体函数
from pathlib import Path

data_path = str(Path.home()) + '/Coding/data/chn_datasets/THUCNews'
dict_path = 'feature.pkl'

from sklearn.naive_bayes import MultinomialNB
mnb = train(data_path, dict_path)

# 对输入的主题进行分类
while True:
    topic = input('请告诉我你所关心的新闻主题：')
    if topic == '退出':
        break

    print(predict(dict_path, mnb, topic))
```

运行后你可以输入不同的问题，系统会自动帮你分类，例如：

新闻分类的模型拟合...
请告诉我你所关心的新闻主题：中国足球的近况
体育
请告诉我你所关心的新闻主题：苹果新款手机何时发布
科技
请告诉我你所关心的新闻主题：

经过一些测试发现，即使只使用了 1%采样的数据，分类效果也已经达到了预期。

本章从一个看似非常简单的判断水果的例子出发介绍了如何通过物体的属性及其数值，让计算机理解现实世界中的事物，并通过朴素贝叶斯方法来对其进行分类。在朴素贝叶斯方法的推导过程中，我们讲述了如何使用贝叶斯公式，将后验概率的估计转换为先验概率和条件概率。朴素贝叶斯训练过程包括基于样本数据的先验概率和条件概率统计，分类过程就包括了使用贝叶斯公式，结合新样本的属性数据以及训练好的模型数据，进行最终的预测。

此外，本章还讲解了文档分类的几个关键步骤，其中最重要的是自然语言的处理、分类模型的训练和预测。自然语言的处理是关键的预处理步骤，它将文档转换成计算机所能处理的数据。常见方法包括中文分词，英文的取词干和归一化，还有适用于各种语言的停用词、同义词和扩展词、词袋和 TF-IDF 向量等。如果不考虑这些词出现的先后顺序，以及表达的深层次语义，那么我们就可以使用词袋的方法，将大段的文章和语句转化成词所组成的集合。之后，我们就能统计每个词属于每个分类的条件概率，以及分类和词的先验概率。一旦将文档表示为词的集合，我们就会发现朴素贝叶斯的模型非常适合文档的分类。因为所有词出现的词频都是离散值，非常适合统计概率。此外，许多新闻之类的文档本身就跨了多个领域，因此有可能属于多个分类，朴素贝叶斯也能支持这一点。

第8章

马尔可夫过程

第 7 章介绍了用于分类的朴素贝叶斯算法，它利用贝叶斯定理和变量之间的独立性预测一篇文章属于某个分类的概率。除了朴素贝叶斯分类，概率的知识还广泛地应用在其他机器学习算法中。本章我们来学习基于概率和统计的语言模型、马尔可夫模型和隐马尔可夫模型，以及其背后的原理（马尔可夫过程）。

8.1 语言模型

语言模型在不同的领域、不同的学派都有不同的定义和实现，因此为了避免歧义，我这里先说明一下，我们谈到的语言模型，都是指基于概率和统计的模型。在解释语言模型之前，我们先来看两个重要的概念。第一个是链式法则，第二个是马尔可夫假设及其对应的多元文法模型。为什么要先介绍这两个概念呢？这是因为链式法则可以将联合概率转化为条件概率，而马尔可夫假设通过变量间的独立性来减少条件概率中的随机变量，两者结合就可以大幅简化计算的复杂度。

8.1.1 链式法则

链式法则是概率论中一个常用法则，它使用一系列条件概率和边缘概率来推导联合概率。具体表现形式如下：

$$P(x_1, x_2, \cdots, x_n) = P(x_1) \times P(x_2 \mid x_1) \times P(x_3 \mid x_1, x_2) \times \cdots \times P(x_n \mid x_1, x_2, \cdots, x_{n-1})$$

其中，x_1 到 x_n 表示 n 个随机变量。这个公式是怎么来的呢？我们用联合概率、条件概率和边缘概率这三者之间的关系来推导一下：

$$P(x_1, x_2, \cdots, x_n) = P(x_1, x_2, \cdots, x_{n-1}) \times P(x_n \mid x_1, x_2, \cdots, x_{n-1})$$
$$= P(x_1, x_2, \cdots, x_{n-2}) \times P(x_{n-1} \mid x_1, x_2, \cdots, x_{n-2}) \times P(x_n \mid x_1, x_2, \cdots, x_{n-1})$$
$$= \cdots$$
$$= P(x_1) \times P(x_2 \mid x_1) \times P(x_3 \mid x_1, x_2) \times \cdots \times P(x_n \mid x_1, x_2, \cdots, x_{n-1})$$

推导的每一步都使用了 3 种概率之间的关系。当这 n 个随机变量相互独立时，链式法则就简化为朴素贝叶斯所使用的公式。

8.1.2　马尔可夫假设

理解了链式法则，我们再来看看马尔可夫假设。这个假设的内容是：给定随机过程的当前状态和过去状态，其将来状态的概率分布仅仅依赖当前状态。而满足马尔可夫假设的随机过程称为马尔可夫过程，也可以说这个过程具有马尔可夫性质。我们还可以将其扩展为多阶马尔可夫假设，也就是说将来状态的概率分布仅仅依赖前若干个状态。

对满足马尔可夫假设的文本分析而言，可以说任何一个词 w_i 出现的概率只和它前面的 1 个或若干词有关。基于这个假设，我们可以提出多元文法（Ngram）模型。Ngram 中的 "N" 很重要，它表示任何一个词出现的概率只和它前面的 $N-1$ 个词有关。以二元文法模型为例，它表示某个词出现的概率只和它前面的 1 个词有关。也就是说，即使某个词出现在一个很长的句子中，我们也只需要看前面那 1 个词。用公式来表示就是这样：

$$P(w_n \mid w_1, w_2, \cdots, w_{n-1}) \approx P(w_n \mid w_{n-1})$$

如果是三元文法，就说明某个词出现的概率只和它前面的 2 个词有关。即使某个词出现在很长的一个句子中，它也只看相邻的前 2 个词。用公式来表示就是这样：

$$P(w_n \mid w_1, w_2, \cdots, w_{n-1}) \approx P(w_n \mid w_{n-1}, w_{n-2})$$

你也许会好奇，那么一元文法呢？按照字面的意思，就是每个词出现的概率和前面 0 个词有关。这其实说明，每个词的出现都是相互独立的，这和朴素贝叶斯的假设一致，推导如下：

$$P(w_n \mid w_1, w_2, \cdots, w_{n-1}) \approx P(w_n)$$
$$P(w_1, w_2, \cdots, w_n) = P(w_1) \times P(w_2 \mid w_1) \times P(w_3 \mid w_1, w_2) \times \cdots \times P(w_n \mid w_1, w_2, \cdots, w_{n-1})$$
$$\approx P(w_1) \times P(w_2) \times \cdots \times P(w_n)$$

弄明白链式法则和马尔可夫假设之后，我们现在来看语言模型。

8.1.3　模型推导

假设 d 表示某篇文档，s 表示某个有意义的句子，而这个句子由一连串按照特定顺序排列的词 $w_1, w_2, \cdots, w_n$ 组成，这里 n 是句子里词的数量。注意，s 不一定出现在 d 中。现在，我们想

知道根据文档 d 的统计数据，s 在 d 中出现的可能性，即 $P(s|d)$，那么我们可以将它表示为 $P(s|d) = P(w_1, w_2, \cdots, w_n|d)$。假设我们这里考虑的都是在集合 d 的情况下发生的概率，所以可以忽略 d，写为 $P(s) = P(w_1, w_2, \cdots, w_n)$。到这里，我们碰到了第一个难题，就是如何计算 $P(w_1, w_2, \cdots, w_n)$？要在集合中找到一模一样的句子，基本是不可能的。这个时候，我们就需要使用链式法则。我们可以将这个式子改写为：

$$P(w_1, w_2, \cdots, w_n) = P(w_1) \times P(w_2|w_1) \times P(w_3|w_1, w_2) \times P(w_4|w_1, w_2, w_3) \times \cdots \times P(w_n|w_1, w_2, \cdots, w_{n-1})$$

问题似乎是解决了。因为通过文档集合 C，你可以知道 $P(w_1)$、$P(w_2|w_1)$ 这种概率。不过，再往后看，好像 $P(w_3|w_1, w_2)$ 很低，$P(w_4|w_1, w_2, w_3)$ 就更低了，一直到 $P(w_n|w_1, w_2, \cdots, w_{n-1})$ 基本上就为 0 了。我们可以使用上一节提到的平滑技巧，减少 0 概率的出现。不过，如果太多的概率都是通过平滑的方式而得到的，那么模型和真实的数据分布之间的差距就会加大，最终预测的效果也会很差，所以平滑也不是解决 0 概率的最终办法。

除此之外，$P(w_1, w_2, \cdots, w_n)$ 和 $P(w_n|w_1, w_2, \cdots, w_{n-1})$ 还不只会导致 0 概率，它还会使模型的存储空间急剧增加。为了统计现有文档集合中 $P(w_1, w_2, \cdots, w_n)$ 这类值，我们就需要生成很多的计数器。我们假设文档集合中有 m 个不同的词，那么从中挑出 n 个词的可重复排列的数量就是 m^n。此外，还有 m^{n-1}，m^{n-2}，$\cdots$。当然，你可以做一些简化，不考虑词出现的顺序，那么问题就变成了可重复组合，但是数量仍然非常巨大。那么，如何解决 0 概率和高复杂度的问题呢？马尔可夫假设和多元文法模型在这里就能帮上大忙了。如果我们使用三元文法模型，上述公式可以改写为：

$$P(w_1, w_2, \cdots, w_n) = P(w_1) \times P(w_2|w_1) \times P(w_3|w_1, w_2) \times P(w_4|w_2, w_3) \times \cdots \times P(w_n|w_{n-2}, w_{n-1})$$

这样，系统的复杂度大致在 $(C(m,1) + C(m,2) + C(m,3))$ 这个数量级，其中 $C(m,n)$ 表示从 m 个中取 n 个组合的数量。而且 $P(w_n|w_{n-2}, w_{n-1})$ 为 0 的概率也会大大低于 $P(w_n|w_1, w_2, \cdots, w_{n-1})$（其中 $n \gg 3$）为 0 的概率。当然，多元文法模型中的 N 还是不能太大。随着 N 的增大，系统复杂度仍然会快速升高，就无法体现出多元文法的优势了。

8.2 语言模型的应用

基于概率的语言模型，已经在机器翻译、语音识别和中文分词中得到了成功应用。近几年来，人们也开始在信息检索领域中尝试语言模型。下面我们就来讲一下语言模型在信息检索和中文分词这两个方面是如何发挥作用的。

8.2.1 信息检索

信息检索很关心的一个问题就是相关性，也就是说，给定一个查询，哪篇文档是更相关的。那么，语言模型如何来描述查询和文档之间的相关度呢？显然，语言模型采用了概率。一种常

见的做法是计算 $P(d\,|\,q)$ ，其中 q 表示一个查询，d 表示一篇文档。$P(d\,|\,q)$ 表示用户输入查询 q 的情况下，文档 d 出现的概率是多少。这个概率越高，我们就认为 q 和 d 之间的相关度越高。通过我们手头的文档集合，并不能直接获得 $P(d\,|\,q)$ ，好在我们已经学习了贝叶斯定理，通过这个定理，我们可以将 $P(d\,|\,q)$ 重写如下：

$$P(d\,|\,q) = \frac{P(q\,|\,d) \times P(d)}{P(q)}$$

对于同一个查询，其出现概率 $P(q)$ 都是相同的，我们还可以假设同一篇文档 d 的出现概率 $P(d)$ 也是固定的，因此可以忽略它们，我们只需要关注如何计算 $P(q\,|\,d)$ 。语言模型为我们解决了如何计算 $P(q\,|\,d)$ 的问题，用 $k_1, k_2, \cdots, k_n$ 表示查询 q 里包含的 n 个关键词。根据之前的链式法则公式，可以重写为这样：

$$P(q\,|\,d) = P(k_1, k_2, \cdots, k_n\,|\,d) = P(k_1\,|\,d) \times P(k_2\,|\,k_1, d) \times P(k_3\,|\,k_1, k_2, d) \times \cdots \times P(k_n\,|\,k_1, k_2, \cdots, k_{n-1}, d)$$

为了提升效率，我们也使用马尔可夫假设和多元文法。假设是三元文法，那么我们可以写成这样：

$$P(q\,|\,d) = P(k_1, k_2, \cdots, k_n\,|\,d) = P(k_1\,|\,d) \times P(k_2\,|\,k_1, d) \times P(k_3\,|\,k_1, k_2, d) \times \cdots \times P(k_n\,|\,k_{n-2}, k_{n-1}, d)$$

最终，当用户输入一个查询 q 之后，对于每一篇文档 d ，我们都能获得 $P(d\,|\,q)$ 的值。根据每篇文档所获得的 $P(d\,|\,q)$ 这个值，由高到低对所有的文档进行排序。这就是语言模型在信息检索中的常见用法。

8.2.2   中文分词

和拉丁语系不同，中文存在分词的问题。如果想进行分词，你就可以使用语言模型。最普遍的分词方法之一是基于常用词的字典。如果在一个尚未分词的句子里发现了存在于字典里的词，我们就认为找到一个新的词，并将它切分出来。这种切分不会出现完全离谱的结果，但是无法解决某些歧义。我们下面来举个例子，原句是“乒乓球拍卖完了”。我们在读的时候，会有所停顿，你就能理解分词应该如何进行。可是，仅仅从字面来看，至少有以下几种分词方式：

- 乒乓|球|拍卖|完了
- 乒乓球|拍卖|完了
- 乒乓|球拍|卖完|了
- 乒乓|球|卖|完了

上面分词的例子，从字面来看都是合理的，所以这种歧义无法通过这个句子本身来解决。那么这种情况下，语言模型能为我们做什么呢？我们知道，语言模型是基于大量的语料来统计的，所以我们可以使用这个模型来估算哪种情况更合理。假设整个文档集合是 D ，要分词的句子是 s ，分词结果为 $w_1, w_2, \cdots, w_n$ ，那么我们可以求 $P(s)$ 为：

$$P(s \mid D) = P(w_1, w_2, \cdots, w_n \mid D) = P(w_1 \mid D) \times P(w_2 \mid w_1, D) \times P(w_3 \mid w_1, w_2, D) \times \cdots \times$$
$$P(w_n \mid w_1, w_2, \cdots, w_{n-1}, D)$$

请注意，在信息检索中，我们关心的是每篇文档产生一个句子（也就是查询）的概率，而这里可以是整个文档集合 D 产生一个句子的概率。根据链式法则和三元文法模型，上面的式子可以重写为：

$$P(s \mid D) = P(w_1, w_2, \cdots, w_n \mid D) = P(w_1 \mid D) \times P(w_2 \mid w_1, D) \times P(w_3 \mid w_1, w_2, D) \times \cdots \times$$
$$P(w_n \mid w_{n-2}, w_{n-1}, D)$$

也就是说，语言模型可以帮我们估算某种分词结果在文档集合中出现的概率。但是由于不同的分词方法会导致 w_1 到 w_n 的不同，因此就会产生不同的 $P(s \mid D)$。接下来，我们只要取最大的 $P(s \mid D)$，并假设这种分词方式是最合理的，就可以在一定程度上消除歧义。回到"乒乓球拍卖完了"这个句子，如果文档集合讲述的都是有关体育用品的销售，而不是拍卖行，那么"乒乓|球拍|卖完|了"这种分词的可能性应该更大。

8.3 马尔可夫模型

通过上一节我们知道，语言模型中有个重点：马尔可夫假设及对应的多元文法模型。如果我们将这一点进一步泛化，就能引出马尔可夫模型。也就是说，只要序列的每个状态之间存在转移的概率，我们就可以使用马尔可夫模型。有时候情况会更复杂，不仅每个状态之间的转移是按照一定概率进行的，就连每个状态本身也是按照一定概率分布出现的，那么还需要用到隐马尔可夫模型。在本节，我们来学习马尔可夫模型以及它在 PageRank 中的应用。在 8.4 节，我们将学习隐马尔可夫模型以及它在语音识别中的应用。

在介绍语言模型的时候，我们提到了马尔可夫假设，这个假设是说，每个词出现的概率和之前的一个或若干词有关。如果将词抽象为一个状态，那么我们就可以认为状态到状态之间是有关联的。前一个状态有一定的概率可以转移到下一个状态。如果多个状态之间的随机转移满足马尔可夫假设，那么这类随机过程就是一个马尔可夫随机过程。描述这类随机过程的统计模型就是马尔可夫模型（markov model）。

前面讲多元文法的时候，我们提到了二元文法、三元文法。对二元文法来说，某个词出现的概率只和前一个词有关。对应地，在马尔可夫模型中，如果一个状态出现的概率只和前一个状态有关，那么我们称它为一阶马尔可夫模型或者马尔可夫链。对应于三元、四元甚至更多元的文法，我们也有二阶、三阶等马尔可夫模型。我们先从最简单的马尔可夫模型-马尔可夫链开始看。图 8-1 的示例展示了马尔可夫链中各个状态的转移过程。

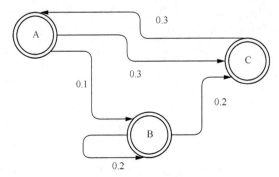

图 8-1　马尔可夫链中的状态转移

从图 8-1 你可以看到，从状态 A 到状态 B 的概率是 0.1，从状态 B 到状态 C 的概率是 0.2，等等。我们也可以使用表 8-1 的状态转移来表示这张图。

表 8-1　马尔可夫链中的状态转移

上个状态/下个状态	A	B	C
A	0	0.1	0.3
B	0	0.2	0.2
C	0.3	0	0

我们可以根据某个应用的需要，将上述状态转移表具体化。例如，对于语言模型中的二元文法模型，表 8-2 列出了一个示意表。

表 8-2　一阶马尔可夫链中的状态转移

上个状态/下个状态	我	去	学校
我	0	0.5	0.2
去	0.3	0.05	0.8
学校	0	0.1	0

当然，除了二元文法模型，马尔可夫链还有很多应用场景。谷歌公司最引以为傲的 PageRank 链接分析算法，其核心思想就是基于马尔可夫链。这个算法假设了一个"随机冲浪者"模型，冲浪者从某张网页出发，根据 Web 图中的链接关系随机访问。在每个步骤中，冲浪者都会从当前网页的链出网页中随机选取一张作为下一步访问的目标。在整个 Web 图中，绝大部分网页结点都会有链入和链出，那么冲浪者就可以永不停歇地冲浪，持续在图中访问下去。在随机访问的过程中，越是被频繁访问的链接，越为重要。可以看出，每个结点的 PageRank 值取决于 Web 图的链接结构。假如一个页面结点有很多的链入链接，或者链入的网页有较高的被访问率，那么它也将会有更高的被访问概率。那么，PageRank 的公式和马尔可夫链有什么关系呢？让我们先看看图 8-2 所示的一张 Web 拓扑图。

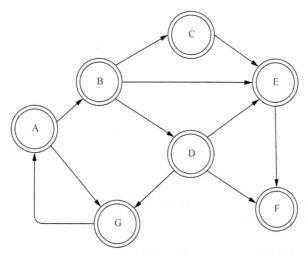

图 8-2　一个简单的 Web 拓扑图

　　其中 A、B、C 等结点分别代表页面，而结点之间的有向边代表页面之间的超链接。看了这张图后，你是不是觉得 Web 拓扑图和马尔可夫链的模型图基本上是一致的？我们可以假设每张网页就是一个状态，而网页之间的链接表明了状态转移的方向。这样，我们很自然地就可以使用马尔可夫链来描述"随机冲浪者"。另外，在最基本的 PageRank 算法中，我们可以假设每张网页的出度是 n，那么从这张网页转移到任何下一张相连网页的概率都是 $1/n$，因此这个转移的概率只和当前页面有关，满足一阶马尔可夫模型的假设。图 8-3 在图 8-2 的基础上添加了转移的概率。

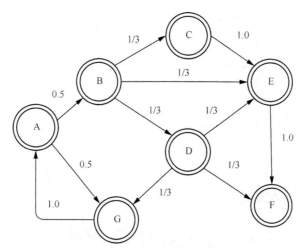

图 8-3　带有转移概率的 Web 拓展图

PageRank 在标准的马尔可夫链上引入了随机的跳转操作，也就是假设冲浪者不按照 Web

图的拓扑结构访问下去，而只是随机挑选了一张网页进行跳转。这样的处理是类比人们打开一张新网页的行为，也是符合实际情况的，避免了信息孤岛的形成。最终，根据马尔可夫链的状态转移以及随机跳转，PageRank 的公式定义如下：

$$PR(p_i) = \alpha \sum_{p_j \in M_i} \frac{PR(p_j)}{L(p_j)} + \frac{(1-\alpha)}{N}$$

其中，p_i 表示第 i 张网页，M_i 是 p_i 的入链接集合，p_j 是 M_i 集合中的第 j 张网页。$PR(p_j)$ 表示网页 p_j 的 PageRank 得分，$L(p_j)$ 表示网页 p_j 的出链接数量，$1/L(p_j)$ 就表示从网页 p_j 跳转到 p_i 的概率。α 是用户不进行随机跳转的概率，N 表示所有网页的数量。

Python 的 networkx 包已经实现了 PageRank 算法，我们可以使用代码清单 8-1 来计算图 8-3 中每个结点的最终 PageRank 值。

代码清单 8-1   计算图 8-3 中每个结点的 PageRank 值

```
import networkx as nx

# 创建图 8-3 所示的有向图
G = nx.DiGraph()
G.add_nodes_from(['A', 'B', 'C', 'D', 'E', 'F', 'G'])
G.add_edge('A', 'B', weight=0.5)
G.add_edge('A', 'G', weight=0.5)
G.add_edge('B', 'C', weight=1/3)
G.add_edge('B', 'D', weight=1/3)
G.add_edge('B', 'E', weight=1/3)
G.add_edge('C', 'E', weight=1)
G.add_edge('D', 'E', weight=1/3)
G.add_edge('D', 'F', weight=1/3)
G.add_edge('D', 'G', weight=1/3)
G.add_edge('E', 'F', weight=1)
G.add_edge('G', 'A', weight=1)

# 计算并输出 PageRank
pr = nx.pagerank(G, alpha=0.85)
print(pr)
```

8.4   隐马尔可夫模型

从最简单的马尔可夫链到多阶的马尔可夫模型都可以描述基于马尔可夫假设的随机过程，例如概率语言模型中的多元文法和 PageRank 这类链接分析算法。但是，这些模型都是假设每个状态对我们都是已知的，例如在概率语言模型中，一个状态对应词"上学"，另一个状态对应词"书包"。可是，有没有可能对于某些状态我们是未知的呢？下面我们就来详细讲一下这种情况。

8.4.1 模型的原理

在某些现实的应用场景中，我们是无法确定马尔可夫过程中某个状态的取值的。这种情况下，最经典的案例就是语音识别。使用概率对语音进行识别的过程和语言模型类似，因此我们可以将每个待识别的词对应为马尔可夫过程中的一个状态。不过，语音识别所面临的困难更大。例如，下面这个句子全都是拼音，你能看出它表示什么意思吗？

ni(三声) zhi(一声) dao(四声) wo(三声) zai(四声) deng(三声) ni(三声) ma(一声)

中国有句古话说得好，"白纸黑字"，写在文档里的文字对于计算机是确定的，"嘛""吗""妈"不会弄错。可是，如果你说一句"你知道我在等你吗"，听众可能一直弄不明白为什么要等别人的妈妈，除非你给他们看文字版的内容，证明最后一个字是口字旁的"吗"。另外，再加上各种地方的口音、唱歌的发音或者不标准的拼读，情况就更糟糕了。如果计算机只知道某个词的发音，而不知道它具体怎么写，那么我们就认为计算机只能观测到每个状态的部分信息，而另外一些信息被"隐藏"了起来。这个时候，我们就需要用隐马尔可夫模型来解决这种问题。隐马尔可夫模型有两层：一层是我们可以观测到的数据，称为"输出层"；另一层是我们无法直接观测到的状态，称为"隐藏状态层"，如图 8-4 所示。

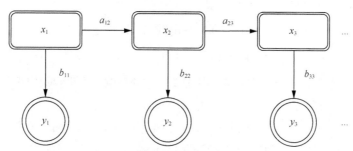

图 8-4 隐藏状态层和输出层的关系

其中，x_1、x_2、x_3 等属于隐藏状态层，a_{12} 表示从状态 x_1 到 x_2 的转移概率，a_{23} 表示了从状态 x_2 到 x_3 的转移概率。这一层和普通的马尔可夫模型是一致的，可惜在隐马尔可夫模型中我们无法通过数据直接观测到这一层。我们所能看到的是 y_1、y_2、y_3 等代表的"输出层"。另外，b_{11} 表示从状态 x_1 到 y_1 的输出概率，b_{22} 表示从状态 x_2 到 y_2 的输出概率，b_{33} 表示从状态 x_3 到 y_3 的输出概率，等等。那么在这个两层模型示例中，"隐藏状态层"产生"输出层"的概率是多少呢？这是由一系列条件概率决定的，具体的公式如下：

$$P(x_1) \times P(y_1 \mid x_1) \times P(x_2 \mid x_1) \times P(y_2 \mid x_2) \times P(x_3 \mid x_2) \times P(y_3 \mid x_3) = P(x_1) \times b_{11} \times a_{12} \times b_{22} \times a_{23} \times b_{33}$$

其实这个公式的推导是可以通过贝叶斯定理和链式法则来实现的。首先，我们可以这样从概率论的角度来解释语音识别的过程：已知用户发音的情况下，这句话对应哪些文字的概率是最大的？也就是让概率 $P(w_1,\cdots,w_n \mid p_1,\cdots,p_n)$ 最大化，其中 $p_1,\cdots,p_n$ 表示 n 个发音，而 $w_1,\cdots,w_n$ 表示 n 个发音所对应的 n 个词。那么，概率 $P(w_1,\cdots,w_n \mid p_1,\cdots,p_n)$ 又该如何求解呢？

（1）通过贝叶斯定理，将概率 $P(w_1,\cdots,w_n \mid p_1,\cdots,p_n)$ 换一种方式来表示：

$$P(w_1,\cdots,w_n \mid p_1,\cdots,p_n) = \frac{P(p_1,\cdots,p_n \mid w_1,\cdots,w_n) \times P(w_1,\cdots,w_n)}{P(p_1,\cdots,p_n)}$$

在上面这个式子中，因为发音是固定的，所以分母 $P(p_1,\cdots,p_n)$ 保持不变，可以忽略。

（2）集中来看分子，将分子拆分为两部分来看：

$$P(p_1,\cdots,p_n \mid w_1,\cdots,w_n)$$

$$P(w_1,\cdots,w_n)$$

（3）对于第二步所拆解出来的分子的第一部分，通过链式法则将它重写为：

$$P(p_1,\cdots,p_n \mid w_1,\cdots,w_n) = P(p_1 \mid w_1,\cdots,w_n) \times P(p_2 \mid p_1,w_1,\cdots,w_n) \cdots P(p_n \mid p_{n-1},\cdots,p_1,\cdots,w_1,\cdots,w_n)$$

假设对于某个发音 p_x，只有对应的词 w_x，而其他词不会对这个发音产生影响，也就是说发音 p_x 是独立于除 w_x 之外的变量，那么上述公式可以写为：

$$P(p_1 \mid w_1,\cdots,w_n) \times P(p_2 \mid p_1,w_1,\cdots,w_n) \times \cdots P(p_n \mid p_{n-1},\cdots,p_1,\cdots,w_1,\cdots,w_n)$$
$$\approx P(p_1 \mid w_1) \times P(p_2 \mid w_2) \times \cdots \times P(p_n \mid w_n)$$

（4）我们再来看分子的第二部分，同样使用链式法则将它重写为：

$$P(w_1,w_2,\cdots,w_n) = P(w_1) \times P(w_2 \mid w_1) \times P(w_3 \mid w_2,w_1) \times \cdots \times P(w_n \mid w_{n-1},\cdots,w_1)$$

根据马尔可夫假设，每个状态只受到前若干状态的影响，这里我们假设只受到前 1 个状态的影响，所以分子的第二部分可以继续重写为：

$$P(w_1,w_2,\cdots,w_n) = P(w_1) \times P(w_2 \mid w_1) \times P(w_3 \mid w_2,w_1) \times \cdots \times P(w_n \mid w_{n-1},\cdots,w_1)$$
$$\approx P(w_1) \times P(w_2 \mid w_1) \times P(w_3 \mid w_2) \times \cdots \times P(w_n \mid w_{n-1})$$

这样，就完成了隐马尔可夫模型最基本的推导过程。当然，这个公式还是略显复杂，图 8-5 对其进行了进一步的可视化。

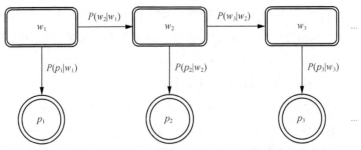

图 8-5　在语音识别中，隐藏状态层和输出层分别对应于词和发音

下面我们使用两个例子来解释隐马尔可夫模型如何消除语音识别中的歧义。假设正在进行普通话语音识别，计算机接受了一个词组的发音。

xiang(四声)mu(四声) kai(一声)fa(一声) shi(四声)jian(四声)

根据我们手头上的语料数据，这个词组有多种可能，这里列出两种。

1.　"项目开发时间"

在这种情况下，3 个确定的状态是"项目""开发"和"时间"3 个词。从"项目"转移到"开发"的概率是 0.25，从"开发"转移到"时间"的概率是 0.3。从"项目"输出"xiang（三声）mu（四声）"的概率是 0.1，输出"xiang（四声）mu（四声）"的概率是 0.8，输出"xiang（四声）mu（一声）"的概率是 0.1，"开发"和"时间"也有类似的输出概率。整个过程如图 8-6 所示。

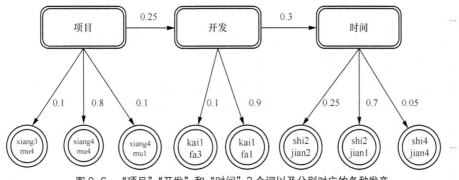

图 8-6　"项目""开发"和"时间"3 个词以及分别对应的各种发音

这个时候你可能会奇怪，"项目"的普通话发音就是"xiang（四声）mu（四声）"，为什么还会输出其他的发音呢？这是因为前面说的这些概率都是通过历史语料的数据统计而来的。在进行语音识别的时候，我们会通过不同地区、不同性别、不同年龄等人群采集发音的样本。如此一来，影响这个发音的因素就很多了，如方言、口音、误读等。当然，在正常情况下，大部分的发音还是标准的，所以"项目"这个词输出到"xiang（四声）mu（四声）"的概率是最高的。有了这些概率的分布，我们来看看"项目开发时间"这个词组最后生成的概率是多少。在两层模型的条件概率公式中，我们代入具体的概率值并进行如下的推导。

$P(项目) \times P(xiang4mu4|项目) \times P(开发|项目) \times P(kai1fa1|开发) \times P(时间|开发) \times P(shi4jian4|时间)$
$= P(项目) \times 0.8 \times 0.25 \times 0.9 \times 0.3 \times 0.05 = P(项目) \times 0.0027$

2.　"橡木开发事件"

在第二种可能性中，3 个确定的状态是"橡木""开发"和"事件"3 个词。从"橡木"转移到"开发"的概率是 0.015，从"开发"转移到"事件"的概率是 0.05。从"橡木"输出"xiang

（一声）mu（四声）"的概率是 0.2，输出"xiang（四声）mu（四声）"的概率是 0.8，"开发"和"事件"也有类似的输出概率，如图 8-7 所示。

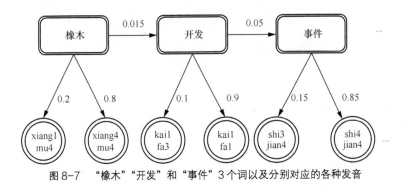

图 8-7   "橡木""开发"和"事件"3 个词以及分别对应的各种发音

和第一种情况类似，我们可以计算"橡木开发事件"这个词组最后生成的概率是多少，可用下面这个公式来推导：

$$P(橡木) \times P(xiang4mu4|橡木) \times P(开发|橡木) \times P(kai1fa1|开发) \times P(事件|开发) \times P(shi4jian4|事件)$$
$$= P(橡木) \times 0.8 \times 0.015 \times 0.9 \times 0.05 \times 0.85 = P(橡木) \times 0.000459$$

最后比较第一种和第二种情况产生的概率，分别是 $P(项目) \times 0.0027$ 和 $P(橡木) \times 0.000459$。假设 $P(项目)$ 和 $P(橡木)$ 相等，那么"项目开发时间"这个词组的概率更高。所以"xiang（四声）mu（四声）kai（一声）fa（一声）shi（四声）jian（四声）"这组发音，计算机会识别为"项目开发时间"。从中我们可以看出，尽管"事件"这个词产生"shi（四声）jian（四声）"这个发音的可能性更高，但是"橡木开发事件"这个词组出现的概率极低，因此最终计算机还是选择了"项目开发时间"，隐藏状态层起到了关键的作用。

8.4.2   模型的求解

通过隐马尔可夫模型的特征，我们可以很清楚地看出，这个模型的时间复杂度和两个主要因素相关：一个因素是每个隐藏状态可能的输出结果之数量 m，另一个因素是隐藏状态的数量 n。为了得出最为可能的输出序列，最基本的求法是排列组合所有可能的序列，然后求概率的最大值。可是，这个计算的时间复杂度是 $O(m^n)$，随着 m 和 n 的增加，时间复杂度都会呈指数级增长，对实时性的语音识别来说性能太差。为此，人们提出使用维特比（Viterbi）算法对隐马尔可夫模型进行高效的求解，或者说解码。Andrew Viterbi 在 1967 年提出维特比算法，这是一种有噪声的数据链路卷积码解码的解码算法，并被广泛地应用在 CDMA/GSM 数字蜂窝、卫星通信、802.11 无线局域网等通信领域，这里它同样适用于隐马尔可夫模型的高效解码。为什么维特比算法更高效？我们来观察一下隐马尔可夫模型的特点是什么，然后定位基本方法的问题在哪里，最后就能理解维特比算法的精髓了。

首先，我们使用"语音识别技术"示例将隐马尔可夫算法过程用一张图来表示，具体如图 8-8 所示。

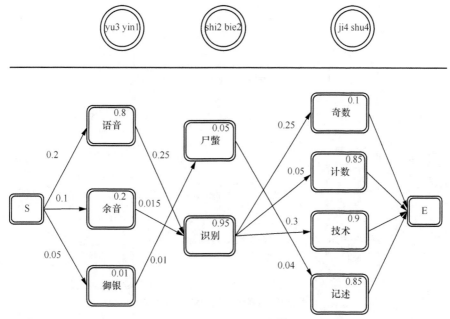

图 8-8　根据每个观测到的状态，列出所有可能的隐藏状态、隐藏状态的输出概率以及这些状态之间的转移概率

这张图列举了两种重要的信息：第一个是每个隐藏状态可能的取值及其对应观测值的输出概率；第二个是隐藏状态之间的转移概率。在每个状态方框内的数值表示这个状态输出观测值（发音）的概率，例如"语音"方框内的 0.8 表示"语音"输出发音 yu（三声）yin（一声）的概率为 0.8。状态之间的数值表示从前一个状态到后一个状态的转移概率，例如"语音"到"识别"之间的数值 0.25，表示从"语音"转移到"识别"的概率为 0.25。如果两个状态之间的转移概率为 0，那么意味着最终概率相乘的结果也肯定为 0，表示不是一个合法的解，所以我们就省去了这两个状态之间的边。另外需要注意的是，我们在开始和结束分别加入了两个结点 S（Start 为起始点）和 E（End 为终止点）。S 的作用在于表示第一个状态取值出现的概率，例如 S 和"语音"之间的 0.2 表示 P(语音) = 0.2。E 的作用在于求解最大的生成概率。

假设到第二个状态输出结束时的最大概率表示为 P_2，那么在求解 P_2 的时候，其实我们只需要知道第一个状态和第二个状态的数据，包括第一个状态的输出概率、第二个状态的输出概率，以及从第一个状态到第二个状态的转移概率。而之后的其他数据，例如第三个状态的输出概率或者从第二个状态到第三个状态的转移概率，对于 P_2 的计算都没有影响。所以相当大比例的排列组合是没有意义的，并浪费了大量的计算资源。为了改进这一点，维特比算法提出了一种动态规划算法，寻找所谓的维特比路径。我还是使用图 8-8 中的网格图来解释具体的求解过程，具体的内容更新在图 8-9 中。

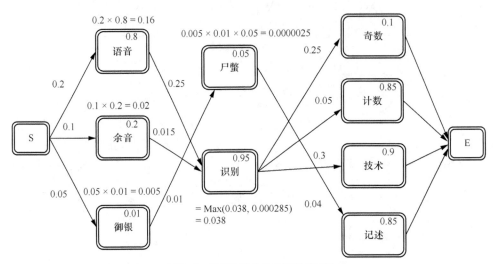

图 8-9　维特比算法的求解步骤示例

　　第一步，计算从 S 起始结点状态到第一个状态的概率。第一个状态有 3 种取值，从 S 到"语音"的概率是 $0.2 \times 0.8 = 0.16$，从 S 到"余音"的概率是 $0.1 \times 0.2 = 0.02$，以此类推，我们将计算的结果标注在每个状态取值的上方。

　　第二步，计算从第一个状态到第二个状态的概率，方法和上一步相同。需要注意的是，对于第二个状态的某一个值，有可能存在多条路径到达这个值，例如"识别"，既可能来自第一个状态中的"语音"，又可能来自"余音"，这个时候我们就需要比较哪个值大。经过第一步的计算，我们知道在观测值为 yu（三声）yin（一声）的情况下，"语音"的概率是 0.16，所以在前两个观测值为 yu（三声）yin（一声）shi（二声）bie（二声）的情况下，"语音""识别"的概率是 $0.16 \times 0.25 \times 0.95 = 0.038$，而"余音""识别"的概率是 $0.02 \times 0.015 \times 0.95 = 0.000285$。两者中取较大值 0.038，也就是说到"识别"这个结点为止，我们选取"语音识别"，而不是"余音识别"。以此类推，我们为每一个结点计算到这个结点为止的最大的概率。对于终止结点 E，我们将本次计算结果最大的值标注在图 8-10 中。

　　通过维特比算法中每个步骤的详细推导，你很容易算出它的时间复杂度。在每一步，我们要研究 m 个状态的取值，而总步数就是状态的数量 n，所以时间复杂度是 $O(m \times n)$，大大低于排列组合的时间复杂度 $O(m^n)$。理解了隐马尔可夫模型的优化求解之后，我们来使用 Python 代码进行实战演练。

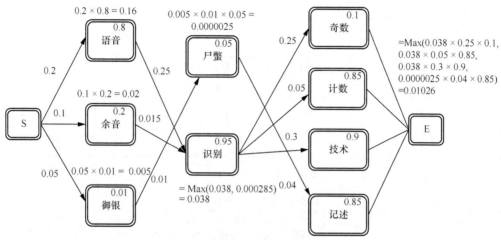

图 8-10 维特比算法的求解步骤示例

8.4.3 模型的实现

在 Python 中有多种隐马尔可夫模型的实现，这里我们会使用一个名为 hmmlearn 的库。这个库最初是在 sklearn 中出现的，后来独立出来，可以使用 pip 来安装。另外我们也需要使用 numpy，这是 Python 中用于科学计算的库。

在开始编码之前，我们需要列出全部的隐藏状态、状态间的转移概率，每个状态的输出概率以及起始概率。还是沿用之前的示例，每个隐藏状态表示某个实际的词，一共有 11 个词和 1 个句号，具体如下：

["语音", "余音", "御银", "玉音", "尸螯", "识别", "奇数", "基数", "计数", "技术", "记述", "。"]

对应的起始概率为：

[0.2, 0.1, 0.05, 0.1, 0.05, 0.2, 0.05, 0.05, 0.05, 0.1, 0.05, 0]

状态转移的概率用表 8-3 来表示。其中，行表示起始状态，列表示结束状态。

表 8-3 状态转移的概率

词	语音	余音	御银	玉音	尸螯	识别	奇数	基数	计数	技术	记述	。
语音	0	0	0	0	0	0.25	0	0	0	0	0	0.75
余音	0	0	0	0	0	0.015	0	0	0	0	0	0.985

续表

词	语音	余音	御银	玉音	尸螯	识别	奇数	基数	计数	技术	记述	。
御银	0	0	0	0	0.01	0	0	0	0	0	0	0.99
玉音	0	0	0	0	0	0	0	0	0	0	0	1
尸螯	0	0	0	0	0	0	0	0	0	0	0.04	0.96
识别	0	0	0	0	0	0	0.25	0	0.05	0.3	0	0.4
奇数	0	0	0	0	0	0	0	0	0	0	0	1
基数	0	0	0	0	0	0	0	0	0	0	0	1
计数	0	0	0	0	0	0	0	0	0	0	0	1
技术	0	0	0	0	0	0	0	0	0	0	0	1
记述	0	0	0	0	0	0	0	0	0	0	0	1
。	0	0	0	0	0	0	0	0	0	0	0	1

每个隐藏状态的输出概率用表 8-4 来表示。

表 8-4　隐藏状态的输出概率

词	yu3 yin4	yu3 yin1	yu4 yin1	yu2 yin1	yu4 yin2	shi4 bie2	shi2 bie2	shi1 bie1	ji1 shu4	ji4 shu4	ji1 shu1	ji4 shu1	ju4 hao4
语音	0.1	0.8	0.1	0	0	0	0	0	0	0	0	0	0
余音	0	0.2	0	0.8	0	0	0	0	0	0	0	0	0
御银	0	0.01	0	0	0.99	0	0	0	0	0	0	0	0
玉音	0	0	0.9	0.1	0	0	0	0	0	0	0	0	0
尸螯	0	0	0	0	0	0.1	0.05	0.85	0	0	0	0	0
识别	0	0	0	0	0	0	0.95	0.05	0	0	0	0	0
奇数	0	0	0	0	0	0	0	0	0.8	0.1	0.1	0	0
基数	0	0	0	0	0	0	0	0	0.7	0.1	0.2	0	0
计数	0	0	0	0	0	0	0	0	0.85	0	0.15	0	0
技术	0	0	0	0	0	0	0	0	0.05	0.9	0.05	0	0
记述	0	0	0	0	0	0	0	0	0	0.85	0.1	0	0.05
。	0	0	0	0	0	0	0	0	0	0	0	0	1

有了这些准备，我们就可以进入实际的编码环节，首先引入必要的 Python 包，并设置隐藏状态、输出状态、起始概率、隐藏状态之间的转移概率和隐藏状态的输出概率，如代码清单 8-2 所示。

代码清单 8-2　初始化数据的设置

```
import numpy as np
from hmmlearn import hmm

# 设置隐藏状态
```

```
states = ['语音', '余音', '御银', '玉音', '尸蜇', '识别', '奇数', '基数', '计数', '技术',
'记述', '。']
n_states = len(states)
# 设置输出状态
outputs = ['yu3yin4', 'yu3yin1', 'yu4yin1', 'yu2yin1', 'yu4yin2', 'shi4bie2',
'shi2bie2', 'shi1bie1', 'ji1shu4', 'ji4shu4', 'ji1shu1', 'ji4shu1', 'ju4hao4']
# 设置起始概率，也是就从 S 结点到第一个状态的转移概率
start_probability = np.array([0.2, 0.1, 0.05, 0.1, 0.05, 0.2, 0.05, 0.05, 0.05, 0.1,
0.05, 0])

# 设置隐藏状态之间的转移概率
transition_probability = np.array([
    [0, 0, 0, 0, 0, 0.25, 0, 0, 0, 0, 0, 0.75],
    [0, 0, 0, 0, 0, 0.015, 0, 0, 0, 0, 0, 0.985 ],
    [0, 0, 0, 0, 0.01, 0, 0, 0, 0, 0, 0, 0.99],
    [0, 0, 0, 0, 0, 0, 0, 0, 0, 0, 0, 1],
    [0, 0, 0, 0, 0, 0, 0, 0, 0, 0, 0.04, 0.96],
    [0, 0, 0, 0, 0, 0.25, 0, 0.05, 0.3, 0, 0.4],
    [0, 0, 0, 0, 0, 0, 0, 0, 0, 0, 0, 1],
    [0, 0, 0, 0, 0, 0, 0, 0, 0, 0, 0, 1],
    [0, 0, 0, 0, 0, 0, 0, 0, 0, 0, 0, 1],
    [0, 0, 0, 0, 0, 0, 0, 0, 0, 0, 0, 1],
    [0, 0, 0, 0, 0, 0, 0, 0, 0, 0, 0, 1]
])

# 设置每个隐藏状态的输出概率，这里使用离散的概率分布
emission_probability = np.array([
    [0.1, 0.8, 0.1, 0, 0, 0, 0, 0, 0, 0, 0, 0, 0],
    [0, 0.2, 0, 0.8, 0, 0, 0, 0, 0, 0, 0, 0, 0],
    [0, 0.01, 0, 0, 0.99, 0, 0, 0, 0, 0, 0, 0, 0],
    [0, 0, 0.9, 0.1, 0, 0, 0, 0, 0, 0, 0, 0, 0],
    [0, 0, 0, 0, 0, 0.1, 0.05, 0.85, 0, 0, 0, 0, 0],
    [0, 0, 0, 0, 0, 0.95, 0.05, 0, 0, 0, 0, 0, 0],
    [0, 0, 0, 0, 0, 0, 0, 0.8, 0.1, 0.1, 0, 0],
    [0, 0, 0, 0, 0, 0, 0, 0.7, 0.1, 0.2, 0, 0],
    [0, 0, 0, 0, 0, 0, 0, 0.85, 0.0, 0.15, 0],
    [0, 0, 0, 0, 0, 0, 0, 0.05, 0.9, 0.05, 0, 0],
    [0, 0, 0, 0, 0, 0, 0, 0.85, 0.1, 0, 0.05],
    [0, 0, 0, 0, 0, 0, 0, 0, 0, 0, 0, 1]
])
```

代码清单 8-3 根据之前的几个概率设置初始化 hmmlearn 这个包中的隐马尔可夫模型。

代码清单 8-3　初始化隐马尔可夫模型

```
# 生成 MultinomialHMM 模型，它使用了离散的概率分布
```

```
hmm_model = hmm.MultinomialHMM(n_components=n_states)
# 输入已经设置好的起始概率和转移概率
hmm_model.startprob_ = start_probability
hmm_model.transmat_ = transition_probability
# 因为 MultinomialHMM 使用了离散的概率分布，所以需要输入隐藏状态的输出概率
hmm_model.emissionprob_ = emission_probability
```

一切就绪之后，使用一个观测到的序列来识别隐藏状态，如代码清单 8-4 所示。

代码清单 8-4　通过观测序列识别隐藏状态

```
# 设置观测到的拼音，这里 1、6、9 是 outputs 的索引，分别对应"yu3yin1"、"shi2bie2"和"ji4shu4"
observed_list = [1, 6, 9]
# 根据观测到的序列，使用维比特算法预测最有可能的状态序列
logprob, word = hmm_model.decode(np.array([observed_list]).T, algorithm = 'viterbi')
print (' '.join(map(lambda x: outputs[x], observed_list)))
print (' '.join(map(lambda x: states[x], word)))
```

代码的运行结果如下：

```
yu3yin1 shi2bie2 ji4shu4
语音 识别 技术
```

其中，第一行表示原有的观测序列，第二行表示识别出来的隐藏状态序列。通过两者对比可以看出，隐马尔可夫模型已经正确地识别了这句话。再尝试另一个观测序列的例子，如代码清单 8-5 所示。

代码清单 8-5　通过另一个观测序列识别隐藏状态

```
# 设置观测到的拼音，这里 4、7、9 是 outputs 的索引，分别对应"yu4yin2"、"shi1bie1"和"ji4shu4"
observed_list = [4, 7, 9]
logprob, word = hmm_model.decode(np.array([observed_list]).T, algorithm = 'viterbi')
print (' '.join(map(lambda x: outputs[x], observed_list)))
print (' '.join(map(lambda x: states[x], word)))
```

代码的运行结果如下：

```
yu4yin2 shi1bie1 ji4shu4
御银 尸螫 记述
```

本章介绍了马尔可夫假设和马尔可夫模型。马尔可夫模型考虑了 n 个状态之间的转移及其对应的关系。这个状态是比较抽象的概念，在不同的应用领域代表不同的含义。在概率语言模型中，状态表示不同的词，状态之间的转移就代表了词按照一定的先后顺序出现。在 PageRank 这种链接分析中，状态表示不同的网页，状态之间的转移就代表了人们在不同网页之间的跳转。

在马尔可夫模型中，我们知道了每种状态及其之间转移的概率，然后求解序列出现的概率。然而，有些现实的场景更为复杂，例如我们观测到的不是状态本身，而是状态按照一定概率分布所产生的输出。针对这种情况，隐马尔可夫模型提出了一种两层的模型，同时考虑了状态之间转移的概率和状态产生输出的概率，为语音识别、手写识别、机器翻译等提供了可行的解决方案。

第 9 章

信息熵

概率在很多像信息论这样的应用数学领域都有广泛的应用。信息论最初就是运用概率和统计的方法来研究信息传递的。最近几十年，人们逐步开始使用信息论的概念和思想来描述机器学习领域中的概率分布，并衡量概率分布之间的相似性。随之而来的是，人们发明了不少相关的机器学习算法。所以接下来我们来介绍一些基于信息论知识的内容。

9.1 信息熵和信息增益

信息熵和集合内不同元素的分类有关，常被用于测量某个集合的纯净度。而信息增益描述了不同状态下信息熵的变化程度，被广泛地应用在机器学习的算法中。

9.1.1 性格测试中的信息熵

让我们从一个生动的案例开始。最近我在朋友圈常常看到一个小游戏，叫作"测一测你是金庸笔下的哪个人物"。玩这个游戏的步骤是，先做几道题，然后根据你的答案生成对应的结果。还有其他很多类似的游戏，如测星座、测运势等。你知道这种心理测试或者性格测试的题目是怎么设计的吗？通常，这种心理测试会有一个题库，其中包含了许多小题目，也就是从不同的方面来测试人的性格。不过，针对特定的测试目标，我们可能没必要让被测者回答所有的问题。那么，问卷设计者应该如何选择合适的题目，才能在读者回答尽量少的问题的同时相对准确地测出自己是什么"性格"呢？我们需要引入基于概率分布的信息熵的概念来解决这个问题。以"测测你是哪个武侠人物"的小游戏为例，表 9-1 列出 10 个人物。每个人物都有性别、智商、情商、侠义和个性共 5 个属性。相应地，我们会设计 5 道题目分别测试这 5 个属性所占的比例。最后，将测出的 5 个属性和答案中的武侠人物对照，就可以找到最接近的答案，也就是被测者对应的武侠人物。

表 9-1   武侠人物示例

武侠人物	性别	智商	情商	侠义	个性
A	男	高	高	高	开朗
B	男	高	高	中	拘谨
C	男	高	中	低	开朗
D	男	高	中	中	拘谨
E	男	中	高	高	开朗
F	女	高	高	低	开朗
G	女	高	中	高	开朗
H	女	高	中	高	拘谨
I	女	高	中	低	开朗
J	女	中	中	中	开朗

在整个过程中，起决定性作用的环节其实就是如何设计这 5 道题目。例如，题目的先后顺序会不会直接影响要回答问题的数量？每个问题在人物划分上是否有着不同的区分能力？这些都是信息熵要解决的问题。我们先来看一下这里的区分能力指的是什么。每一个问题都会将被测者划分为不同的人物分组。如果某个问题将属于不同人物分组的被测者尽可能地划分到相应的分组，那么我们认为这个问题的区分能力较强。相反，如果某个问题无法将属于不同人物分组的被测者划分开来，那么我们认为这个问题的区分能力较弱。为了帮你进一步理解，我们先来比较一下"性别"和"智商"这两个属性。首先，性别属性将武侠人物平均地对半划分，也就是说"男"和"女"出现的先验概率各是 50%。如果我们假设被测试的人群，其男女性别的概率分布也是 50% 和 50%，那么关于性别的测试题，就能将被测者的群体大致等分。我们再来看智商属性。我们也将武侠人物划分为两个小集合，不过"智商高"的先验概率是 80%，而"智商中等"的先验概率只有 20%。同样，我们假设被测试人群的智商概率分布也是类似的，那么经过关于智商的测试题测试之后，仍然有 80% 左右的不同人物还是属于同一个集合，并没有被区分开来。因此，我们可以认为关于"智商"的测试题在对人物进行分组这个问题上要弱于"性别"的测试题。

上述信息都是我们按照感觉或者说经验来划分的。现在，我们试着用两个科学的度量指标，即熵（entropy）和信息增益（information gain），来衡量每道题目的区分能力。熵通常称为信息熵，其实就是用来描述给定集合的纯净度的一个指标。纯净度是什么呢？例如，如果一个集合里的元素全部属于同一个分组，这个时候就表示最纯净，我们就说熵为 0；如果这个集合里的元素来自不同的分组，那么熵大于 0。其具体的计算公式如下：

$$Entropy(P) = -\sum_{i=1}^{n} p_i \times \log_2 p_i$$

其中，n 表示集合中分组的数量，p_i 表示属于第 i 个分组的元素在集合中出现的概率。这个公式是怎么来的呢？要想解释，我们还要从信息量说起。熵是用来计算某个随机变量的信息量之期望值，而信息量是信息论中的一个度量，简单来说就是当我们观测到某个随机变量的具体值时接收到了多少信息。我们接收到的信息量跟事件发生的概率有关。事件发生的概率越大，产生的信息量越小；事件发生的概率越小，产生的信息量越大。

因此，我们要想设计一个能够描述信息量的函数，就要同时考虑到下面这 3 个特点。

- 信息量应该为正数。
- 一个事件的信息量和它发生的概率成反比。
- $H(x)$ 与 $P(x)$ 的对数有关。其中，$H(x)$ 表示 x 的信息量，$P(x)$ 表示 x 出现的概率。假设有两个不相关的事件 x 和 y，我们观测到这两个事件同时发生时获得的信息量，应该等于这两个事件各自发生时获得的信息量之和，用公式表示出来就是 $H(x,y) = H(x) + H(y)$。之前我们说过，如果 x、y 是两个不相关的事件，那么就有 $P(x,y) = P(x) \times P(y)$，因为 $H(x)$ 与 $P(x)$ 存在对数的关系，所以 $H(x,y)$ 变为 $H(x)$ 与 $H(y)$ 的和。

依照上述 3 点，我们可以设计出信息量公式：$H(x) = -\log_2 P(x)$。函数 log 的使用体现了 $H(x)$ 和 $P(x)$ 的对数关系。我们可以使用其他大于 1 的数字作为对数的底，这里使用 2 只是约定俗成。而最前面的负号是为了保证信息量为正。这个公式可以量化随机变量某种取值时所产生的信息量。最后，加上计算随机变量不同可能性所产生的信息量之期望值，我们就得到了熵的公式。

从集合和分组的角度来说，如果一个集合里的元素趋向于落在同一分组里，那么这就是告诉你某个元素属于哪个分组的信息量就越小，整个集合的熵也越小，换句话说，整个集合就越"纯净"。相反，如果一个集合里的元素趋向于分散在不同分组里，那么这就是告诉你某个元素属于哪个分组的信息量就越大，整个集合的熵也越大，换句话说，整个集合就越"混乱"。为了帮你理解，这里再举几个例子。我们首先来看如图 9-1 所示的集合，它只包含了来自 A 组的元素。

那么集合中分组的数量 n 为 1，A 组的元素在集合中出现的概率为 100%，所以这个集合的熵为 $-100\% \times \log_2 100\% = 0$。我们再来看另一个集合，如图 9-2 所示，它只包含了来自 A 组和 B 组的元素，其中 A、B 两组元素数量一样多，各占一半。

图 9-1 只有 1 种元素的集合

图 9-2 只有 2 种元素的集合

此时集合中分组的数量 n 为 2，A 组和 B 组的元素在集合中出现的概率各为 50%，所以这个集合的熵为 $2 \times (-50\% \times \log_2 50\%) = 1$，大于刚才那个集合的熵。

从上述两个集合的对比可以看出，一个集合中所包含的分组越多、元素在这些分组里分布得越均匀，熵值就越大。而熵值表示纯净的程度，或者从相反的角度来说，表示混乱的程度。

那么，如果将一个集合划分成多个更小的集合之后，又该如何根据这些小集合来计算整体的熵呢？之前我们提到了信息量和熵具有相加求和的性质，所以对于包含多个小集合的更大集合，它的信息量的期望值是可以通过每个小集合的信息量的期望值来推算的。具体来说，我们可以使用如下公式：

$$\sum_{v \in Value(T)} \frac{|P_v|}{|P|} Entropy(P_v)$$

其中，T 表示一种划分，P_v 表示 T 划分后其中某个小集合，$Entropy(P_v)$ 表示某个小集合的熵，而 $\dfrac{|P_v|}{|P|}$ 表示某个小集合出现的概率。所以这个公式其实就表示，对多个小集合而言，其整体的熵等于各个小集合之熵的加权平均。每个小集合的权重是其在整体中出现的概率。这里通过另一个例子进一步解释这个公式。假设 3 个集合 A、B、C 是一个大的整体，我们现在将 C 组的元素和 A、B 组的元素分开，如图 9-3 所示。

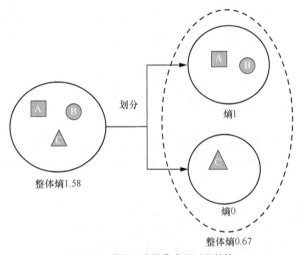

图 9-3   多个元素的集合及对应的熵

根据之前单个集合的熵计算，A 组和 B 组元素所组成的小集合的熵是 1。而 C 组没有和其他组混合，所形成的小集合的熵为 0。在计算前两个小集合的整体熵时，A 组和 B 组形成的集合出现的概率为 $2/3$，而 C 组形成的集合出现的概率为 $1/3$，所以整体熵为 $2/3 \times 1 + 1/3 \times 0 \approx 0.67$。

9.1.2 信息增益

如果我们将划分前后的整体熵做个对比，你会发现划分后的整体熵要小于划分前的整体熵。这是因为每次划分都可能将不同分组的元素区分开来，从而降低划分后每个小集合的混乱程度，也就是降低它们的熵。我们将划分后整体熵的下降称为信息增益。划分后整体熵下降越多，信息增益就越大，具体公式如下：

$$Gain(P,T) = Entropy(P) - \sum_{v \in Value(T)} \frac{|P_v|}{|P|} Entropy(P_v)$$

其中，T 表示一种划分，$Entropy(P)$ 表示进行 T 划分之前的熵，$Entropy(Pv)$ 表示进行 T 划分之后第 v 分组的熵。减号后面的部分表示进行 T 划分之后，各种取值加权平均后整体的熵。$Gain(P,T)$ 表示两个熵值之差，熵值之差越大表示信息增益越大，应该选择划分 T。我们将这个概念放到咱们的小游戏里就是，如果一个测试题能够将来自不同分组的人物尽量分开，也就是该划分对应的信息增益越大，那么我们就认为其区分能力越强，提供的信息量也越多。让我们从游戏的最开始出发，比较一下有关性别和智商的两个测试题。

在提出任何问题之前，我们无法知道被测者属于哪位武侠人物，因此所有被测者属于同一个集合。假设被测者的概率分布和这 10 位武侠人物的先验概率分布相同，那么被测者集合的熵为 $10 \times (-1 \times 0.1 \times \log_2 0.1) \approx 3.32$。通过性别的测试问题对人物进行划分后，我们得到了两个更小的集合，每个小集合都包含 5 种不同的人物分组，因此每个小集合的熵是 $(-1 \times 5 \times 0.2 \times \log_2 0.2) \approx 2.32$，两个小集合的整体熵是 $0.5 \times 2.32 + 0.5 \times 2.32 = 2.32$。因此使用性别的测试题后，信息增益是 $3.32 - 2.32 = 1$。而通过智商的测试题对人物分组后，我们也得到了两个小集合，一个包含 8 种人物，另一个包含 2 种人物。包含 8 种人物的小集合的熵是 $(-1 \times 8 \times 0.125 \times \log_2 0.125) = 3$，包含 2 种人物的小集合的熵是 $(-1 \times 2 \times 0.5 \times \log_2 0.5) = 1$。两个小集合的整体熵是 $0.8 \times 3 + 0.2 \times 1 = 2.6$。因此使用智商的测试题后，信息增益是 $3.32 - 2.6 = 0.72$，低于基于性别的测试。所以，我们可以得出结论，有关性别的测试题比有关智商的测试题更具有区分能力。

信息增益和信息熵是紧密相关的。如果说信息熵衡量了某个状态下每个分组的纯净度或者说混乱度，那么信息增益就是比较了不同状态下信息熵的差异程度。对某个集合进行划分都会将其中元素细分到更小的集合，每个细分的集合的纯净度就会提高，整体熵就会下降，其中下降的部分就是信息增益。

9.2 通过信息增益进行决策

上一节通过问卷调查的案例解释了信息熵和信息增益的概念。被测者每次回答一道题就会被细分到不同的集合，每个细分的集合的纯净度会提高，而熵会下降。在测试结束的时候，如果所有被测者都被分配到了相应的武侠人物名下，那么每个人物分组都是最纯净的，熵值都为 0。于是，测试问卷的过程就转化为 "如何将熵从 3.32 下降到 0" 的过程。由于每道题的区分能力不同，我们对题的选择会影响熵下降的幅度。这个幅度就是信息增益。如果问卷题的顺序选择得好，我们可以更快速地完成对用户性格的判断。本节我们就继续这个话题，看看如何获得一个更简短的问卷设计，将这个核心思想推广到更为普遍的决策树分类算法中。

9.2.1　通过信息熵挑选合适的问题

为了实现一个更简短的问卷，你也许会很自然地想到每次选择问题的时候选择信息增益最大的问题，这样熵值下降得就会最快。这的确是一个很好的方法。我们来试一试。现在开始选择第一个问题。首先，依次计算"性别""智商""情商""侠义"和"个性"对人物进行划分后的信息增益。我们得到表 9-2 所示的结果。

表 9-2　不同特征（划分）所产生的信息增益

武侠人物	性别	智商	情商	侠义	个性
信息增益	1	0.72	0.97	1.58	0.88

显然，第一步我们会选择"侠义"，之后用户就会被细分为 3 组，分别如表 9-3、表 9-4 和表 9-5 所示。

表 9-3　第一组

武侠人物	性别	智商	情商	侠义	个性
A	男	高	高	高	开朗
E	男	中	高	高	开朗
G	女	高	中	高	开朗
H	女	高	中	高	拘谨

表 9-4　第二组

武侠人物	性别	智商	情商	侠义	个性
B	男	高	高	中	拘谨
D	男	高	中	中	拘谨
J	女	中	中	中	开朗

表 9-5　第三组

武侠人物	性别	智商	情商	侠义	个性
C	男	高	中	低	开朗
F	女	高	高	低	开朗
I	女	高	中	低	开朗

针对第一组，我们继续选择在当前这组中区分能力最强（也是就信息增益最大）的问题。根据计算的结果，我们应该选择有关"性别"的问题，然后进一步地细分。后续的步骤以此类推，直到所有人物都被分开，对于第二组和第三组我们也进行同样的操作。图 9-4 列出整个过程。

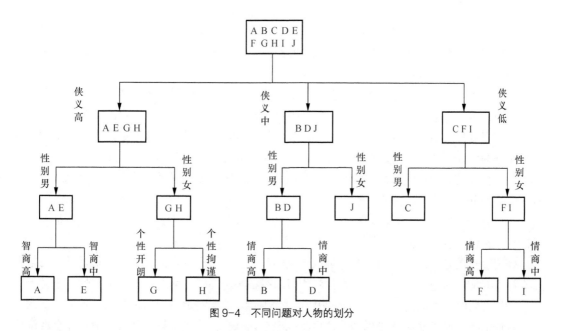

图 9-4　不同问题对人物的划分

　　从图 9-4 可以看出，对于每种人物的判断，我们至多需要问 3 个问题，没有必要问全 5 个问题。例如，对于人物 J 和 C，我们只需要问 2 个问题。假设读者属于 10 种武侠人物的概率是均等的，那么我们就可以利用之前介绍的知识来计算读者需要回答的问题数量之期望值。每种人物出现的概率是 0.1，8 种人物需要问 3 个问题，2 种人物需要问 2 个问题，那么回答问题数的期望值是 $0.8 \times 3 + 0.2 \times 2 = 2.8$（题）。如果我们每次不选熵值最高的问题，而选择熵值最低的问题呢？我计算了一下，最差的情况下要问完全部 5 个问题才能确定被测者所对应的武侠人物，而且问 4 个问题的情况也不少，回答问题数的期望值会在 4 到 5 之间，明显要多于基于最高熵值来选择题目的方法。当然，如果测试的目标和问题很多，基于熵的问题选择的计算量就会比较大，我们可以通过编程来自动化整个过程，最终达到优化问卷设计的目的。

　　总结一下，如何才能进行高效的问卷调查呢？最核心的思想是，根据当前的概率分布挑选在当前阶段区分能力更强的那些问题，具体的步骤有下面 3 个。

　　（1）根据分组中的人物类型，为每个集合计算信息熵，并通过全部集合的熵之加权平均获得整个集合的熵。注意，一开始集合只有一个，并且包含了所有的武侠人物。

　　（2）根据信息增益，计算每个问卷题的区分能力。挑选区分能力最强的题目，并对每个集合进行更细的划分。

　　（3）有了新的划分之后，回到第 1 步，重复第 1 步和第 2 步，直到没有更多的问卷题或者所有的人物类型都已经被区分开来。这一步也体现了递归的思想。

　　其实，上述这个过程就体现了训练决策树的基本思想。决策树学习属于归纳推理算法之一，适用于分类问题。在第 7 章介绍朴素贝叶斯的时候，我们介绍过分类算法主要包括建立模型和分类新数据两个阶段。决定问卷题出现顺序的这个过程其实就是建立决策树模型的过程。你可以看到，整个构建出来的图就是一个树状结构，这也是"决策树"这个名字的由来。根据用户对每个问题的答案，从决策树的根结点走到叶结点，最后来判断其属于何种人物类型，这个过程就是分类新数据的过程。

让我们将问卷案例泛化一下，将武侠人物的类型变为机器学习中的训练样本，将问卷中的题目变为机器学习中的特征，那么问卷调查的步骤就可以泛化为决策树构建的步骤。

（1）根据集合中的样本分类为每个集合计算信息熵，并通过全部集合的熵之加权平均获得整个集合的熵。注意，一开始集合只有一个并且包含了所有的样本。

（2）根据信息增益计算每个特征的区分能力。挑选区分能力最强的特征，并对每个集合进行更细的划分。

（3）有了新的划分之后，回到第 1 步，重复第 1 步和第 2 步，直到没有更多的特征或者所有的样本都已经被分好类。

需要注意的是，问卷案例中的每类武侠人物都只有一个样本，而在泛化的机器学习问题中每个类型对应了多个样本。也就是说，我们可以有很多个郭靖，而且每个人的属性并不完全一致，但是它们的分类都是"郭靖"。正是由于这个原因，决策树通常都只能将整体的熵降低到一个比较低的值，而无法完全降到 0。这也意味着，训练得到的决策树模型常常无法完全准确地划分训练样本，而只能得到一个近似的解。

9.2.2   几种决策树算法

随着机器学习的快速发展，人们也提出了不少优化版的决策树。采用信息增益来构建决策树的算法称为 ID3（iterative dichotomiser 3，迭代二叉树 3 代）。这个算法有一个缺点，它一般会优先考虑具有较多取值的特征，因为取值多的特征会有相对较大的信息增益。这是为什么呢？仔细观察一下信息熵的定义，你就能发现其背后的原因。更多的取值会将数据样本划分为更多更小的分组，这样熵就会大幅降低，信息增益就会大幅上升。这样构建出来的决策树很容易导致机器学习中产生过拟合现象，不利于决策树对新数据的预测。为了解决这个问题，人们又提出了一个改进版——C4.5 算法。这个算法使用信息增益率（information gain ratio）来替代信息增益作为选择特征的标准，并降低决策树过拟合的程度。信息增益率通过引入一个称为分裂信息（split information）的项来惩罚取值较多的特征，相应的公式如下：

$$SplitInformation(P,T) = -\sum_{i=1}^{n} \frac{|P_i|}{|P|} \times \log_2 \frac{|P_i|}{|P|}$$

其中，训练数据集 P 通过条件 T 划分为 n 个子数据集，$|P_i|$ 表示第 i 个子数据集中样本的数量，$|P|$ 表示划分之前数据集中样本总数量。这个公式看上去和熵很类似，其实并不相同。计算熵的时候考虑的是集合内数据是否属于同一个类，因此即使集合数量很多，但是如果集合内的数据都来自相同的分类（或分组），那么熵也还是会很低。而这里的分裂信息是不同的，它只考虑子集的数量。如果某个特征取值很多，那么相对应的子集数量就越多，最终分裂信息的值就会越

大。正是因为如此，人们可以使用分裂信息来惩罚取值很多的特征。具体的计算公式如下：

$$GainRatio(P,T) = \frac{Gain(P,T)}{SplitInformation(P,T)}$$

其中，$Gain(P,T)$ 是数据集 P 使用条件 T 进行划分之后的信息增益，$GainRatio(P,T)$ 是数据集 P 使用划分 T 之后的信息增益率。

　　另一种常见的决策树是分类与回归树（classification and regression trees，CART）算法。这种算法和 ID3、C4.5 相比，主要有以下两处不同。

- 在分类时，CART 不再采用信息增益或信息增益率，而是采用基尼指数来选择最好的特征并进行数据的划分。
- 在 ID3 和 C4.5 决策树中，算法根据特征的属性值划分数据，可能会划分出多个组。CART 算法采用了二叉树，每次将数据切成两份，分别进入左子树、右子树。

　　当然，CART 算法和 ID3、C4.5 也有类似的地方。首先，CART 中每一次迭代都会降低基尼指数，这类似于 ID3、C4.5 降低信息熵的过程。其次，基尼指数描述的也是纯净度，与信息熵的含义相似。我们可以用下面这个公式来计算每个集合的纯净度：

$$Gini(P) = 1 - \sum_{i=1}^{n} p_i^2$$

其中，n 为集合 P 中所包含的不同分组（或分类）数量。如果集合 P 中所包含的不同分组越多，那么这个集合的基尼指数越高，纯净度越低。然后，我们需要计算整个集合的基尼指数：

$$Gini(P,T) = \sum_{j=1}^{m} p_j \times Gini(P_j)$$

其中，m 为全集使用 T 划分后所形成的子集数量，P_j 为第 j 个集合。

　　无论采用何种决策树算法，来自信息论的信息熵、信息增益、信息增益率、基尼指数都起到了重要的作用。由于 Python 对不同的分类代码进行了很好的封装，因此使用决策树进行分类的代码和朴素贝叶斯的代码非常类似，代码清单 9-1 只列出了决策树和朴素贝叶斯的不同之处。

代码清单 9-1　决策树的使用

```
from sklearn.tree import DecisionTreeClassifier

# 构建最基本的决策树分类器，条件选择的标准为信息熵
dt = DecisionTreeClassifier(criterion='entropy')
# 通过训练样本和标签，进行模型的拟合
dt.fit(training_data, training_label)
# 通过测试样本，进行分类的预测
df.predict(testing_data)
```

9.3　特征选择

我们已经讨论过信息熵和信息增益在决策树算法中的重要作用。其实，它们还可以应用在机器学习的其他领域，如特征选择。我们首先来介绍特征选择是什么，以及机器学习为什么需要这个步骤。

9.3.1　特征选择

在编程领域中，机器学习已经有了十分广泛的应用，主要包括监督学习（supervised learning）和无监督学习（unsupervised learning）。监督学习是指通过训练资料学习并建立一个模型，并依此模型推测新的实例，主要包括分类（classification）和线性回归（linear regression）。无论是在监督学习还是无监督学习中，我们都可以使用特征选择。不过，这里所涉及的特征选择会聚焦在监督学习中的特征处理方法。因此，为了说清楚特征选择是什么，以及为什么要进行这个步骤，我们先来看看监督式机器学习的主要步骤。

机器学习的步骤主要包括数据的准备、特征工程、模型拟合、离线和在线测试。测试过程也许会产生新的数据，用于进一步提升模型。在这些处理中，特征工程是非常重要的一步。"特征"（feature）是机器学习中非常常用的术语，就是可用于模型拟合的各种数据。前面讲朴素贝叶斯分类时，我们解释了如何将现实世界中水果的各类特征转化为计算机所能理解的数据，这个过程其实就是最初级的特征工程。当然，特征工程远不止原始特征到计算机数据的转化，还包括特征选择、缺失值的填补和异常值的去除等。这其中非常重要的一步就是特征选择。越来越多的数据类型和维度的出现会加大机器学习的难度，并影响最终的准确度。针对这种情形，特征选择尝试发掘和预定义任务相关的特征，同时过滤不必要的噪声特征，主要包括特征子集的产生、搜索和评估。我们可以使用穷举法来找到最优的结果，但是如果特征有 N 个，那么复杂度会达到 $O(2^N)$。所以穷举法并不适合特征数量庞大的问题，例如我们之前讲过的文本分类。因此，在这个领域诞生了一类基于分类标签的选择方法，它们通过信息论的一些统计度量，看特征和类标签的关联程度有多大。这里我们还是使用文本分类的案例来展示如何基于信息论来进行特征选择。

9.3.2　利用信息熵进行特征选择

我们之前讲过如何为文本数据提取特征。对于一篇自然语言的文章，我们主要使用词袋模型和分词，将完整的文章切分成多个词或词组，而它们就表示了文章的关键属性，也就是用于机器学习的特征。你会发现有些文本预处理的步骤已经在做特征选择的事情了，如"停用词"。它会直接过滤一些不影响或基本不影响文章语义的词，这就是在减少噪声特征。不过，我们之前也提到了，停用词的使用过于简单粗暴，可能会产生适得其反的效果。例如，在进行用户观点分类时，"good"和"bad"这样的停用词反而成为关键，不仅不能过滤，反而还要加大它们的权重。

我们怎么能知道哪些特征是更重要的呢？对于分类问题，我们更关心的是如何正确地将一篇文章划分到正确的分类中。一个好的特征选择，应该可以将那些对分类有价值的信息提取出来，而过滤掉那些对分类没有什么价值的信息。既然如此，我们能不能充分利用分类标签来进行挑选呢？答案是肯定的。9.1 节和 9.2 节讲述了信息熵和信息增益的工作原理，这里使用它们来进行特征选择。

首先，我们来看一个问题：什么是对分类有价值的特征？如果一个特征经常只在某个或少数几个分类中出现，而很少在其他分类中出现，那么说明这个特征具有较强的区分度，它的出现很可能预示着整个数据属于某个分类的概率很高或很低。这个时候，对于一个特征，我们可以看看包含这个特征的数据是不是只属于少数几个类。举个例子，出现"电影"这个词的文章经常会出现在"娱乐"分类中，而很少出现在"军事""政治"等其他分类中。是否属于少数几个类这一点，可以使用信息熵来衡量。这里用 Df_i 来表示所有出现特征 f_i 的数据集合，这个集合一共包含了 n 个分类 C，而 c_j 表示这 n 个分类中的第 j 个。然后我们就可以根据 Df_i 中分类 C 的分布来计算熵，公式如下：

$$-\sum_{j=1}^{n} P(c_j \mid Df_i) \times \log_2 P(c_j \mid Df_i)$$

如果熵值很低，就说明包含这个特征的数据只出现在少数分类中，对于分类的判断有价值。计算出每个特征所对应的数据集之熵，我们就可以按照熵值由低到高对特征进行排序，挑选出排序靠前的特征。当然，这个做法只考虑了单个特征出现时对应数据的分类情况，而并没有考虑整个数据集的分类情况。例如，虽然出现"电影"这个词的文章经常出现在"娱乐"分类中，很少出现在其他分类中，但是可能在整个样本数据中"娱乐"这个分类本来就已经占绝大多数，所以"电影"可能并非一个很有信息量的特征。

为了改进这一点，我们可以借用决策树中信息增益的概念。我们将单个特征 f 是否出现作为一个决策条件，将数据集分为 Df_i 和 $D\overline{f_i}$：Df_i 表示出现了这个特征的数据，$D\overline{f_i}$ 表示没有出现这个特征的数据。使用特征 f_i 进行数据划分之后，我们就能得到基于两个新数据集的熵，然后和没有划分之前的熵进行比较，得出信息增益，计算如下：

$$-\sum_{j=1}^{n} P(c_j) \times \log_2 P(c_j) + P(f_i) \times \sum_{j=1}^{n} P(c_j \mid Df_i) \times \log_2 P(c_j \mid Df_i) + P(\overline{f_i}) \times$$

$$\sum_{j=1}^{n} P(c_j \mid D\overline{f_i}) \times \log_2 P(c_j \mid D\overline{f_i})$$

基于某个特征划分所产生的信息增益越大，说明这个特征对于分类的判断越有价值。所以，我们可以先计算基于每个特征划分产生的信息增益，然后按照信息增益值由高到低对特征进行排序，挑选出排序靠前的特征。

9.3.3　利用卡方检验进行特征选择

在统计学中，我们使用卡方检验来检验两个变量是否相互独立。将它运用到特征选择，我们就可以检验特征与分类这两个变量是否独立。如果两者独立，就证明特征和分类没有明显的相关性，特征对于分类来说没有提供足够的信息量。反之，如果两者有较强的相关性，那么特征对于分类来说就是有信息量的，是一个好的特征。为了检验独立性，卡方检验考虑了 4 种情况的概率：$P(f_i, c_j)$、$P(\overline{f_i}, \overline{c_j})$、$P(f_i, \overline{c_j})$ 和 $P(\overline{f_i}, c_j)$。在这 4 种概率中，$P(f_i, c_j)$ 和 $P(\overline{f_i}, \overline{c_j})$ 表示特征 f_i 和分类 c_j 是正相关的。如果 $P(f_i, c_j)$ 很高，表示特征 f_i 的出现意味着属于分类 c_j 的概率更高；如果 $P(\overline{f_i}, \overline{c_j})$ 很高，表示特征 f_i 不出现意味着不属于分类 c_j 的概率更高。类似地，$P(f_i, \overline{c_j})$ 和 $P(\overline{f_i}, c_j)$ 表示特征 f_i 和分类 c_j 是负相关的。如果 $P(f_i, \overline{c_j})$ 很高，表示特征 f_i 的出现意味着不属于分类 c_j 的概率更高；如果 $P(\overline{f_i}, c_j)$ 很高，表示特征 f_i 不出现意味着属于分类 c_j 的概率更高。如果特征和分类的相关性很高，那么要么是正向相关值远远大于负向相关值，要么是负向相关值远远大于正向相关值。如果特征和分类相关性很低，那么正向相关值和负向相关值就会很接近。卡方检验就是利用了正向相关和负向相关的特性，具体公式如下：

$$\frac{N \times (P(f_i, c_j) \times P(\overline{f_i}, \overline{c_j}) - P(f_i, \overline{c_j}) \times P(\overline{f_i}, c_j))^2}{P(f_i) \times P(\overline{f_i}) \times P(c_j) \times P(\overline{c_j})}$$

其中，N 表示数据的总个数。通过这个公式，你可以看到，如果一个特征和分类的相关性很高，无论是正向相关还是负向相关，那么正向相关和负向相关的差值就很大，最终计算的值就很高。最后，我们就可以按照卡方检验的值由高到低对特征进行排序，挑选出排序靠前的特征。

无论使用何种统计度量，我们都可以计算相应的数值、排序，并得到排序靠前的若干特征。从文本分类的角度来说，我们只会挑选对分类最有价值的那些词或词组，而去除其他不重要的那些词。如果特征选择得当，我们既可以减少模型存储的空间，又可以提升分类的准确度。当然，过度地减少特征最终会导致准确度的下降，所以对于不同的数据集要结合实验，掌握一个合理的度。

第 10 章

数据分布

第 9 章介绍了如何在众多的特征中，选取更有价值的特征，以提升模型的效率。特征选择是特征工程中的重要步骤，但不是全部。在这一章的开始，我们来学习特征工程中的另一块内容——数值变换。也就是说，我们可以使用统计中的数据分布，对连续型的数值特征进行转换，让多个特征的结合更有效。实际上，特征的变换也是和数据的分布紧密相关的。此外，数据的分布不仅会涉及特征的变换，还会影响统计实验的结论，以及机器学习中的拟合状态。

10.1 特征变换

在机器学习的领域中，特征变换往往是非常重要的一个步骤。这类操作不仅可以让特征选择的结果更具有解释性，还可以在一定程度上提升算法的效率甚至精准性。

10.1.1 为什么需要特征变换

我们在很多机器学习算法中都会使用特征变换。这里使用其中一种算法——线性回归作为例子来解释为什么要进行数值型特征的变换。在第 7 章和第 9 章所介绍的朴素贝叶斯和决策树这类监督学习，会根据某个样本的一系列特征，最后判断它应该属于哪个分类，并给出一个离散的分类标签。除此之外，还有一类监督学习算法，会根据一系列的特征输入给出连续的预测值。举个例子，房地产市场可以根据销售的历史数据，预测待售楼盘在未来的销售情况。如果只是预测卖得"好"还是"不好"，那么这个粒度明显就太粗了。如果我们能做到预测这些楼盘的售价，那么这个事情就变得有价值了。要想达成这个预测目的的过程，就需要最基本的因变量连续回归分析。

因变量连续回归的训练和预测，与分类的相应流程大体类似，不过具体采用的技术有一些不同。它采用的是研究一个或多个随机变量 $y_1, y_2, \cdots, y_i$ 与另一些变量 $x_1, x_2, \cdots, x_k$ 之间关系的统计方法，又称多重回归分析。我们将 $y_1, y_2, \cdots, y_i$ 称为因变量，$x_1, x_2, \cdots, x_k$ 称为自变量。通常情况下，因变量的值可以分解为两部分：一部分是受自变量影响的，即表示为自变量相关的函数，其中函数形式已知，可能是线性函数也可能是非线性函数，但包含一些未知参数；另一部分是由于其他未被考虑的因素和随机性的影响，即随机误差。如果因变量和自变量呈线性关系，则称为线性回归模型；如果因变量和自变量呈非线性关系，则称为非线性回归分析模型。这里我要说的是回归中常用的多元线性回归，它的基本形式是：

$$y = w_0 + w_1 x_1 + + w_2 x_2 + \cdots + w_n x_n + \varepsilon$$

其中，$x_1, x_2, \cdots, x_n$ 是自变量，y 是因变量，ε 是随机误差，通常假定随机误差的均值为 0。而 w_0 是截距，$w_1, w_2, \cdots, w_n$ 是每个自变量的系数，表示每个自变量对最终结果的影响是正向还是负向，以及影响的程度。如果某个系数大于 0，就表示对应的自变量对结果有正向影响，即这个自变量越大，结果值就越大；否则就是负向影响，即这个自变量越大，结果值就越小。系数的绝对值表示了影响程度的大小，如果绝对值趋于 0，就表示基本没有影响。线性回归也是统计概率中常用的算法，不过它的实现通常会涉及很多线性代数的知识，所以我们将会在第三篇"线性代数"中详细介绍这个算法。这里，你只需要知道线性回归所要达到的目标，以及如何使用它就可以了。

线性回归和其他算法相比，有很强的可解释性。我们可以通过回归后为每个自变量确定的系数来判断哪些自变量对最终的因变量影响更大。在正式开始线性回归分析之前，还有一个问题，就是不同字段的数据没有可比性。例如，房屋的面积和建造的年份，它们分别代表不同的含义，也有不一样的取值范围。在线性回归中，如果直接将没有可比性的数字型特征线性相加求和，那么模型最终的解释肯定会受影响。为了更好地解释这一点，我们首先使用 Boston Housing 数据集对房价数据进行回归分析，看看会产生什么结果。这个数据集来自 20 世纪 70 年代美国波士顿周边地区的房价，是用于机器学习的经典数据集，读者可以在 Kaggle 的网站下载它。这个数据一共有 14 个特征（或者自变量），而有 1 个目标变量（或者因变量）。我们暂时只使用其中的 train.csv 文件。使用代码清单 10-1 的 Python 代码就能很快得到一个线性回归结果。

代码清单 10-1　线性回归示例

```python
import pandas as pd
from sklearn.linear_model import LinearRegression
from pathlib import Path


data_path = str(Path.home()) + '/Coding/data/boston-housing/train.csv'

df = pd.read_csv(data_path)              # 读取 Boston Housing 中的 train.csv
df_features = df.drop(['medv'], axis=1)      # Dataframe 中除了最后一列，其余列都是特征，
                                             # 或者自变量
df_targets = df['medv']              # Dataframe 最后一列是目标变量，或者因变量

regression = LinearRegression().fit(df_features, df_targets)
```

```
# 使用特征和目标数据，拟合线性回归模型
print(regression.score(df_features, df_targets))      # 拟合程度的好坏
print(regression.coef_)                    # 各个特征所对应的系数
```

使用上述代码之前，请确保你已经安装了 Python 中的 sklearn 包和 pandas 包。运行这段代码，你可以得到如下的结果：

```
0.7355786478533117
[-4.54789253e-03 -5.17062363e-02  4.93344687e-02  5.34084254e-02
  3.78011391e+00 -1.54106687e+01  3.87910457e+00 -9.51042267e-03
 -1.60411361e+00  3.61780090e-01 -1.14966409e-02 -8.48538613e-01
  1.18853164e-02 -6.01842329e-01]
```

因为并非所有的数据都可以用线性回归模型来表示，所以我们需要使用 regression.score 函数来查看拟合的程度。如果完美拟合，这个函数就会输出 1；如果拟合效果很差，这个函数的输出可能就是一个负数。这里 regression.score 函数的输出大约为 0.74，接近于 1.0。它表示这个数据集使用线性回归模型拟合的效果还是不错的。如果你还是不理解，不用担心，具体的内容我们会在线性代数部分详细讲述。这里你可以简单地理解为 0.74 仅仅表示我们可以使用线性回归来解决 Boston Housing 这个问题。

这里，你更需要关注的是每个特征所对应的权重，因为它们可以帮助我们解释哪个特征对最终房价的中位数有更大的影响。参看 train.csv 文件中的数据，你会发现最主要的两个正相关特征是 nox（系数为 3.78011391e+00）和 age（系数为 3.87910457e+00）。其中，nox 表示空气污染浓度，age 表示老房子占比，也就是说空气污染浓度越高、房龄越高，房价中位数就越高，这好像不太合乎常理。我们再来看看最主要的负相关特征 rm（系数为−1.54106687e+01），也就是房间数量。房间数量越多，房价中位数就越低，也不合理。造成这些不合理现象的最重要的原因是不同类型的特征值没有变换到同一个可比较的范围内，所以线性回归后所得到的系数不具有可比性，我们无法直接对这些权重加以解释。

10.1.2 两种常见的特征变换方法

该如何解决这个问题呢？我们就需要对特征值进行变换。本节我就介绍两种最常见的变换方法：归一化和标准化。

1. 归一化

我们先来看最常用的方法，即归一化（normalization）。它其实就是获取原始数据的最大值和最小值，然后将原始值线性变换到[0,1]，具体的变换函数为：

$$x' = \frac{x - \min}{\max - \min}$$

其中，x 是原始值，$\max$ 为样本数据中这维特征的最大值，$\min$ 为样本数据中这维特征的最小

值，x' 是变换后的值。这种方法有一个不足之处，那就是最大值与最小值非常容易受噪声数据的影响。这里面需要注意的是，"归一化" 这个词在不同的领域的含义可能不同。这里我们特指基于最大值和最小值的变换。接下来，我们来看看看在 Python 中如何实现归一化，以及归一化对回归后系数的影响，具体如代码清单 10-2 所示。

代码清单 10-2　线性回归中归一化的使用

```python
import pandas as pd
from sklearn.linear_model import LinearRegression
from sklearn.preprocessing import MinMaxScaler
from pathlib import Path


minMaxScaler = MinMaxScaler()                # 基于 min 值和 max 值的归一化
data_path = str(Path.home()) + '/Coding/data/boston-housing/train.csv'
df = pd.read_csv(data_path)                  # 读取 Boston Housing 中的 train.csv

df_normalized = minMaxScaler.fit_transform(df)          # 对原始数据进行归一化，包括特征值
                                                        # 和目标变量
df_features_normalized = df_normalized[:, 0:-1]         # 获取归一化之后的特征值
df_targets_normalized = df_normalized[:, -1]            # 获取归一化之后的目标值

# 再次进行线性回归
regression_normalized = LinearRegression().fit(df_features_normalized, df_targets
_normalized)
print(regression_normalized.score(df_features_normalized, df_targets_normalized))
print(regression_normalized.coef_)
```

运行这段代码，你可以得到如下结果。

```
0.7355786478533118
[-0.05103746 -0.08448544  0.10963215  0.03204506  0.08400253 -0.16643522
  0.4451488  -0.01986622 -0.34152292  0.18490982 -0.13361651 -0.16216516
  0.10390408 -0.48468369]
```

可以看到，表示拟合程度的分数没有变，但是每个特征对应的系数或者权重发生了比较大的变化。仔细观察一下，你会发现这次最主要的正相关特征是 age（0.4451488）和 tax（0.18490982），也就是老房子占比和房产税的税率，其中至少房产税的税率是比较合理的，因为高房价的地区普遍税率也比较高。最主要的负相关特征是 rad（-0.34152292）和 lstat（-0.48468369）：rad 表示高速交通的便利程度，它的值越大表示离高速交通越远，房价中位数就越低；lstat 表示低收入人群的占比，这个值越大房价中位数就越低。这两点都是合理的。

2.　标准化

另一种常见的方法是基于正态分布（也叫 Z 分布）的 Z 分数（Z-score）标准化（standardization）。

该方法假设数据呈标准正态分布。什么是标准正态分布呢？我们之前介绍过，正态分布是连续型随机变量概率分布中的一种。在现实生活中，大量随机现象的数据分布都近似于正态分布。我们在这里再快速回顾一下这种分布的特点。它以经过均值的垂线为轴，左右对称展开，中间点最高，然后向两侧逐渐下降，分布曲线和 x 轴围成的区域面积为 1，表示不同事件出现的概率和为 1。均值和标准差是正态分布的关键参数，它们会决定分布呈现的具体形态。而标准正态分布是正态分布的一种，均值为 0，标准差为 1。理解了什么是标准正态分布，我们来看看 Z 分数标准化这个方法是如何工作的。实际上，Z 分数标准化是利用标准正态分布的特点，计算一个给定分数距离均值有多少个标准差。它的具体变换公式如下：

$$x' = \frac{x - \mu}{\sigma}$$

其中，x 为原始值，μ 为均值，σ 为标准差，x' 是变换后的值。经过 Z 分数的变换，高于均值的分数会得到一个正的标准分，而低于均值的分数会得到一个负的标准分。更重要的是，变换后的数据是服从标准正态分布的。你通过理论或者具体的数值来推导一下，就会发现变换后的数据均值为 0，标准差为 1。和归一化相比，Z 分数标准化不容易受到噪声数据的影响，并且保留了各维特征对目标函数的影响权重。下面我们来看看，在 Python 中如何实现标准化，以及标准化对回归后系数的影响，具体如代码清单 10-3 所示。

代码清单 10-3　线性回归中 Z 分数标准化的使用

```python
import pandas as pd
from sklearn.linear_model import LinearRegression
from sklearn.preprocessing import StandardScaler
from pathlib import Path


standardScaler = StandardScaler()        # 基于 Z 分数的标准化
data_path = str(Path.home()) + '/Coding/data/boston-housing/train.csv'
df = pd.read_csv(data_path)              # 读取 Boston Housing 中的 train.csv

standardScaler.fit(df)
df_standardized = standardScaler.transform(df)          # 对原始数据进行标准化，包括
                                                        # 特征值和目标变量
df_features_standardized = df_standardized[:, 0:-1]     # 获取标准化之后的特征值
df_targets_standardized = df_standardized[:, -1]        # 获取标准化之后的目标值

# 再次进行线性回归
regression_standardized = LinearRegression().fit(df_features_standardized,
df_targets_standardized)
print(regression_standardized.score(df_features_standardized,
df_targets_standardized))
print(regression_standardized.coef_)
```

运行这段代码，这次你得到的结果如下：

```
0.7355786478533118
[-0.07330367 -0.04144107  0.12194378  0.04074345  0.09805446 -0.19311408
  0.29767387 -0.02916672 -0.34642803  0.34477088 -0.21410757 -0.19904179
  0.11218058 -0.46369483]
```

表示拟合程度的分数仍然没有变。再次比对不同特征所对应的系数，你会发现这次最主要的正相关特征还是 age（0.29767387）和 tax（0.34477088），但是和之前相比，显然房产税的税率占了更高的权重，更加合理。而最主要的负相关特征还是 rad（-0.34642803）和 lstat（-0.46369483），这两点都是合理的。

总结一下本节的内容，主要是以下几点。

（1）为什么有时候需要变换特征值？因为不同类型的特征取值范围不同，分布也不同，相互之间没有可比性。因此在线性回归中，通过这些原始值分析得到的权重并不能代表每个特征实际的重要性。

（2）如何使用归一化进行特征值变换。这里的归一化是指使用特征取值范围中的最大值和最小值，将原始值变换为 0 到 1 之间的值。这样处理的好处在于简单易行，便于理解。不过，它的缺点也很明显，由于只考虑了最大值和最小值，因此很容易受到异常数据点的干扰。

（3）如何使用标准化进行变换。经过标准化处理之后，每种特征的取值都会变成一个标准正态分布，以 0 为均值、1 为标准差。和归一化相比，标准化使用了数据是正态分布的假设，不容易受到过大或过小值的干扰。

掌握了上面几点，我们就能很好地描述数据的分布。在实际的数据分析或者统计建模的项目中，我们对于数值型的特征要保持敏感，看到它们的时候都需要考虑一下是否需要进行特征值的变换。这样就能避免由于多种特征的不同数据分布而产生的误导性结论。当然，数据分布的重要性不仅体现在特征值的变换上，还体现在统计意义之中，下面我们来详细讲解这个统计学中的重要概念。

10.2　统计意义

本节我们来讲一下统计意义和显著性检验。之前我们已经讨论了几种不同的机器学习算法，包括朴素贝叶斯分类、概率语言模型、决策树等。不同的方法和算法会产生不同的效果。在很多实际应用中，我们希望能够量化这种效果，并依据相关的数据进行决策。为了使这种量化尽可能准确、客观，现在的互联网公司通常是根据用户的在线行为来评估算法，并比较同类算法的表现，以此来选择相应的算法。在线测试有一个很大的挑战，那就是如何排除非测试因素的干扰。先来看一下图 10-1 中的例子。

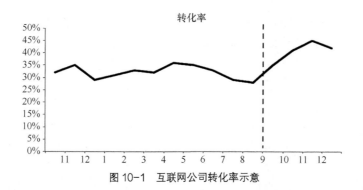

图 10-1 互联网公司转化率示意

从图 10-1 可以看出，自某年的 9 月开始，转化率曲线的趋势发生了明显的变化。假如这个月恰好上线了一个新版的技术方案 A，那么转化率上涨一定是新方案导致的吗？其实不一定，可能 9 月有一个大型的促销，使得价格有大幅下降，或者有一个和大型企业的合作引入了很多优质顾客等，原因非常多。如果我们取消 9 月上线的技术方案 A，然后用虚线表示在这种情况下的转化率曲线，这个时候得到了另一张图，如图 10-2 所示。

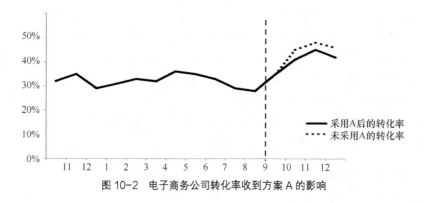

图 10-2 电子商务公司转化率收到方案 A 的影响

从图 10-2 可以发现，不用方案 A 反而获得了更好的转化率表现，所以简单地使用在线测试的结果往往会导致错误的结论。我们需要一个更健壮的测试方法，即 A/B 测试。A/B 测试，简单来说，就是为同一个目标制定两个或多个方案，让一部分用户使用 A 方案，另一部分用户使用 B 方案，记录下每个部分用户的使用情况，看哪个方案产生的效果更好。这也意味着，通过 A/B 测试的方式，我们可以得到使用多个不同方案之后所产生的多组结果，用于比对。问题来了，假设我们手头上有几组不同的结果，每组对应一个方案，包含了最近 30 天以来每天的转化率。如何判断哪个方案的效果更好呢？你可能会想，对每一组的 30 个数值取均值，看看谁的均值大不就可以了。但是，这真的就够了吗？

假设有两组结果需要比较，每一组都有 5 个数据，而且这两组数据都服从正态分布。下面用图 10-3 展示这两个正态分布之间的关系。

从图 10-3 可以看出，左侧的正态分布 A 的均值 μ_1 较小，右侧的正态分布 B 的均值 μ_2 较大。

可是，如果我们无法观测到 A 和 B 这两个分布的全部数据，而只根据这两个分布的采样数据来做判断，会发生什么情况呢？我们很有可能会得出错误的结论，如图 10-4 所示。

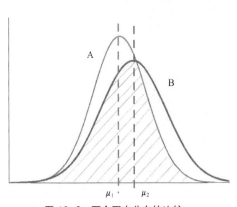

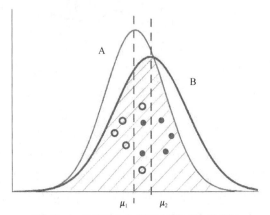

图 10-3　两个正态分布的比较　　　　　　图 10-4　根据两个分布的采样数据来做判断

根据对样本的观测所得到的结论未必符合两个正态分布的差异情况。例如，在图 10-4 的采样中，空心的圆点表示 B 的采样，它们都来自 B 分布的左侧，而实心的圆点表示 A 的采样，它们都来自 A 分布的右侧。如果仅根据这两组采样数据的均值来判断，很可能会得出"B 分布的均值小于 A 分布的均值"这样的错误结论。换句话说，小规模的采样并不能代表数据的原始分布，A/B 测试面临的就是这样的问题。我们所得到的在线测试结果实际上只是一种采样。所以我们不能简单地根据每个组的均值来判断哪个组更优。那么有没有更科学的办法呢？在统计学中，有一套成熟的系统和对应的方法。为了让你能够充分理解这部分内容，下面介绍几个基本概念，包括显著性差异、统计假设检验和显著性检验以及 P 值。

10.2.1　显著性差异

从图 10-3 和图 10-4 这两张正态分布图我们可以分析得出，两组数据之间的差异可能由两个原因引起。

（1）两个分布之间的差异。假设 A 分布的均值小于 B 分布的均值，而两者的方差一致，那么 A 分布随机产生的数据有更高的概率小于 B 分布随机产生的数据。

（2）采样引起的差异，也就是说采样数据不能完全体现整体的数据分布。我们在图 10-4 中，用来自 A、B 两组的 10 个数据展示了采样所导致的误差。

如果差异是第一个原因导致的，在统计学中我们就认为这两组数据"具有显著性差异"。如果差异是第二种原因导致的，我们就认为这两组数据"无显著性差异"。可以看出，显著性差异（significant difference）其实就是研究多组数据之间的差异是由不同的数据分布导致的还是由采样的误差导致的。通常，我们也将"具有显著性差异"称为"差异具有统计意义"或者"差异具有显著性"。此外，你还需要注意"差异具有显著性"和"具有显著差异"的区别。如前所述，

"差异具有显著性"表示不同的组很可能来自不同的数据分布，也就是说多个组的数据来自同一分布的可能性非常小。而"具有显著差异"是指差异的幅度很大，如相差 100 倍。差异的显著性和显著性差异没有必然联系。举两个例子，例如，两个不同的数据分布，它们的均值分别是 1 和 1.2，这两个均值差的绝对值很小，也就是没有显著性差异，但是由于它们来自不同的数据分布，所以差异是具有显著性的。再如，来自同一个数据分布的两个采样，它们的均值分别是 1 和 100，具有显著的差异，但是差异没有显著性。

这里使用一个例子，加深你对这个概念的理解。假设我儿子考了 90 分，我问他："你的分数比班级平均分高多少？"如果他回答："我不太确定，我只看到了周围几个人的分数，我猜大概高出了 10 分吧。"那么说明他对"自己的分数比平均分高出 10 分"这个假设信心不足，结论有较大的概率是错误的，所以即使可能高出了 10 分，我也高兴不起来，这属于"具有显著性差异"，但是"差异没有显著性"。如果他回答："老师说了，班级平均分是 88 分，我比平均分高出了 2 分。"那我就很开心了，因为老师掌握了全局的信息，她说的话让儿子对"自己分数比平均分高出 2 分"的假设是非常有信心的。即使只高出了 2 分，但是结论有很大的概率是正确的，虽然没有"显著性差异"，但是"差异具有显著性"。

10.2.2 统计假设检验和显著性检验

统计假设检验是指事先对随机变量的参数或总体分布做出一个假设，然后利用样本信息来判断这个假设是否合理。在统计学上，我们称这种假设为虚无假设（null hypothesis），也称为原假设或零假设，通常记作 H_0。而和虚无假设对立的假设，我们称为对立假设（alternative hypothesis），通常记作 H_1。也就是说，如果证明虚无假设不成立，那么就可以推出对立假设成立。统计假设检验的具体步骤是，先认为原假设成立，计算其会导致什么结果。若在单次实验中产生了小概率的事件，则拒绝原假设 H_0，并接受对立假设 H_1。若没有产生小概率的事件，则不能拒绝原假设 H_0，从而接受它。因此，统计学中的假设是否成立，并不像逻辑中的绝对"真"或"假"，而是需要从概率的角度出发来看。

概率为多少才算是"小概率"呢？按照业界的约定，通常我们将概率不超过 0.05 的事件称为"小概率事件"。当然，根据具体的应用，偶尔也会取 0.1 或 0.01 等。在假设检验中，我们将这个概率记为 α，并称之为显著性水平。显著性检验是统计假设检验的一种，顾名思义，它可以帮助我们判断多组数据之间的差异，是采样导致的"偶然"还是由于不同的数据分布导致的"必然"。当然，这里的"偶然"和"必然"都是相对的，和显著性水平 α 有关。显著性检验的假设是，多个数据分布之间没有差异。如果样本发生的概率小于显著性水平 α，证明小概率事件发生了，所以拒绝原假设，也就是说认为多个分布之间有差异。否则接受原假设，认为多个分布之间没有差异。换句话说，显著性水平 α 即为拒绝原假设的标准。

10.2.3　P 值

既然已经定义了显著性检验和显著性水平，那么我们如何为多组数据计算它们之间差异的显著性呢？我们可以使用 P 值（P-value）。P 值中的 P 代表 Probability，就是当 H_0 假设为真时样本出现的概率，或者换句话说，其实就是我们所观测到的样本数据符合原假设 H_0 假的可能性有多大。如果 P 值很小，说明观测值与假设 H_0 的期望值有很大的偏差，H_0 发生的概率很小，我们有理由拒绝原假设，并接受对立假设。P 值越小，表明结果越显著，我们越有信心拒绝原假设。反之，说明观测值与假设 H_0 的期望值很接近，我们没有理由拒绝 H_0。

在显著性检验中，原假设认为多个组内的数据来自同一个数据分布，如果 P 值足够小，我们就可以拒绝原假设，认为多个组内的数据来自不同的数据分布，它们之间存在显著性的差异。所以说，只要能计算出 P 值，我们就能将 P 值和显著性水平 α 进行比较，从而决定是否接受原假设。

理解了概念之后，我们就要进入实战环节了。其实显著性检验的具体方法有很多，例如方差分析（F 检验）、T 检验、卡方检验等。不同的方法计算 P 值的方法也不同。接下来，我们会用 A/B 测试的案例来详细解释。

10.2.4　不同的检验方法

上一节介绍了差异显著性检验的概念，从统计的角度来说差异的产生有多大的概率、是不是足够可信，这一点和数值差异的大小是有区别的。既然我们不能通过差异的大小来推断差异是否可信，那么有没有什么方法可以帮助我们检验不同数据分布之间是否存在显著性差异呢？具体的方法有很多，如方差分析（F 检验）、Z 检验、T 检验、卡方检验等。我们会通过 A/B 测试的案例讲述这些方法如何帮助我们解决其中的统计学问题。

1.　方差分析

方差分析（analysis of variance，ANOVA）也称为 F 检验。这种方法可以检验两组或者多组样本的均值是否具有显著性差异。它有 4 个前提假设。

（1）随机性：样本是随机采样的。

（2）独立性：来自不同组的样本是相互独立的。

（3）正态分布性：组内样本都来自同一个正态分布。

（4）方差齐性：不同组的方差相等或相近。

根据第 3 个前提，我们假设数据呈正态分布，那么分布就有两个参数：一个是均值，另一个是方差。如果我们仅仅知道两个分组的均值，但并不知道它们的方差多大，那么我们所得出的两个分布是否具有显著性差异的结论就不可靠了。为了突出重点，我们先假设这里的数据都符合上述 4 个前提，然后我们来详细讲解一下方差分析的主要思想，最后，我们会通过 Python 语言来验证各个假设和最终的 F 检验结果。这里，我们使用之前提到的 A/B 测试案例，通过方差分析来检验多种算法所产生的用户转化率有没有显著性差异。我们将"转化率"称为"因变量",将"算法"称为"因素"。这里我们只有算法一个因素,所以所进行的方差分析是单因素方差分析。在方差分析中,因素的取值是离散型的,我们称不同的算法取值为"水平"。如果我们比较算法 a 和 b,那么 a 和 b 就是算法这个因素的两个水平。

假设只有两种算法 a 和 b 参与了 A/B 测试。为了检验这些算法导致的转化率是不是具有显著性差异,我们进行一个为期 10 天的测试,每天都为每种算法获取一个转化率。具体的数据列于表 10-1 中。

表 10-1　转化率测量数据

算法	第1天	第2天	第3天	第4天	第5天	第6天	第7天	第8天	第9天	第10天
a	0.29	0.36	0.32	0.29	0.34	0.24	0.27	0.29	0.31	0.27
b	0.29	0.33	0.31	0.30	0.31	0.26	0.25	0.30	0.28	0.29

这里使用 Y_{ij} 来表示这种表格中的数据,i 表示第 i 次采样(或第 i 天),j 表示第 j 种水平(或第 j 种算法)。以上面这张表格为例,$Y_{51} = 0.34$。如果我们将每种算法导致的转化率看作一个数据分布,那么方差分析要解决的问题就是:这两个转化率分布的均值是不是相等。如果我们将两种数据分布的均值记作 μ_1 和 μ_2,那么原假设 H_0 就是 $\mu_1 = \mu_2$。而对立假设 H_1 就是 $\mu_1 \neq \mu_2$。之前我们提到,差异是不是显著,关键要看这个差异是采样的偶然性引起的还是分布本身引起的。方差分析的核心思想也是围绕这个展开的,因此它计算了 3 个统计量:SS_T、SS_M 和 SS_E。SS_T 表示所有采样数据的因变量方差(total sum of squares),其计算公式如下:

$$SS_T = \sum\sum(Y_{ij} - \overline{\overline{Y}})^2$$

在这个公式中,Y_{ij} 如前所述,表示第 i 天第 j 种算法所导致的转化率。而 $\overline{\overline{Y}}$ 表示 10 天里,2 种算法全部 20 个数据的均值。根据我们的案例,SS_T 的值为 0.0167。

SS_M 表示数据分布所引起的方差,我们称它为模型平方和(sum of squares for model),它的计算公式如下:

$$SS_M = \sum n_j(\overline{Y_j} - \overline{\overline{Y}})^2$$

在这个公式中,n_j 为水平 j 下的观测数量,在我们的案例中为 10。$\overline{Y_j}$ 为第 j 种算法的均值,在案例中为算法 a 或算法 b 在这 10 天的均值。$\overline{Y_j} - \overline{\overline{Y}}$ 表示某个算法的采样均值和所有采样均值之间的差异,n_j 是相应的权重。我们这里的两个算法都被测试了 10 天,所以权重相同,都是 10。根据我们的案例,SS_M 的值为 0.00018。

SS_E 表示采样引起的方差,我们称它为误差平方和。它的计算公式如下:

$$SS_E = \sum\sum(Y_{ij} - \overline{Y_j})^2$$

根据我们的案例,SS_E 的值为 0.01652。我们刚刚介绍的 3 个统计量 SS_T、SS_M 和 SS_E,这三者的关系其实是这样的:

$$SS_T = SS_M + SS_E$$

你可以将这三者的公式分别代入，自己证明一下等式是否成立。由此可以看出，SS_T 是由 SS_M 和 SS_E 构成的。如果在 SS_T 中，SS_M 的占比更大，那么说明因素对因变量的差异具有更显著的影响；如果 SS_E 的占比更大，那么说明采样误差对因变量的差异具有更显著的影响。我们使用这两部分的比例来衡量显著性，并将这个比例称为 F 值，具体公式如下：

$$F = \frac{SS_M / (s-1)}{SS_E / (n-s)}$$

在这个公式中，s 是水平的个数，n 为所有样本的总数量，$s-1$ 为分布的自由度，$n-s$ 为误差的自由度。自由度（degree of freedom），英文缩写是 df，它是指采样中能够自由变化的数据个数。对一组包含 n 个数据的采样来说，如果方差是一个固定值，那么只有 $n-1$ 个数据可以自由变化，最后一个数的取值是给定的方差和其他 $n-1$ 个数据决定的，而不由它自己自由变化，所以自由度就是 $n-1$。这也是在计算一组数的方差时，我们在下面这个公式中使用的除数是 $n-1$，而不是 n 的原因。回到方差分析，对 SS_M 来说，如果 SS_M 是固定的，那么对于 s 个水平，只能有 $s-1$ 个组数据自由变化，而最后一组数据必须固定，所以对应于 SS_M 的自由度为 $s-1$。对 SS_E 来说，如果 SS_E 是固定的，那么对于 n 个采样、s 个水平数据，只有 $n-s$ 个数据是可以自由变化的。因为每个水平中都要有一个数据保证该组的均值 $\overline{Y_j}$ 而无法自由变化。在我们的案例中，s 为不同算法的个数，也就是水平的个数 2，采样数据的个数 n 为 20，所以分布的自由度为 $2-1=1$，误差的自由度为 $20-2=18$。

所以有 $F = (0.00018/(2-1))/(0.01652/(20-2)) = 0.196125908$。有了 F 值，我们需要根据 F 检验值的临界值表来查找对应的 P 值。图 10-5 列出了这张表的常见内容。

通过这张表以及 n 和 m 的值，我们可以找到，在显著性水平 α 为 0.05 的时候 F 值的临界值。如果大于这个临界值，那么 F 检验的 P 值就会小于显著性水平 α，说明差异具有显著性。在我们的案例中，$n=20$，$m=s-1=1$，所以对应的 F 值为 4.414。而我们计算得到的 F 值为 0.196，远远小于 4.414，因此说明差异没有显著性。虽然算法 a 所导致的平均转化率要比算法 b 的相对高出约 2%（要注意，2% 的相对提升在转化率中已经算很高了），但是由于差异没有显著性，所以这个提升的偶然性很大，而并不意味着算法 a 比算法 b 更好。

除了手工计算，我们还可以用一些 Python 的代码来验证手工计算是不是准确。首先，我们要确保安装了 Python 的扩展包 statsmodels。然后将下列数据输入一个 oneway.csv 文件。

```
algo,ratio
a,0.29
a,0.36
a,0.32
a,0.29
a,0.34
a,0.24
```

a,0.27
a,0.29
a,0.31
a,0.27
b,0.29
b,0.33
b,0.31
b,0.30
b,0.31
b,0.26
b,0.25
b,0.30
b,0.28
b,0.29

F检验临界值表 （α=0.05(a)）

自由度	自变量数目 （m）								显著性水平：α=0.05	
(df)	1	2	3	4	5	6	7	8	9	10
$n-m-1$										
1	161.448	199.500	215.707	224.583	230.162	233.986	236.768	238.883	240.543	241.882
2	18.513	19.000	19.164	19.247	19.296	19.330	19.353	19.371	19.385	19.396
3	10.128	9.552	9.277	9.117	9.013	8.941	8.887	8.845	8.812	8.786
4	7.709	6.944	6.591	6.388	6.256	6.163	6.094	6.041	5.999	5.964
5	6.608	5.786	5.409	5.192	5.050	4.950	4.876	4.818	4.772	4.735
6	5.987	5.143	4.757	4.534	4.387	4.284	4.207	4.147	4.099	4.060
7	5.591	4.737	4.347	4.120	3.972	3.866	3.787	3.726	3.677	3.637
8	5.318	4.459	4.066	3.838	3.687	3.581	3.500	3.438	3.388	3.347
9	5.117	4.256	3.863	3.633	3.482	3.374	3.293	3.230	3.179	3.137
10	4.965	4.103	3.708	3.478	3.326	3.217	3.135	3.072	3.020	2.978
11	4.844	3.982	3.587	3.357	3.204	3.095	3.012	2.948	2.896	2.854
12	4.747	3.885	3.490	3.259	3.106	2.996	2.913	2.849	2.796	2.753
13	4.667	3.806	3.411	3.179	3.025	2.915	2.832	2.767	2.714	2.671
14	4.600	3.739	3.344	3.112	2.958	2.848	2.764	2.699	2.646	2.602
15	4.543	3.628	3.287	3.056	2.901	2.790	2.707	2.641	2.588	2.544
16	4.494	3.634	3.239	3.007	2.852	2.741	2.657	2.591	2.538	2.494
17	4.451	3.592	3.197	2.965	2.810	2.699	2.614	2.548	2.494	2.450
18	4.414	3.555	3.160	2.928	2.773	2.661	2.577	2.510	2.456	2.412
19	4.381	3.522	3.127	2.895	2.740	2.628	2.544	2.477	2.423	2.378
20	4.351	3.493	3.098	2.866	2.711	2.599	2.514	2.447	2.393	2.348
21	4.325	3.467	3.072	2.840	2.685	2.573	2.488	2.420	2.366	2.321
22	4.301	3.443	3.049	2.817	2.661	2.549	2.464	2.397	2.342	2.297
23	4.279	3.422	3.028	2.796	2.640	2.528	2.442	2.375	2.320	2.275
24	4.260	3.403	3.009	2.776	2.621	2.508	2.423	2.355	2.300	2.255
25	4.242	3.385	2.991	2.759	2.603	2.490	2.405	2.337	2.282	2.236
26	4.225	3.369	2.975	2.743	2.587	2.474	2.388	2.321	2.265	2.220
27	4.210	3.354	2.960	2.728	2.572	2.459	2.373	2.305	2.250	2.204
28	4.196	3.340	2.947	2.714	2.558	2.445	2.359	2.291	2.236	2.190

图 10-5 常用的 F 检验临界值表

安装了 statsmodels，并建立了数据文件 oneway.csv，我们就可以运行代码清单 10-4 来进行
F 检验了。

代码清单 10-4   使用 statsmodels 进行 F 检验

```python
import pandas as pd
from statsmodels.formula.api import ols
from statsmodels.stats.anova import anova_lm
import scipy.stats as ss
from pathlib import Path


# 读取数据，d1 对应于算法 a，d2 对应于算法 b
df = pd.read_csv(str(Path.home()) + '/Coding/data/oneway.csv')   # 设置为你的文件路径
d1 = df[df['algo'] == 'a']['ratio']
d2 = df[df['algo'] == 'b']['ratio']

# 检测两个水平的正态性
print(ss.normaltest(d1))
print(ss.normaltest(d2))

# 检测两个水平的方差齐性
args = [d1, d2]
print(ss.levene(*args))

# F 检验的第一种方法
print(ss.f_oneway(*args))

# F 检验的第二种方法
model = ols('ratio ~ algo', df).fit()
anovat = anova_lm(model)
print(anovat)
```

我们假设用于 A/B 测试的两个算法是相互独立且随机的，所以这里只检测了正态分布性和
方差齐性。其中，`ss.normaltest` 分别测试了两个水平的正态分布性，两次结果如下：

```
NormaltestResult(statistic=0.16280747339563784, pvalue=0.9218214431590781)
NormaltestResult(statistic=0.4189199849120419, pvalue=0.8110220857858036)
```

`ss.normaltest` 的原假设是数据服从正态分布，两次检验 P 值都远远大于 0.05，所以原
假设成立，这两者都服从正态分布。而 `ss.levene` 分析了两者的方差齐性，同样 P 值都远远
大于 0.05，因此符合方差齐的前提，具体结果如下：

```
LeveneResult(statistic=0.7944827586206901, pvalue=0.38450823419725666)
```

`ss.f_oneway` 和 `anova_lm` 都可以进行 F 检验。`ss.f_oneway` 给出的结果比较简洁，
结果如下：

```
F_onewayResult(statistic=0.19612590799031476, pvalue=0.663142430745588)
```

anova_lm 提供了更多的信息，结果如下：

```
              df    sum_sq   mean_sq          F      PR(>F)
algo         1.0   0.00018  0.000180   0.196126   0.663142
Residual    18.0   0.01652  0.000918        NaN        NaN
```

两种 F 检验函数都证明了我们之前的手工推算结果是正确的。

通过理论和实战，我们看到方差分析可以检测差异的显著性，它分析的内容是受一个或多个因素影响的因变量在不同水平分组的差异。不过单因素的方差分析要求因变量属于正态分布总体，并具有方差齐性。如果因变量的分布明显呈非正态，或者方差的差异很显著，那么我们就不能直接使用这种方法。对于方差不齐的情况，我们可以选择适当的函数，如对数、倒数等，对原始数据进行变换，直到方差齐性变得显著，或者剔除明显属于"均值±标准差"之外的数据。

2. Z 检验和 T 检验

Z 检验，顾名思义，来自 Z 分布也就是正态分布。在 10.1 节我们讨论了特征值的变换，其中提到了如何使用 Z 分数，将普通正态分布变换成标准正态分布。具体计算公式如下：

$$Z_i = \frac{x - \mu}{\sigma}$$

其中，x 为原始值，μ 为均值，σ 为标准差，Z_i 是变换后的值，也称为 Z 分数。如果数据集的样本数量较多（一般认为多于 30 个为较多），由这些 Z 分数构成一个新的序列，这个序列就是 Z 分布序列。有了 Z 分布，Z 分数的计算公式不仅可以用作普通正态分布的标准化，还被用于判断均值差异显著性的 Z 检验，通常分为下面两种检验。

（1）样本数量大于 30 或者总体标准差已知的情况下，比较某个总体的均值与某个常数是否有显著性的差异，例如检验某个学校学生的平均数学成绩是否高于 90 分。具体的检验公式如下：

$$Z = \frac{\bar{X} - \mu}{\frac{\sigma}{\sqrt{n}}}$$

其中，$\bar{X}$ 是样本（例如某个班级的数学成绩）的均值，μ 为待比较的常数（例如 90 分），σ 是总体的标准差，n 为样本数量。如果总体样本的标准差未知，我们也可以使用样本的标准差来近似，公式如下：

$$Z = \frac{\bar{X} - \mu}{\frac{S}{\sqrt{n}}}$$

其中，S 是样本的标准差。

（2）样本数量大于 30 或者总体标准差已知的情况下，比较两组样本的均值是否有显著性的差异，例如检验某个学校男生的数学成绩和女生的数学成绩是否存在显著性差异。具体的检验公式如下：

$$Z = \frac{(\bar{X}_1 - \bar{X}_2) - (\mu_1 - \mu_2)}{\sqrt{\dfrac{\sigma_1^2}{n_1} + \dfrac{\sigma_2^2}{n_2}}} = \frac{\bar{X}_1 - \bar{X}_2}{\sqrt{\dfrac{\sigma_1^2}{n_1} + \dfrac{\sigma_2^2}{n_2}}}$$

其中，$\bar{X}_1$ 是第一组样本（例如某个班级男生的数学成绩）的均值，$\bar{X}_2$ 是第二组样本（例如某个班级女生的数学成绩）的均值，μ 为总体的均值（例如全校学生的数学平均成绩），这里假设 $\mu_1 = \mu_2$，σ_1 和 σ_2 分别是两组样本的标准差，n_1 和 n_2 分别是两组样本的样本数量。类似地，如果总体样本的标准差未知，我们也可以使用样本的标准差来近似。

$$Z = \frac{(\bar{X}_1 - \bar{X}_2) - (\mu_1 - \mu_2)}{\sqrt{\dfrac{S_1^2}{n_1} + \dfrac{S_2^2}{n_2}}} = \frac{\bar{X}_1 - \bar{X}_2}{\sqrt{\dfrac{S_1^2}{n_1} + \dfrac{S_2^2}{n_2}}}$$

以上两种情况，都可以计算出 Z 值在 Z 分布上的位置，从而就能计算 P 值，达到差异显著性检验的目的。不过，Z 检验的假设是样本数量比较大（如大于 30），样本标准差对于总体标准差的误差非常小，而且样本数量越大，误差越小。那么，对于样本数量小于 30 的数据，我们该如何分析呢？这时我们就需要采用适用于小规模样本的 T 检验。

T检验的名字来自一个真实而有趣的故事。早在20世纪初，都柏林的克劳德·健力士（Claude Guinness）酿酒厂将生物化学及统计学应用到工业流程的创新，而威廉·希利·戈塞（William Sealy Gosset）任职于健力士公司期间，以"学生"的笔名提出了 T 检验，以降低啤酒质量监控的成本。其中的 T 字面上就是来自"学生"的英文单词 student。戈塞在工作中发现，供酿酒的每批麦子质量相差很大，而同一批麦子中能抽样供实验的麦子又很少，如此一来，实际上取得的麦子样本不可能是大样本，只能是小样本。可是，从小样本来分析数据不太可靠，误差较大，小样本理论就在这样的背景下应运而生。1907 年戈塞开始研究小样本和大样本之间的差异。为此，他试图把一个总体中的所有小样本的平均数的分布描述出来，具体做法是，在一个大容器里放了一批样本，把它们打乱，随机抽取若干，对这一样本做实验，记录观测值，然后再把样本打乱，随机抽取若干，再对相应的样本做实验，记录观察值。大量地抽取并记录这种随机小样本的观测值，就可获得小样本观测值的分布函数，戈塞把它叫作 T 分布函数。这种分布类似于正态分布，不过相对于正态分布，看上去形态更矮胖一些。T 分布与自由度密切相关，自由度为 $n-k-1$，这里 n 是样本数量，k 是样本中已知变量个数。自由度越小，曲线越低平，反之，自由度越大，曲线越高，越接近正态分布。和 Z 分数类似，我们可以计算 T 分数。从正态总体中抽取小规模的样本数据，然后计算均值与标准差用来代替总体的均值和标准差，即可得到 T 分数，计算公式如下：

$$T_i = \frac{X_i - \bar{X}}{S}$$

其中，$\bar{X}$ 为样本的均值，S 为样本的标准差。样本数据计算得到的所有 T 值就组成了新的数据序列，这个新的数据形态就是 T 分布。有了 T 分布和 T 分数计算公式，我们就能够进行 T 检验了。T 检验通常分为 3 种。

（1）单一样本 T 检验：用来比较一组样本的均值和一个数值有无差异。例如，你获取了 10 个人的数学成绩，看看这 10 个人的平均分是否高于、低于或者等于 90 分。计算公式和单组的 Z 检验类似，具体如下：

$$T = \frac{\bar{X} - \mu}{\frac{S}{\sqrt{n}}}$$

（2）配对样本 T 检验：用来查看一组样本在处理前后的均值有无差异。例如，你选取了 10 个人，分别在补习前后测量了他们的考试成绩，想检验补习对他们的成绩有无影响，这就需要用到配对样本 T 检验了。注意，这里的配对要求严格，也就是说，用于配对的补习前和补习后的成绩，必须来自同一个人。配对样本的检验假设两组样本之间的差值服从正态分布，如果该正态分布的期望值为 0，则说明这两组样本不存在显著性差异，所以公式调整如下：

$$T = \frac{\bar{D} - 0}{\frac{S_D}{\sqrt{n}}} = \frac{\bar{D}}{\frac{S_D}{\sqrt{n}}}$$

其中，D 表示配对的差值，$\bar{D}$ 表示配对差值的均值，S_D 表示差值的标准差。

（3）独立样本 T 检验：用来看两组样本的平均值有无差异。比如，你选取了 5 名男生、5 名女生，想看男女生之间的成绩有无差异，可用这种方法。计算公式和双组的 Z 检验类似，具体如下：

$$Z = \frac{\bar{X}_1 - \bar{X}_2}{\sqrt{\frac{S_1^2}{n_1} + \frac{S_2^2}{n_2}}}$$

对于之前讨论的 A/B 测试案例，以及 oneway.csv 文件中的采样数据，适合使用独立样本 T 检验。原因是进行 A/B 测试的实验时，A 组和 B 组的用户多数情况下是不同的人，所以并不适合配对样本 T 检验。通过独立样本 T 检验的公式和表 10-1，我们可以得到 T 值约为 0.4429，我们可以根据独立 T 检验临界值表来查找对应的 P 值。这里为了方便，我们直接使用代码来获取单侧检验的 P 值，具体内容如代码清单 10-5 所示。

代码清单 10-5 使用 statsmodels 进行 T 检验

```
import pandas as pd
import statsmodels.stats.weightstats as wst
import scipy.stats as ss
from pathlib import Path
```

```
# 读取数据，d1 对应于算法 a，d2 对应于算法 b
df = pd.read_csv(str(Path.home()) + '/Coding/data/oneway.csv')   # 设置为你的文件路径
d1 = df[df['algo'] == 'a']['ratio']
d2 = df[df['algo'] == 'b']['ratio']

t, p, df = wst.ttest_ind(d1, d2)
# 函数 ttest_ind 默认是双侧检验，为了得到单侧检验的 P 值，将结果除以 2
print('t =', t, ', p =', p/2)
```

运行的结果为 t = 0.4428610481746151, p = 0.33157121537279205，P 值远远高于常用阈值 0.05，可见实验结果不具有统计意义。

F 检验、Z 检验和 T 检验都属于参数分析，对于非正态分布的数据，我们也可以使用非参数的分析。非参数检验是我们对于总体方差知之甚少的情况下，利用样本数据对总体分布形态等进行推断的方法。名字中的"非参数"的由来，就是因为这种检验方法在推断过程中不涉及有关总体分布的参数，而只是进行分布位置、分布形态之间的比较，因此不受总体分布的限定，适用范围比较广。常见的非参数检验包括二项分布检验、K-S 检验、卡方检验等。

10.3   拟合、欠拟合和过拟合及其处理

数据分布对监督式机器学习算法也有很大的影响，本节我们就来讨论监督学习中拟合、欠拟合和过拟合的概念、它们和数据分布的关系，以及如何处理欠拟合和过拟合。

10.3.1   拟合、欠拟合和过拟合

每种学习模型都有自己的假设和参数。虽然朴素贝叶斯和决策树都属于分类算法，但是它们各自的假设和参数都不相同。朴素贝叶斯的假设是贝叶斯定理和变量之间的独立性，而决策树的假设是集合的纯净度或者混乱度。我们这里所说的参数，是指根据模型假设和训练样本推导出来的数据，例如朴素贝叶斯中的参数是各种先验概率和条件概率，而决策树的参数是各个树结点以及结点上的决策条件。

了解了什么是模型的假设和参数，我们来看看什么是模型的拟合（model fitting）。在监督学习中，我们经常提到"训练一个模型"，其实更学术的说法应该是"拟合一个模型"。拟合模型其实就是指通过模型的假设和训练样本，推导出具体参数的过程。有了这些参数，我们就能对新的数据进行预测。让我们使用一个例子来解释。图 10-6 展示了一个二维空间中的数据点分布。

图 10-6 中，黑色的点表示训练数据所对应的点，x 轴表示唯一的自变量，y 轴表示因变量。根据这些训练数据，拟合回归模型之后，所得到的模型结果是一条黑色的曲线，如图 10-7 所示。

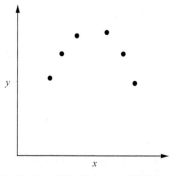

图 10-6　二维空间中的一个数据分布

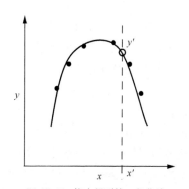

图 10-7　拟合得到的一条曲线

有了这条曲线，我们就能根据测试数据的 x 轴取值（如图 10-7 中的 x'）来获取 y 轴的取值（如图 10-7 中的 y'），也就是根据自变量的值来获取因变量的值，从而达到预测的效果。这种情况就是适度拟合。可是，有的时候拟合得到的模型过于简单，对于训练样本的误差非常大，这种情况就是欠拟合。例如图 10-8 中的这条黑色直线，和图 10-7 中的曲线相比，它离数据点的距离更远。这种拟合模型和训练样本之间的差异，我们就称为偏差。

欠拟合说明模型还不能很好地表示训练样本，所以在测试样本上的表现通常也不好。例如图 10-8 中预测的值 y'' 和测试数据 x' 对应的真实值 y' 相差很大。相对于欠拟合，另一种情况是，拟合得到的模型非常精细和复杂，对于训练样本的误差非常小，我们称这种情况为过拟合。例如图 10-9 中这条黑色曲线，和图 10-8 中的曲线相比，离训练样本中数据点的距离更近，也就是说偏差更小。

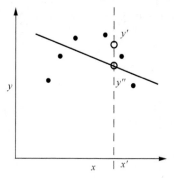

图 10-8　欠拟合得到的一条直线

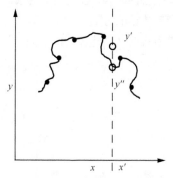

图 10-9　过拟合得到的一条曲线

初学者通常都会觉得过拟合很好，其实并不是这样。过拟合的模型虽然在训练样本中表现得非常优越，但是在测试样本中可能表现不理想。为什么会这样呢？这主要是因为，有的时候，训练样本和测试样本的数据分布不太一致。在图 10-9 中，对测试样本 x' 来说，其预测的值 y'' 和所对应的真实值 y' 仍然相差很大。使用一个更为形象的例子，假设用于训练的数据都是苹果和甜橙，但是用于测试的数据都是西瓜。这种训练样本和测试样本之间存在的差异，我们称为方差（variance）。在过拟合的时候，我们认为模型缺乏泛化的能力，无法很好地处理新的数据。

类似地，我们以二维空间里的分类为例，展示了适度拟合、欠拟合和过拟合的情况。仍然假设训练数据的点分布在一个二维空间，我们需要拟合出一个用于区分两个类的分界线。这里分别用图 10-10、图 10-11 和图 10-12 展示了这 3 种情况下的分界线。首先，图 10-10 是适度拟合的情况。

在图 10-10 中，实心的圆点表示分类 1 的训练数据点，空心的圆点表示分类 2 的训练数据点。在适度拟合的时候，分界线比较好地区分了实心和空心的圆点。在欠拟合的时候，模型过于简单，分界线区分训练样本中实心和空心圆点的能力比较弱，存在比较多的错误分类，如图 10-11 所示。

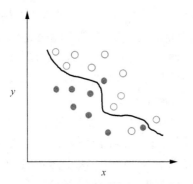

图 10-10　适度拟合时空间中两类的分界线

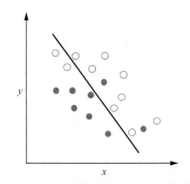

图 10-11　欠拟合时空间中两类的分界线

在过拟合的时候，模型过于复杂，分界线区分训练样本中实心和空心圆点的能力近乎完美，基本上没有错误的分类，如图 10-12 所示。但是，如果测试样本和这个训练样本不太一样，那么这个模型就会产生比较大的误差。

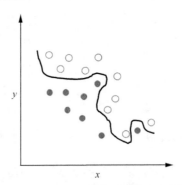

图 10-12　过拟合时空间中两类的分界线

在常见的监督学习过程中，适度拟合、欠拟合和过拟合，这 3 种状态往往是逐步演变的。图 10-13 解释了整个过程。

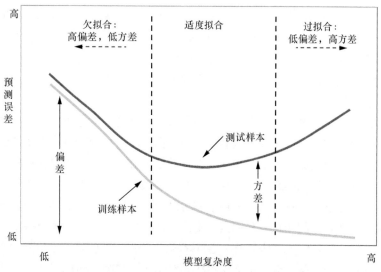

图 10-13 监督学习中欠拟合、适度拟合和过拟合的演变

在图 10-13 中，x 轴表示模型的复杂度，y 轴表示预测的误差，下面的曲线表示模型在训练样本上的表现，它和 x 轴之间的距离表示偏差，而上面的曲线表示模型在测试样本上的表现，它和下面的曲线之间的距离表示方差。从图 10-13 的左侧往右侧看，模型的复杂度由简单逐渐变得复杂。复杂度越高的模型，越近似于训练样本，所以偏差不断下降。可是，由于过于近似训练样本，模型和测试样本的差距就会加大，因此在模型复杂度达到一定程度之后，在训练样本上的预测误差反而会开始增大，这样就会导致训练样本和测试样本之间的方差不断增大。在图 10-13 中，最左侧是高偏差、低方差，就是我们所说的欠拟合，最右侧是低偏差、高方差，就是我们所说的过拟合。在靠近中间的位置，我们希望能找到一个偏差和方差都比较均衡的区域，也就是适度拟合的情况。从整个过程可以看出，训练样本的数据分布决定了偏差的走势，而测试样本和训练样本之间数据分布的差异，决定了方差的走势。

10.3.2 欠拟合和过拟合的处理

解释了什么是模型拟合、欠拟合和过拟合，我们下面来介绍常见的处理过拟合和欠拟合的方法。想要解决一个问题，先要搞清楚产生这个问题的原因。欠拟合问题产生的主要原因是特征维度过少，拟合的模型不够复杂，无法符合训练样本，最终导致误差较大。因此，我们就可以增加特征维度，让输入的训练样本具有更强的表达能力。之前讲解朴素贝叶斯的时候，我提到"任何两个变量是相互独立的假设"，这种假设和马尔可夫假设中的一元文法的作用一致，是为了降低数据稀疏程度、节省计算资源所采取的措施。可是，这种假设在现实中往往不成立，所以朴素贝叶斯模型的表达能力是非常有限的。当我们拥有足够的计算资源，而且希望建模效果更好的时候，就需要更加精细、复杂的模型，朴素贝叶斯可能就不再适用了。例如，在电影

《流浪地球》中，计算机系统莫斯拥有全人类文明的数字资料库。假设我们手头也有一个庞大的资料库，也有莫斯那么强大的计算能力，那么使用一元文法来处理数据就有点大材小用了。我们完全可以放弃朴素贝叶斯中关于变量独立性的假设，而使用二元、三元甚至更大的 N 元文法来处理这些数据。这就是典型的通过增加更多的特征来提升模型的复杂度，使它从欠拟合阶段向适度拟合阶段靠拢。

相对应地，过拟合问题产生的主要原因则是特征维度过多，导致拟合的模型过于完美地符合训练样本，但是无法适应测试样本或者说新的数据。所以我们可以减少特征的维度。之前在介绍决策树的时候，我们提到了这类算法比较容易过拟合，可以使用剪枝和随机森林来缓解这个问题。顾名思义，剪枝就是删掉决策树中一些不是很重要的结点及对应的边，这其实就是在减少特征对模型的影响。虽然去掉一些结点和边之后，决策树对训练样本的区分能力变弱，但是可以更好地应对新数据的变化，从而具有更好的泛化能力。至于去掉哪些结点和边，我们可以使用前面介绍的特征选择方法来进行。随机森林的构建过程更为复杂一些。"森林"表示有很多决策树，可是训练样本就一套，那么这些树都是怎么来的呢？随机森林算法采用了统计学里常用的可重复采样法，每次从全部 n 个样本中取出 m 个（$m < n$），然后构建一棵决策树。重复这种采样并构建决策树的过程若干次，我们就能获得多棵决策树。对于新的数据，每个决策树都会有自己的判断结果，我们取大多数决策树的意见作为最终结果。由于每次采样都是不完整的训练集合，而且有一定的随机性，因此每棵决策树的过拟合程度都会降低。

从另一个角度来看，过拟合表示模型太复杂，相对的训练数据量太少，因此我们也可以增加训练样本的数据量，并尽量保持训练数据和测试数据分布的一致性。如果我们手头上有大量的训练数据，则可以使用交叉验证的划分方式来保持训练数据和测试数据的一致性。其核心思想是在每一轮中拿出大部分数据实例进行建模，然后用构建模型后留下的小部分数据实例进行预测，最终对本次预测结果进行评估。这个过程反复进行若干轮，直到所有的标注样本都被预测了一次而且仅一次。如果模型所接受的数据总是在变化，那么我们就需要定期更新训练样本，重新拟合模型。

第三篇

线性代数

本篇从线性代数中的核心概念向量、矩阵、线性方程入手，逐步深入分析这些概念是如何与计算机互帮互助、融会贯通来解决实际问题的。例如，线性代数究竟在研究什么、怎样让计算机理解现实世界、如何过滤冗余的新闻。从概念到应用，再到本质，让你不再害怕新技术中的"旧知识"。

第 11 章

线性代数基础

通过对第二篇的学习，你对概率统计在编程领域，特别是机器学习算法中的应用，已经有了一定理解。概率统计关注的是随机变量及其概率分布，以及如何通过观测数据来推断这些分布。可是，在解决很多问题的时候，我们不仅要关心单个变量，还要进一步研究多个变量之间的关系，最典型的例子就是基于多个特征的信息检索和机器学习。在信息检索中，我们需要考虑多个关键词特征对最终相关性的影响，而在机器学习中，无论是监督学习还是无监督学习，我们都需要考虑多个特征对模型拟合的影响。在研究多个变量之间关系的时候，线性代数成为解决这类问题的有力工具。另外，在我们日常生活和工作中，很多问题都可以线性化，小到计算两个地点之间的距离，大到计算互联网中全部网页的 PageRank。所以，为了用编程来解决相应的问题，我们也必须掌握一些必要的线性代数基础知识。从第 11 章开始，我们会从线性代数的基本概念出发，结合信息检索和机器学习领域的知识，详细讲解线性代数的应用。

11.1 向量和向量空间

向量和向量空间是线性代数的核心内容。我们首先介绍向量的基本概念，然后阐述对应的向量运算，最后延伸到向量空间，探讨不同向量之间的关系。

11.1.1 向量的概念

我们之前所谈到的变量都属于标量（scalar）。它只是一个单独的数值，而且不能表示方向。从计算机数据结构的角度来看，标量就是编程中最基本的变量，你可以回想一下刚开始学习编程时接触到的标量类型的变量。和标量对应的概念，就是线性代数中最常用也是最重要的概念——向量（vector），也可以叫作矢量。它代表一组数值，并且这些数值是有序排列的。我们从数据结构的视角来看，向量可以用数组或者链表来表达。后面的内容会用加粗的小写字母表示一个向量，如 x。$x_1, x_2, x_3, \cdots, x_n$ 表示向量中的各个元素，这里的 n 就是向量的维，如下所示：

$$x = \begin{bmatrix} x_1 \\ x_2 \\ x_3 \\ \vdots \\ x_n \end{bmatrix}$$

注意，这里默认使用列向量，相当于 $n \times 1$ 维的矩阵。向量和标量最大的区别在于，向量除了具有数值的大小，还具有方向。向量（或者矢量）中的"向"（或者"矢"）这两个字，都表明它们是有方向的。你可能会问，为什么这一串数值能表示方向呢？这是因为，如果我们将某个向量中的元素看作坐标轴上的坐标，那么这个向量就可以看作空间中的一个点。以原点为起点，以向量代表的点为终点，就能形成一条有向线段。而这样的处理其实已经给向量赋予了代数的含义，使计算的过程更加直观。代码清单 11-1 展示了在一个二维空间中的 3 个点 (1,5)、(−3, 0.5) 和 (−4, −7)，以及这 3 个点所对应的向量，它的运行结果如图 11-1 所示。

代码清单 11-1　在二维空间中画出 3 个点及对应的向量

```python
import matplotlib.pyplot as plt

plt.title('2D Vector Space')

# 设置原点坐标
origin_X = [0, 0, 0]
origin_Y = [0, 0, 0]

# 设置二维空间中 3 个点的坐标
X = [1, -3, -4]
Y = [5, 0.5, -7]

# 画出从原点分别到这 3 个点的 3 个向量
plt.quiver(origin_X, origin_Y, X, Y, angles='xy', scale_units='xy', scale=1, color
=['r', 'g', 'b'])
# 加上每个数据点的标签
for i in range(0, len(X)):
    plt.text(X[i] + 0.5, Y[i] + 0.5, '({},{})'.format(X[i], Y[i]))
# 设置坐标的范围
plt.xlim(-10, 10)
plt.ylim(-10, 10)
plt.grid(b=True, which='major')

plt.show()
```

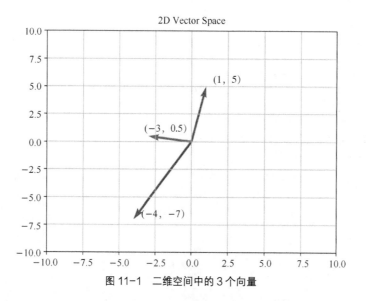

图 11-1　二维空间中的 3 个向量

　　空间还可以扩展到三维,代码清单 11-2 展示了一个三维空间中的 3 个点 (1,5,−5)、(−3,0.5,8) 和 (−4,−7,−3),以及这 3 个点所对应的向量,它的运行结果如图 11-2 所示。

代码清单 11-2　在三维空间中画出 3 个点及对应的向量

```
import matplotlib.pyplot as plt
from mpl_toolkits.mplot3d import Axes3D

figure = plt.figure()
ax = figure.add_subplot(111, projection='3d')

ax.set_title('3D Vector Space')

# 设置每维坐标名称和的范围
ax.set_xlabel('X')
ax.set_xlim(-10, 10)
ax.set_ylabel('Y')
ax.set_ylim(-10, 10)
ax.set_zlabel('Z')
ax.set_zlim(-10, 10)

# 设置原点坐标
origin_X = [0, 0, 0]
origin_Y = [0, 0, 0]
origin_Z = [0, 0, 0]

# 设置三维空间中 3 个点的坐标
X = [1, -3, -4]
```

```
Y = [5, 0.5, -7]
Z = [-5, 8, -3]

# 画出从原点分别到这 3 个点的 3 个向量
ax.quiver(origin_X, origin_Y, origin_Z, X, Y, Z, color='Black')
# 加上每个数据点的标签
for i in range(0, len(X)):
    ax.text(X[i] + 0.5, Y[i] + 0.5, Z[i] - 1.5, '({},{},{})'.format(X[i], Y[i], Z[i]))
ax.grid(b=True, which='major')

plt.show()
```

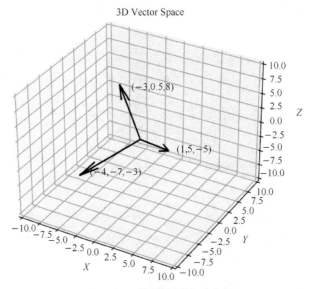

图 11-2 三维空间中的 3 个向量

以此类推，我们还能扩展到四维甚至更高的维度。虽然这些高维度已经超出了人脑的想象力空间范围，但是原理和二维、三维是一致的。

由于一个向量包含了很多个元素，因此我们自然地就可以将它运用在机器学习的领域。在第二篇中，我们讲过如何将自然界里物体的属性，转换为能够用数字表达的特征。由于特征有很多维，因此我们可以使用向量来表示某个物体的特征。其中，向量的每个元素就代表一维特征，而元素的值代表了相应特征的值，我们称这类向量为特征向量（feature vector）。需要注意的是，这个特征向量和矩阵的特征向量（eigenvector）是两码事。那么矩阵的特征向量是什么意思呢？矩阵的几何意义是坐标的变换。如果一个矩阵存在特征向量和特征值，那么这个矩阵的特征向量就表示它在空间中最主要的运动方向。在介绍矩阵的时候，我们会详细解释什么是矩阵的特征向量。

11.1.2 向量的运算

标量和向量之间可以进行运算，例如标量和向量相加或相乘时，我们直接将标量和向量中的每个元素相加或相乘就行了，这个很好理解。可是，向量和向量之间的加法或乘法应该如何进行呢？我们需要先定义向量空间。向量空间在理论上的定义比较烦琐，不过二维或者三维的坐标空间可以很好地帮助你来理解。这些空间主要有几个特性：

- 空间由无穷多个的位置点组成；
- 这些点之间存在相对的关系；
- 可以在空间中定义任意两点之间的长度，以及任意两个向量之间的角度；
- 这个空间的点可以移动。

有了这些特点，我们就可以定义向量之间的加法、乘法（或点乘）、距离和夹角等。要执行两个向量之间的加法，首先需要它们维度相同，然后将它们对应的元素相加。

$$
\boldsymbol{x} = \begin{bmatrix} x_1 \\ x_2 \\ x_3 \\ \vdots \\ x_n \end{bmatrix} \quad \boldsymbol{y} = \begin{bmatrix} y_1 \\ y_2 \\ y_3 \\ \vdots \\ y_n \end{bmatrix} \quad \boldsymbol{x} + \boldsymbol{y} = \begin{bmatrix} x_1 + y_1 \\ x_2 + y_2 \\ x_3 + y_3 \\ \vdots \\ x_n + y_n \end{bmatrix}
$$

所以，向量的加法实际上就是将几何问题转化成了代数问题，然后用代数的方法实现几何的运算。图 11-3 展示了二维空间里两个向量的相加。

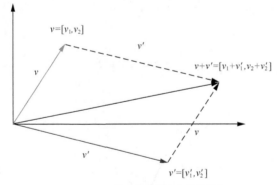

图 11-3 二维空间中两个向量的相加

在图 11-3 中，有两个向量 v 和 v'，它们的长度分别是 v 和 v'，它们的相加结果是 $v+v'$，这个结果所对应的点相当于向量 v 沿着向量 v' 的方向移动 v'，或者向量 v' 沿着向量 v 的方向移动 v。代码清单 11-3 展示了二维空间中，两个向量（分别对应点 $(-3, 0.5)$ 和 $(1, 5)$）的相加，其结果为从原点到点 $(-2, 5.5)$ 的向量，如图 11-4 所示。

代码清单 11-3　在二维空间中两个向量相加

```python
import matplotlib.pyplot as plt

plt.title('2D Vector Space')

# 设置原点坐标
origin_X = [0, 0, 0]
origin_Y = [0, 0, 0]

# 设置二维空间中 3 个点的坐标，其中第三个点的向量（坐标）是前两个点向量（坐标）相加
X = [1, -3, -2]
Y = [5, 0.5, 5.5]

# 画出从原点分别到这 3 个点的 3 个向量
plt.quiver(origin_X, origin_Y, X, Y, angles='xy', scale_units='xy', scale=1, color
=['r', 'b', 'black'])

# 画出两种位移方式
plt.quiver([1], [5], [-3], [0.5], angles='xy', scale_units='xy', scale=1, color='grey')
plt.quiver([-3], [0.5], [1], [5], angles='xy', scale_units='xy', scale=1, color='grey')

# 加上每个数据点的标签
for i in range(0, len(X)):
    plt.text(X[i] + 0.25, Y[i] + 0.25, '({},{})'.format(X[i], Y[i]))
# 设置坐标的范围
plt.xlim(-5, 5)
plt.ylim(-2, 8)
plt.grid(b=True, which='major')

plt.show()
```

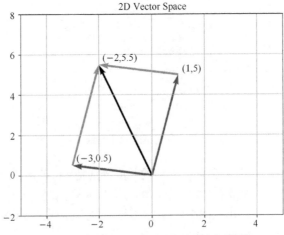

图 11-4　使用代码，让二维空间中两个向量相加

代码清单 11-4 展示了三维空间中两个向量（分别对应点 $(-3, 0.5, 8)$ 和 $(1, 5, -5)$）相加，其结果为原点到点 $(-2, 5.5, 3)$ 的向量，如图 11-5 所示。

代码清单 11-4　在三维空间中两个向量相加

```python
import matplotlib.pyplot as plt
from mpl_toolkits.mplot3d import Axes3D

figure = plt.figure()
ax = figure.add_subplot(111, projection='3d')

ax.set_title('3D Vector Space')

# 设置每维坐标名称和范围
ax.set_xlabel('X')
ax.set_xlim(-5, 5)
ax.set_ylabel('Y')
ax.set_ylim(-5, 10)
ax.set_zlabel('Z')
ax.set_zlim(-5, 10)

# 设置原点坐标
origin_X = [0, 0, 0]
origin_Y = [0, 0, 0]
origin_Z = [0, 0, 0]

# 设置三维空间中 3 个点的坐标，其中第三个点的向量（坐标）是前两个点向量（坐标）相加
X = [1, -3, -2]
Y = [5, 0.5, 5.5]
Z = [-5, 8, 3]

# 画出从原点分别到这 3 个点的 3 个向量
ax.quiver(origin_X, origin_Y, origin_Z, X, Y, Z, color='Black')

# 画出两种位移方式
plt.quiver([1], [5], [-5], [-3], [0.5], [8], color='grey')
plt.quiver([-3], [0.5], [8], [1], [5], [-5], color='grey')

# 加上每个数据点的标签
for i in range(0, len(X)):
    ax.text(X[i] + 0.5, Y[i] + 0.5, Z[i] - 1.5, '({},{},{})'.format(X[i], Y[i],
Z[i]))
    ax.grid(b=True, which='major')

plt.show()
```

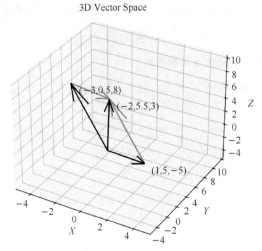

图 11-5　使用代码让三维空间中的两个向量相加

向量之间的乘法默认是点乘，向量 $\boldsymbol{x}$ 的转置 $\boldsymbol{x}^{\mathrm{T}}$ 和 $\boldsymbol{y}$ 的点乘定义如下：

$$\boldsymbol{x}^{\mathrm{T}}\boldsymbol{y} = [x_1 x_2 x_3 \cdots x_n] \begin{bmatrix} y_1 \\ y_2 \\ y_3 \\ \vdots \\ y_n \end{bmatrix} = x_1 y_1 + x_2 y_2 + x_3 y_3 + \cdots + x_n y_n$$

　　向量和矩阵的转置会在下一节介绍，这里转置的操作保证了两个向量可以点乘。点乘的作用是将相乘的两个向量转换成了标量，它有具体的几何含义。我们会用点乘来计算向量的长度以及两个向量间的夹角，所以一般情况下我们会默认向量间的乘法是点乘。至于向量之间的夹角和距离，它们在向量空间模型（vector space model）中发挥了重要的作用。信息检索和机器学习等领域充分利用了向量空间模型，计算不同对象之间的相似程度。在之后的章节里，我会通过向量空间模型，详细介绍向量点乘，以及向量间夹角和距离的计算。

11.1.3　向量空间

　　了解了向量之后，我们来看看向量空间。为了帮助你更好地理解向量空间模型，这里首先给出向量和向量空间的严格定义。假设有一个数的集合 F，它满足“F 中任意两个数的加减乘除法（除数不为零）的结果仍然在这个 F 中”，我们就可以称 F 为一个“域”。我们处理的数据通常都是实数，所以这里我们只考虑实数域。而如果域 F 里的元素都为实数，那么 F 就是实数域。如果 $x_1, x_2, x_3, \cdots, x_n \in F$，那么 F 上的 n 维列向量书写如下：

$$\boldsymbol{x} = \begin{bmatrix} x_1 \\ x_2 \\ x_3 \\ \vdots \\ x_n \end{bmatrix}$$

或者写成转置形式的行向量：

$$[x_1 x_2 x_3 \cdots x_n]^{\mathrm{T}}$$

向量中第 i 个元素，也称为第 i 个分量。F_n 是由 F 上所有 n 维向量构成的集合。我们已经介绍过向量之间的加法，以及标量和向量的乘法。这里我们使用这两个操作来定义向量空间。假设 V 是 F_n 的非零子集，如果对任意的向量 $\boldsymbol{x}$、向量 $\boldsymbol{y} \in V$，都有 $(\boldsymbol{x} + \boldsymbol{y}) \in V$，我们称 V 对向量的加法封闭；如果对任意的标量 $k \in V$，向量 $\boldsymbol{x} \in V$，都有 $k\boldsymbol{x} \in V$，我们称 V 对标量与向量的乘法封闭。如果 V 满足向量的加法封闭性和乘法封闭性，我们就称 V 是 F 上的向量空间。向量空间除了满足这两个封闭性，还满足基本运算法则，如交换律、结合律、分配律等。接下来我们们来看几个重要的概念：向量的长度、向量之间的距离和夹角。

1. 向量之间的距离

有了向量空间，我们就可以定义向量之间的各种距离。我们之前说过，可以将一个向量想象为 n 维空间中的一个点。而向量空间中两个向量之间的距离，就是这两个向量所对应的点之间的距离。距离通常都是大于 0 的，这里介绍几种常用的距离，包括曼哈顿距离、欧氏距离、切比雪夫距离和闵可夫斯基距离。

（1）曼哈顿距离（Manhattan distance）度量的名字由来非常有趣。你可以想象一下，在美国人口稠密的曼哈顿地区，从一个十字路口开车到另外一个十字路口，驾驶距离是多少呢？当然不是两点之间的直线距离，因为你无法穿越挡在其中的高楼大厦。你只能驾车绕过这些建筑物，实际的驾驶距离就叫作曼哈顿距离。因为这些建筑物的排列都是规整划一的，形成了一个个的街区，所以我们也可以形象地称它为"城市街区"距离。图 11-6 可以帮助你理解这种距离。

从图 11-6 中可以看出，从 A 点到 B 点有多条路径，但是无论哪条路径，曼哈顿距离都是一样的。在二维空间中，两个点（实际上就是二维向量）$\boldsymbol{x}(x_1, x_2)$ 与 $\boldsymbol{y}(y_1, y_2)$ 间的曼哈顿距离 MD 计算如下：

$$MD(\boldsymbol{x}, \boldsymbol{y}) = |x_1 - y_1| + |x_2 - y_2|$$

其中 $|x_1 - y_1|$ 表示 x_1 和 y_1 这两者差的绝对值。推广到 n 维空间，曼哈顿距离的计算公式为：

$$MD(\boldsymbol{x}, \boldsymbol{y}) = \sum_{i=1}^{n} |x_i - y_i|$$

其中 n 表示向量维度，x_i 表示第一个向量的第 i 维元素的值，y_i 表示第二个向量的第 i 维元素的值。

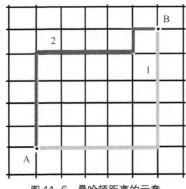

图 11-6   曼哈顿距离的示意

（2）欧氏距离（Euclidean distance）其实就是欧几里得距离。欧氏距离是一个常用的距离定义，指在 n 维空间中两个点之间的真实距离，在二维空间中，两个点 $\boldsymbol{x}(x_1, x_2)$ 与 $\boldsymbol{y}(y_1, y_2)$ 间的欧氏距离 ED 是：

$$ED(\boldsymbol{x}, \boldsymbol{y}) = \sqrt{(x_1 - y_1)^2 + (x_2 - y_2)^2}$$

推广到 n 维空间，欧氏距离的计算公式为：

$$ED(\boldsymbol{x}, \boldsymbol{y}) = \sqrt{\sum_{i=1}^{n}(x_i - y_i)^2}$$

（3）切比雪夫距离（Chebyshev distance）模拟了国际象棋里国王的走法。国王可以走临近 8 个格子里的任何一个，那么国王从格子 (x_1, x_2) 走到格子 (y_1, y_2) 最少需要多少步呢？其实这个步数就是二维空间里的切比雪夫距离。一开始，为了走尽量少的步数，国王走的一定是斜线，所以横轴和纵轴方向都会减 1，直到国王的位置和目标位置在某个轴上没有差距，这个时候就改为沿另一个轴每次减 1。所以，国王走的最少格子数是 $|x_1 - y_1|$ 和 $|x_2 - y_2|$ 这两者的较大者。所以，在二维空间中，两个点 $\boldsymbol{x}(x_1, x_2)$ 与 $\boldsymbol{y}(y_1, y_2)$ 间的切比雪夫距离 CD 是：

$$CD(\boldsymbol{x}, \boldsymbol{y}) = \max\left(|x_1 - y_1|, |x_2 - y_2|\right)$$

推广到 n 维空间，切比雪夫距离的计算公式为：

$$CD(\boldsymbol{x}, \boldsymbol{y}) = \mathrm{argmax}_{i=1}^{n}|x_i - y_i|$$

上述 3 种距离都可以用一种通用的形式表示，那就是闵可夫斯基距离（Minkowski distance），也叫闵氏距离。在二维空间中，两个点 $\boldsymbol{x}(x_1, x_2)$ 与 $\boldsymbol{y}(y_1, y_2)$ 间的闵氏距离是：

$$MKD(\boldsymbol{x}, \boldsymbol{y}) = \sqrt[p]{|x_1 - y_1|^p + |x_2 - y_2|^p}$$

两个 n 维变量 $\boldsymbol{x}(x_1, x_2, \cdots x_n)$ 与 $\boldsymbol{y}(y_1, y_2, \cdots, y_n)$ 间的闵氏距离的定义为：

$$MKD(\boldsymbol{x}, \boldsymbol{y}) = \sqrt[p]{\sum_{i=1}^{n}|x_i - y_i|^p}$$

其中 p 是一个变参数，尝试取不同的 p 值，你就会得到如下结果。

- 当 $p=1$ 时，是曼哈顿距离。
- 当 $p=2$ 时，是欧氏距离。
- 当 p 趋近于无穷大的时候，是切比雪夫距离。这是因为当 p 趋近于无穷大的时候，最大的 $|x_i-y_i|$ 会占到全部的权重。

距离可以描述不同向量在向量空间中的差异，所以可以用于描述向量所代表的事物之差异（或相似）程度。

2. 向量的长度

有了向量距离的定义，向量的长度就很容易理解了。向量的长度，也叫向量的模，是向量所对应的点到空间原点的距离。通常我们使用欧氏距离来表示向量的长度。当然，我们也可以使用其他类型的距离。说到这里，我们需要了解"范数"的概念。范数满足非负性、齐次性和三角不等式，常常用来衡量某个向量空间中向量的大小或者长度。

- L_1 范数 $\|x\|$ 是向量 x 各个元素绝对值之和，对应于向量 x 和原点之间的曼哈顿距离。
- L_2 范数 $\|x_2\|$ 是向量 x 各个元素平方和的 $1/2$ 次方，对应于向量 x 和原点之间的欧氏距离。
- L_p 范数 $\|x_p\|$ 是向量 x 各个元素绝对值 p 次方和的 $1/p$ 次方，对应于向量 x 和原点之间的闵氏距离。
- L_∞ 范数 $\|x_\infty\|$ 是向量 x 各个元素绝对值最大那个元素的绝对值，对应于向量 x 和原点之间的切比雪夫距离。

所以，在讨论向量的长度时，我们需要弄清楚 L 是第几范数。

3. 向量之间的夹角

在理解了向量间的距离和向量的长度之后，我们就可以引出向量间夹角的余弦，它计算了空间中两个向量所形成夹角的余弦值，具体的计算公式如下：

$$Cosine(\boldsymbol{x}, \boldsymbol{y}) = \frac{\sum_i (x_i \times y_i)}{\sqrt{\sum_i x_i^2 \times \sum_i y_i^2}}$$

从公式可以看出，分子是两个向量的点乘，而分母是两者长度（或 L_2 范数）的乘积，而 L_2 范数可以使用向量点乘自身的转置来实现。夹角余弦的取值范围在 $[-1.0,1.0]$，当两个向量的方向重合时夹角余弦取最大值 1.0，当两个向量的方向完全相反时夹角余弦取最小值 -1.0。值越大，说明夹角越小，两点相距就越近；值越小，说明夹角越大，两点相距就越远。为了便于你理解向量长度、距离和夹角的关系，图 11-7 展示了空间中两个向量，以及它们的长度、之间的距离和夹角。

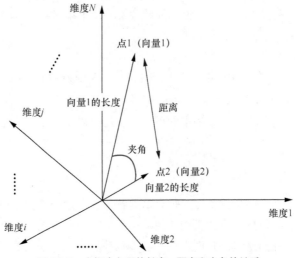

图 11-7　空间中向量的长度、距离和夹角的关系

代码清单 11-5 可视化了三维空间中上述三者的关系，结果如图 11-8 所示。

代码清单 11-5　在三维空间中，两个向量的长度、之间的距离和夹角

```python
import matplotlib.pyplot as plt
from mpl_toolkits.mplot3d import Axes3D
import math
from sklearn.metrics.pairwise import cosine_similarity

figure = plt.figure()
ax = figure.add_subplot(111, projection='3d')

ax.set_title('3D Vector Space')

# 设置每维坐标名称和范围
ax.set_xlabel('X')
ax.set_xlim(-4, 3)
ax.set_ylabel('Y')
ax.set_ylim(-1, 6)
ax.set_zlabel('Z')
ax.set_zlim(-5, 10)

# 设置出发点坐标
origin_X = [0, 0, -3]
origin_Y = [0, 0, 0.5]
origin_Z = [0, 0, 8]

# 设置三维空间中 2 个点（向量）、表示它们之间距离的向量的坐标
X = [1, -3, 4]
Y = [5, 0.5, 4.5]
```

```
Z = [-5, 8, -13]

# 画出从原点分别到这 2 个点的 2 个向量，以及表示两个向量之间距离的向量
ax.quiver(origin_X, origin_Y, origin_Z, X, Y, Z, color='Black')
# 加上每个数据点的标签
for i in range(0, len(X) - 1):
    ax.text(X[i] + 0.2, Y[i] + 0.2, Z[i] - 0.5, '({},{},{})'.format(X[i], Y[i], Z[i]))
ax.grid(b=True, which='major')

# 用于计算向量长度、之间的距离和夹角的数据
origin = [0, 0, 0]
v1 = [1, 5, -5]
v2 = [-3, 0.5, 8]

# 计算第一个向量的长度
l1 = round(math.sqrt(sum([(v1 - o) ** 2 for v1, o in zip(v1, origin)])), 2)
ax.text(0, 1, -3, 'l1={}'.format(l1))

# 计算第二个向量的长度
l2 = round(math.sqrt(sum([(v2 - o) ** 2 for v2, o in zip(v2, origin)])), 2)
ax.text(-2, -1, 1, 'l2={}'.format(l2))

# 计算两个向量之间的距离
dist = round(math.sqrt(sum([(v1 - v2) ** 2 for v1, v2 in zip(v1, v2)])), 2)
ax.text(0.5, 2, 3, 'dist={}'.format(dist))

# 计算两个向量之间夹角的余弦
cos = round(cosine_similarity([v1], [v2])[0][0], 2)
ax.text(0.1, 0.1, 1, 'cos={}'.format(cos))

plt.show()
```

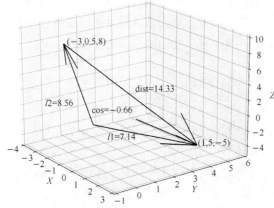

图 11-8　三维空间中，两个向量的长度、距离和夹角的可视化

4. 向量空间模型

理解了向量间距离和夹角余弦这两个概念，再来看向量空间模型（vector space model）就不难了。向量空间模型假设所有的对象都可以转化为向量，然后使用向量间的距离（通常是欧氏距离）或者是向量间的夹角余弦来表示两个对象之间的相似度。因为夹角余弦的取值范围已经在 [−1.0,1.0]，而且取值越大表示越相似，所以可以直接作为相似度的取值。相对于夹角余弦，欧氏距离 ED 的取值范围可能很大，而且和相似度呈反比关系，所以通常要进行下面这种归一化：

$$\frac{1}{ED+1}$$

当 ED 为 0 的时候，变化后的值就是 1，表示相似度为 1，即完全相同。当 ED 趋向于无穷大的时候，变化后的值就是 0，表示相似度为 0，即完全不同。所以，这个变化后的值，取值范围在 0 到 1 之间，而且和相似度呈正比关系。早在 20 世纪 70 年代，人们将向量空间模型应用于信息检索领域。由于向量空间可以形象地表示数据点之间的相似度，因此现在我们也常常将这个模型应用在基于相似度的一些机器学习算法中，例如 K 最近邻（KNN）分类、K 均值（K-Means）聚类等。

11.2　矩阵

了解了向量和向量空间之后，我们来看看如何使用矩阵来描述向量空间，针对向量进行运算，以及衡量不同向量之间的关系。

11.2.1　矩阵的运算

矩阵由多个长度相等的向量组成，其中的每列或者每行就是一个向量。因此，我们将向量延伸一下就能得到矩阵（matrix）。从数据结构的角度看，向量是一维数组，那么矩阵就是一个二维数组。如果二维数组里绝大多数元素都是 0 或者不存在的值，那么我们就称这个矩阵很稀疏（sparse）。对于稀疏矩阵，我们可以使用哈希表的链地址法来表示。所以，矩阵中的每个元素有两个索引。

我们使用加粗的斜体大写字母表示一个矩阵，例如 X，$x_{1,2}$, $x_{2,2}$, …, $x_{n,m}$ 表示矩阵中的每个元素，而这里面的 n 和 m 分别表示矩阵的行维数和列维数。我们换个角度来看，向量其实也是一种特殊的矩阵。如果一个矩阵是 $n×m$ 维，那么一个 $n×1$ 的矩阵也称为一个 n 维列向量；而一个 $1×m$ 矩阵也称为一个 m 维行向量。同样，我们也可以定义标量和矩阵之间的加法和乘法，只需要将标量和矩阵中的每个元素相加或相乘就可以了。剩下的问题就是，矩阵和矩阵之间是如何进行加法和乘法的呢？矩阵加法比较简单，只要保证参与运算的两个矩阵具有相同的行维数和列维数，我们就可以将对应的元素两两相加。而乘法略微烦琐一些，如果写成公式就是这种形式：

$$Z = XY$$

$$z_{i,j} = \sum_k x_{i,k} y_{k,j}$$

其中，矩阵 Z 为矩阵 X 和 Y 的乘积，X 是形状为 $i×k$ 的矩阵，而 Y 是形状为 $k×j$ 的矩阵。X 的列数 k 必须和 Y 的行数 k 相等，两者才可以进行这样的乘法。我们可以将这个过程看作矩阵 X 的行向量和矩阵 Y 的列向量两两进行点乘，图 11-9 展示了其步骤。

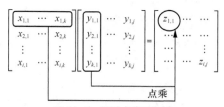

图 11-9 矩阵点乘的步骤

两个矩阵中对应元素进行相乘，这种运算也是存在的，我们称它为元素对应乘积，或者 Hadamard 乘积。除了加法和乘法，矩阵还有一些其他重要的运算，包括转置、求逆矩阵、求特征值和求奇异值等。转置（transposition）是指矩阵内的元素行索引和列索引互换，例如 $x_{i,j}$ 变为 $x_{j,i}$，相应地，矩阵的形状由转置前的 $n×m$ 变为转置后的 $m×n$。从几何的角度来说，矩阵的转置就是原矩阵以对角线为轴进行翻转后的结果。图 11-10 展示了矩阵 X 转置之后的矩阵 X^{T}。

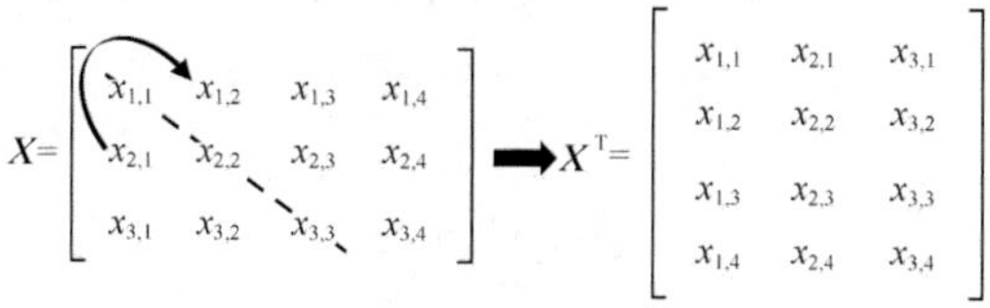

$$X=\begin{bmatrix} x_{1,1} & x_{1,2} & x_{1,3} & x_{1,4} \\ x_{2,1} & x_{2,2} & x_{2,3} & x_{2,4} \\ x_{3,1} & x_{3,2} & x_{3,3} & x_{3,4} \end{bmatrix} \longrightarrow X^{\mathrm{T}}=\begin{bmatrix} x_{1,1} & x_{2,1} & x_{3,1} \\ x_{1,2} & x_{2,2} & x_{3,2} \\ x_{1,3} & x_{2,3} & x_{3,3} \\ x_{1,4} & x_{2,4} & x_{3,4} \end{bmatrix}$$

图 11-10 矩阵的转置

除了转置矩阵，另一个重要的概念是逆矩阵。为了理解逆矩阵（inverse matrix）或矩阵的逆（matrix inversion），我们首先要理解单位矩阵（identity matrix）。单位矩阵中，所有沿主对角线的元素都是 1，而其他位置的所有元素都是 0。通常我们只考虑单位矩阵为方阵的情况，也就是行数和列数相等，记作 I_n，n 表示维数。一个 I_3 矩阵的示例如下：

$$\begin{bmatrix} 1 & 0 & 0 \\ 0 & 1 & 0 \\ 0 & 0 & 1 \end{bmatrix}$$

如果有矩阵 X，我们将它的逆矩阵记作 X^{-1}，两者相乘的结果是单位矩阵，写成公式就是如下形式：

$$X^{-1}X = I_n$$

特征值和奇异值的概念以及求解比较复杂了，从大体上来理解，它们可以帮助我们找到矩阵最主要的特点。通过这些运算，我们就可以在机器学习算法中降低特征向量的维数，达到特征选择和变换的目的。在之后的章节中，我们会结合案例详细讲解。

11.2.2　矩阵运算的几何意义

　　和向量的乘法类似，矩阵的乘法也有对应的几何意义。多维的向量空间很难理解，所以我们还是从简单的二维空间开始。首先，我们需要明白什么是二维空间中的正交向量。正交向量的定义非常简单，只要两个向量的点乘结果为 0，那么它们就是正交的。理解了正交向量之后，我们来定义一个二维空间，这个空间的横坐标为 x，纵坐标为 y，空间中的一个点坐标为 $(1,2)$，对于这个点，我们可以将从原点到它的线段投影到 x 轴和 y 轴，这条线段在 x 轴上投影的长度为 1，在 y 轴上投影的长度为 2，如图 11-11 所示。

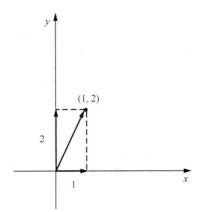

图 11-11　二维空间中一个向量在 x 轴和 y 轴的投影

　　对于这个点，我们使用一个矩阵 X_1 左乘这个点的坐标，看看会发生什么。

$$X_1 = \begin{bmatrix} 3 & 0 \\ 0 & 2 \end{bmatrix}$$

$$\begin{bmatrix} 3 & 0 \\ 0 & 2 \end{bmatrix} \begin{bmatrix} 1 \\ 2 \end{bmatrix} = \begin{bmatrix} 3 \\ 4 \end{bmatrix}$$

　　我们将结果转成坐标系里的点，它的坐标是 $(3,4)$，将从原点到 $(1,2)$ 的线段，和从原点到 $(3,4)$ 的线段进行比较，你会发现线段发生了旋转，而且长度也发生了变化，这就是矩阵左乘所对应的几何意义。我们还可以对这个矩阵 X_1 分析一下，看看它到底表示什么含义，以及为什么它会导致线段的旋转和长度的变化。

　　要看一个矩阵的特征，需要分析它的特征向量和特征值。因为矩阵 X_1 是一个对角矩阵，所以特征值很容易求解，分别是 3 和 2。而对应的特征向量是 $[1,0]$ 和 $[0,1]$。在后面的章节，我们会对矩阵的特征值和特征向量的求解进行详细的解释。这里，我们只需要理解，在二维空间中，坐标 $[1,0]$ 实际上表示的是 x 轴的方向，而 $[0,1]$ 实际上表示的是 y 轴的方向。特征值 3 对应特征向量 $[1,0]$ 就表明在 x 轴方向拉伸为原来的 3 倍，特征值 2 对应特征向量 $[0,1]$ 就表明在 y 轴方向拉伸为原来的 2 倍。所以，矩阵 X_1 的左乘，就表示将原有向量在 x 轴上拉伸为原来的 3 倍，而

在 y 轴上拉伸为原来的 2 倍,如图 11-12 所示。

当然,矩阵的特征向量不一定是 x 轴和 y 轴,它们可以是二维空间中任何相互正交的向量。下面,我们再来看一个稍微复杂一点的例子。这次我们从两个正交的向量开始。

$$\begin{bmatrix} \dfrac{1}{\sqrt{2}} & \dfrac{1}{\sqrt{2}} \end{bmatrix}$$

$$\begin{bmatrix} \dfrac{1}{\sqrt{2}} & \dfrac{-1}{\sqrt{2}} \end{bmatrix}$$

图 11-13 展示了这两个向量在空间的方向。

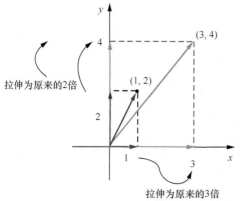

图 11-12　二维空间中,矩阵左乘向量后的效果

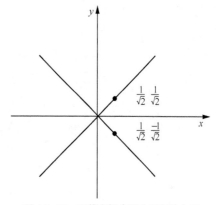

图 11-13　二维空间中两个正交的向量

然后我们用这两个向量构建一个矩阵 V:

$$\begin{bmatrix} \dfrac{1}{\sqrt{2}} & \dfrac{1}{\sqrt{2}} \\[2ex] \dfrac{1}{\sqrt{2}} & \dfrac{-1}{\sqrt{2}} \end{bmatrix}$$

因为 $VV^{\mathrm{T}} = I$,所以我们可以使用它,外加一个特征值组成的对角矩阵 Σ,来构建另一个用于测试的矩阵 $X_2 = V\Sigma V^{\mathrm{T}}$。我们假设两个特征值分别是 0.5 和 2,所以有:

$$X_2 = V\Sigma V^{\mathrm{T}} = \begin{bmatrix} \dfrac{1}{\sqrt{2}} & \dfrac{1}{\sqrt{2}} \\[2ex] \dfrac{1}{\sqrt{2}} & \dfrac{-1}{\sqrt{2}} \end{bmatrix} \begin{bmatrix} 0.5 & 0 \\ 0 & 2 \end{bmatrix} \begin{bmatrix} \dfrac{1}{\sqrt{2}} & \dfrac{1}{\sqrt{2}} \\[2ex] \dfrac{1}{\sqrt{2}} & \dfrac{-1}{\sqrt{2}} \end{bmatrix} = \begin{bmatrix} 1.25 & -0.75 \\ -0.75 & 1.25 \end{bmatrix}$$

根据我们之前的解释,如果让矩阵 X_2 左乘任何一个向量,就是让向量沿 $\begin{bmatrix} \dfrac{1}{\sqrt{2}} & \dfrac{1}{\sqrt{2}} \end{bmatrix}$ 方向压

缩为原来的一半,而在 $\begin{bmatrix} \dfrac{1}{\sqrt{2}} & \dfrac{-1}{\sqrt{2}} \end{bmatrix}$ 方向拉伸为原来的两倍。为了验证这一点,我们让 $\boldsymbol{X}_2$ 左乘向

量 $\begin{bmatrix} 1 \\ 2 \end{bmatrix}$,获得新向量:

$$\begin{bmatrix} 1.25 & -0.75 \\ -0.75 & 1.25 \end{bmatrix}\begin{bmatrix} 1 \\ 2 \end{bmatrix} = \begin{bmatrix} -0.25 \\ 1.75 \end{bmatrix}$$

将这个新的坐标 $(-0.25, 1.75)$ 和原坐标 $(1,2)$ 都放到二维坐标系中,并让它们分别在

$\begin{bmatrix} \dfrac{1}{\sqrt{2}} & \dfrac{1}{\sqrt{2}} \end{bmatrix}$ 和 $\begin{bmatrix} \dfrac{1}{\sqrt{2}} & \dfrac{-1}{\sqrt{2}} \end{bmatrix}$ 这两个方向进行投影,然后比较一下投影的长度,你就会发现伸缩的

变化了,具体如图 11-14 所示。

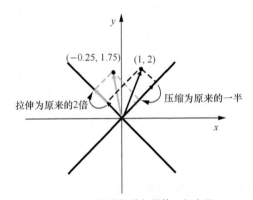

图 11-14   矩阵左乘向量的几何表示

弄清楚了矩阵左乘向量的几何意义,那么矩阵左乘矩阵的几何意义也就不难理解了。假设让矩阵 $\boldsymbol{X}$ 左乘矩阵 $\boldsymbol{Y}$,那么可以将右矩阵 $\boldsymbol{Y}$ 看作一堆列向量的集合,而左乘矩阵 $\boldsymbol{X}$ 就是对每个 $\boldsymbol{Y}$ 中的列向量进行变换。如果二维空间理解了,那么三维、四维以至 n 维空间就可以以此类推了。

第 12 章

文本处理中的向量空间模型

在第 11 章中，我们详细解释了向量和向量空间。在本章中，我们将了解如何使用向量空间模型来进行文本类数据的处理，包括信息检索、文本聚类和文本分类。

12.1 信息检索

信息检索技术在近几十年来被广泛使用，我们平时使用的搜索引擎、推荐引擎甚至是数据分析平台，都有它的身影，而向量空间模型是信息检索领域中最为重要的算法之一。

12.1.1 信息检索的概念

首先，我们先来看一下什么是信息检索，以及基本的排序模型有哪些。这样就能理解为什么我们需要使用向量空间模型了。

现在的信息检索技术已经相当成熟，并影响我们日常生活的方方面面。搜索引擎就是这项技术的最佳体现，人们输入一个查询，然后系统就能返回相关的信息。笼统地说，信息检索就是让计算机根据用户信息需求，从大规模、非结构化的数据中，找出相关的资料。这里的“非结构化”其实是对经典的关系型数据库（relation database）而言的，如 DB2、Oracle DB、MySQL 等。数据库里的记录都有严格的字段定义（schema），是“结构化”数据的典型代表。相反，“非结构化”没有这种严格的定义，互联网世界里所存储的海量文本就是“非结构化”数据的典型代表。因为这些文本如果没有经过我们的分析，对于其描述的主题、写作日期、作者等信息，我们是一无所知的。自然，我们也就无法将其中的内容和已经定义好的数据库字段进行匹配，所以这也是数据库在处理非结构化数据时非常乏力的原因。这时候就需要采用信息检索技术来帮助我们。

在信息检索中，相关性是个永恒的话题。“这篇文章是否和体育相关？”当被问及这个问题时，我们需要大致看一下文章的内容才能做出正确的判断。可是，迄今为止，计算机尚无法真正懂得人类的语言，它们该如何判断呢？好在科学家们设计了很多模型，帮助计算机处理基于文本的相关性。最简单的模型是布尔模型，它借助了逻辑（布尔）代数的基本思想。如果我想看一篇文章是否关于体育，最简单的方法莫过于看看其中是否提到和体育相关的关键词，如"足球""NBA""奥运会"等。如果有，就相当于返回值为"真"，可以认为这篇文章是相关的。如果没有，就相当于返回值为"假"，可以认为这篇文章不相关。这就是布尔模型的核心思想。下面列出了要求全部关键词都出现的查询条件：

$$\text{keyword}_1 \text{ AND keyword}_2 \text{ AND} \cdots \text{AND kdyword}_n$$

当然，我们可以根据具体的需求，在查询条件中加入"OR"，允许进行部分关键词的匹配。和布尔模型相比，向量空间模型更为复杂，也更为合理。向量空间模型的重点是将文档转换为向量，然后比较向量之间的距离或者基于余弦夹角的相似度。在转换的时候，我们通常会使用词袋的方式，忽略了词在文档中出现的顺序，以简化计算复杂度。类似地，这个模型也会将用户输入的查询转换为向量。如此一来，相关性问题就转化为计算查询向量和文档向量之间的距离或者相似度了。距离越小或者说相似度越高，我们就认为相关度越高。相对于标准的布尔模型，向量空间模型的主要优势在于，允许文档和查询之间的部分匹配、连续的相似度以及基于这些的排序。结果不再局限于布尔模型的"真""假"值。此外，词或词组的权重可以不再是二元的，而是可以使用 TF-IDF 这样的机制。

12.1.2　信息检索中的向量空间模型

整个方法从大体上来说，可以分为 4 个主要步骤。

（1）将文档集合都转换成向量的形式；

（2）将用户输入的查询转换成向量的形式，然后将这个查询的向量和所有文档的向量进行比对，计算出基于距离或者夹角余弦的相似度；

（3）根据查询和每个文档的相似度，找出相似度最高的文档，认为它们是和指定查询最相关的文档；

（4）评估查询结果的相关性。

这里我们主要侧重讲解和向量空间模型最相关的前两步。

1. 将文档转换为特征向量

任何向量都有两个主要的构成要素：维度和取值。这里的维度表示向量有多少维分量、每个分量的含义是什么，而取值表示每个分量的数值是多少。而原始的文档和向量差别很大，我们需要经过若干预处理。

我们首先来看看如何为文档创建向量的维度。简单地说，我们要将文档中唯一的词或者词组，作为向量的一个维度。在第 7 章中，我们介绍了如何基于词袋的方式来预处理文档，包括针对中文等语系的分词操作、针对英文等拉丁语系的取词干和归一化处理，以及所有语言都会碰到的停用词、同义词和扩展词处理等。完成了前面这些预处理，我们就可以获得每篇文档出现的词和词组。而通过对所有文档中的词和词组进行去重，我们就可以构建整个文档集合的词汇表（vocabulary）。向量空间模型将字典中的每个词作为向量的一个维度。

有了向量的维度，我们再来考虑每个维度需要取什么值。最简单的方法是用"1"表示这个词条出现在文档中，"0"表示没有出现。不过这种方法没有考虑每个词的权重。有些词经常出现，它更能表达文档的主要思想，对于计算机的分析能起到更大的作用。对于这一点，有两种常见的改进方法，分别使用 *tf* 和 *tf-idf* 来实现。我们先来看基于词频 *tf* 的方法。假设我们有一个文档集合 *c*，*d* 表示 *c* 中的一个文档，*t* 表示一个词，那么我们使用 *tf* 表示词频，也就是一个词 *t* 在文档 *d* 中出现的次数。这种方法的假设是，如果某个词在文档中的 *tf* 越高，那么这个词对这个文档来说就越重要。另一种改进方法，不仅考虑了 *tf*，还考虑了 *idf*。这里 *idf* 表示逆文档频率。首先，*df* 表示文档频率，也就是文档集合 *c* 中出现某个词 *t* 的文档数量。一般的假设是，某个词 *t* 在文档集合 *c* 中，它出现在越多的文档中，那么其重要性越低，反之则越高。刚开始可能感觉有点困惑，但是仔细想想不难理解。举个例子，在讨论体育的文档集合中，"体育"一词可能会出现在上万篇文档中，它的出现并不能使某篇文档变得和"体育"这个主题更相关。相反，如果只有 3 篇文档讨论到中国足球，那么这 3 篇文档和中国足球的相关性就远远高于其他文档。"中国足球"这个词组在文档集合中就应该拥有更高的权重，用户检索"中国足球"时，这 3 篇文档应该排在更前面。所以，我们通常用 *df* 的反比例指标 *idf* 来表示这种重要程度，基本公式如下：

$$idf = \log \frac{N}{df}$$

有的时候，我们为了防止出现分母 *df* 为 0 的情况，会给 *df* 加上一个极小值，如 1，这种技术称为平滑（smoothing）。

$$idf = \log \frac{N}{df+1}$$

其中，*N* 是整个文档集合中的文档数量，log 是为了确保 *idf* 分值不要远远高于 *tf* 而埋没 *tf* 的贡献。这样一来，词 *t* 的 *df* 越低，其 *idf* 越高，*t* 的重要性就越高。那么综合起来 *tf-idf* 的基本公式表示如下：

$$tf\text{-}idf = tf \times idf = tf \times \log \frac{N}{df+1}$$

一旦完成了从原始文档到向量的转换，系统就可以接受用户的查询（query）了。

2. 查询和文档的匹配

在计算查询和文档的相似度之前，我们还需要将查询转换成向量。因为用户的查询也是由自然语言组成，所以这个转换的流程和文档的转换流程基本一致。不过，查询也有它的特殊性，需要注意下面几个问题。

（1）查询和文档长度不一致。人们输入的查询通常都很短，甚至都不是一个句子，而只是几个关键词。这种情况下，你可能会觉得两个向量的维度不同，无法计算它们之间的距离或夹角余弦。对于这种情况，我们可以使用文档字典中所有的词条来构建向量。如果某维分量所对应的词条出现在文档或者查询中，就取 1、*tf* 或 *tf-idf* 值，如果没有出现就取 0。这样，文档向量和查询向量的维度就相同了，只是查询向量更稀疏，具有多维度的 0。

（2）查询里出现了文档集合里没有的词。简单的做法是直接去除这维分量，也可以使用相对于其他维度来说极小的一个数值，这和平滑技术类似。

（3）查询里词条的 *idf* 该如何计算。如果我们使用 *tf-idf* 机制来计算向量中每个维度的值，那么就要考虑这个问题。因为查询本身并不存在文档集合的概念，所以也就不存在 *df* 和 *idf*。对于这种情况，我们可以借用文档集合里对应词条的 *idf*。

将查询转换成向量之后，我们就可以将这个查询的向量和所有文档的向量依次比对，看看查询和哪些文档更相似。我们可以结合上一节所说的，计算向量之间的距离或者夹角余弦。因为夹角余弦不用进行归一化，所以这种方法更为流行。需要注意的是，信息检索里，夹角余弦的取值范围通常为 $[0,1.0]$，而不再是 $[-1.0,1.0]$。这是因为在进行文档处理的时候，我们根据词的出现与否，设置 0、1、*tf* 或者 *tf-idf*，因此向量的每个分量的取值都为正。在第二篇"概率统计"中，我们介绍过特征选择和特征值间的转换。由于文档的向量往往是非常稀疏的，我们也可能需要对转换后的文档和查询向量进行这两项操作。

3．排序和评估

完成了前两步，后面的排序和评估就很直观了。我们按照和输入查询的相似度，对所有文档进行相似度由高到低的排序，然后取出排序靠前的若干文档，作为相关的信息返回。当然，你需要注意，这里所说的"相关性"是从向量空间模型的角度出发的，不代表所返回的信息一定满足用户的需求。因此，我们还需要设计各种离线或者在线的评估，来衡量向量空间模型的效果。由于这些内容不是线性代数的关注点，这里不展开。

值得注意的是，我们这里所介绍的计算相似度并排序的过程，只是最基本的实现，而这种实现并没有考虑效率的问题。假设查询的平均长度（或词条数量）远远小于文档的平均长度，我们将查询的平均长度记作 m，那么对于每次计算查询向量和文档向量的相似度，时间复杂度都是 $O(m)$。假设文档集合中文档的数量平均是 n，那么根据时间复杂度的四则运算法则，将查询和所有文档比较的时间复杂度是 $O(m \times n)$。第 5 章曾经提到过倒排索引的案例，我们可以将倒排索引和向量空间模型相结合。倒排索引可以快速找到包含查询词的候选文档，这样就避免了不必要的向量计算。

12.2 文本聚类

实际上，除了文档的相关性，向量空间中的距离或者夹角余弦相似度还可以用在机器学习的算法中。本节我们来讲一下如何在聚类算法中使用向量空间模型，并最终实现过滤重复文档。

12.2.1 聚类算法的概念

在第二篇"概率统计"中，我们介绍了分类和回归这两种监督学习。监督学习通过训练样本学习并构建一个模型，并依此模型对新的实例进行预测。不过，在实际场景中，我们常常会遇到另一种更为复杂的情况。这时候不存在任何关于样本的先验知识，而是需要机器在无人指导的情形下将很多东西进行归类。由于缺乏训练样本，这种学习称为无监督学习，也就是我们通常所说的聚类（clustering）。在这种学习体系中，系统必须通过一种有效的方法发现样本的内在相似性，并将数据对象以群组（cluster）的形式进行划分。

谈到相似性，你可能已经想到了利用特征向量和向量空间模型，这确实是可行的方法。不过，为了让你全面了解在整个无监督学习中如何运用向量空间，让我们先从一个具体的聚类算法开始。这个算法的名称是 K 均值（K-Means）聚类算法，它让我们可以在一个任意多的数据上，得到一个事先定好群组数量（K）的聚类结果。这种算法的核心思想是：尽量最大化总的群组内的相似度，同时尽量最小化群组间的相似度。群组内或群组间的相似度，是通过各个成员和群组质心相比较来确定的。想法很简单，但是在样本数量达到一定规模后，希望通过排列组合所有的群组划分，来找到最大总群组内的相似度几乎是不可能的。于是人们提出如下的求近似解的方法。

（1）从 N 个数据对象中随机选取 K 个对象作为质心，这里每个群组的质心的定义是，群组内所有成员对象的平均值。因为是第一轮，所以第 i 个群组的质心就是第 i 个对象，而且这时候我们只有这一个成员。

（2）对剩余的对象，测量它和每个质心的相似度，并将它归到最近的质心所属的群组。这里我们可以说距离，也可以说相似度，只是两者呈反比关系。

（3）重新计算已经得到的各个群组的质心。这里质心的计算是关键，如果使用特征向量来表示数据对象，那么最基本的方法是取群组内成员的特征向量，将它们的平均值作为质心的向量表示。

（4）迭代上面的第 2 步和第 3 步，直至新的质心与原质心相等或相差之值小于指定阈值，算法结束。

图 12-1 以二维空间为例子，展示了数据对象聚类的过程。

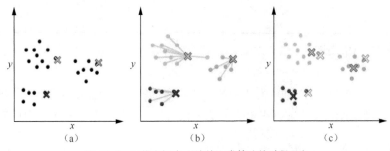

图 12-1　二维空间中 K 均值聚类算法的过程示意

图 12-1 中展示了质心和群组逐步调整的过程。我们一一来看。图 12-1a 选择初始质心，质心用不同色阶的叉号表示；图 12-1b 开始进行聚类，将点分配到最近的质心所在的群组；图 12-1c 重新计算每个群组的质心，你会发现叉号的位置发生了改变。之后就是如此反复，进入下一轮聚类。总体来说，K 均值算法是通过不断迭代、调整 K 个聚类质心的算法。而质心或者群组的中心点，是通过求群组所包含的成员之平均值来计算的。

12.2.2　使用向量空间进行聚类

明白了 K 均值聚类算法的核心思想，再来理解向量空间模型在其中的运用就不难了。我们仍然以文本聚类为例，讲一下如何使用向量空间模型和聚类算法去除重复的新闻。我们在看新闻的时候，一般都希望不断看到新的内容。可是，由于现在的报道渠道非常丰富，经常会出现热点新闻霸占版面的情况。假如我们不想总是看到重复的新闻，应该怎么办呢？有一种做法就是对新闻进行聚类，那么内容非常类似的新闻就会被聚类到同一个分组，然后对每个分组我们只选择 1 ~ 2 篇显示就够了。基本思路确定后，我们可以将整个方法分为 3 个主要步骤。

（1）将文档集合都转换成向量的形式，具体操作和 12.1 节所讲述的内容相似。

（2）使用 K 均值算法对文档集合进行聚类。这个算法的关键是如何确定数据对象和群组质心之间的相似度。针对这一点，有两点需要关注。

- 使用向量空间中的距离或者夹角余弦，计算两个向量的相似度。
- 计算质心的向量。K 均值里，质心是群组里成员的平均值。所以，我们需要求群组里所有文档向量的平均值。求法非常直观，就是分别为每维分量求平均值，具体的计算公式如下：

$$x_i = \arg \mathrm{avg}_{j=1}^{n}(x_{i,j})$$

其中，x_i 表示质心向量的第 i 个分量，$x_{i,j}$ 表示该聚类中第 j 个向量的第 i 个分量，而 $j = 1, 2, \cdots, n$ 表示属于某个聚类群组的所有向量。

（3）在每个分类中，选出和质心最接近的几篇文章作为代表，而其他的文章作为冗余的内容被过滤掉。下面使用 Python 里的 sklearn 库来展示使用欧氏距离的 K 均值算法。在尝试下面的代码之前，你需要看看自己的机器上是不是已经安装了 scikit-learn。scikit-learn 是 Python 常用的机器学习库，它提供了大量的机器学习算法的实现和相关的文档，还内置了一些公开数据集。我们这里自定义了一个很小的测试文档集，它包含了 7 句话，其中 2 句关于篮球，2 句关于电影，还有 3 句关于游戏，具体细节如代码清单 12-1 所示。

代码清单 12-1 *K* 均值聚类示例

```
from sklearn.feature_extraction.text import CountVectorizer
from sklearn.feature_extraction.text import TfidfTransformer
from sklearn.cluster import KMeans


# 测试的文档集合
corpus = ['I like great basketball game',
          'This video game is the best action game I have ever played',
          'I really really like basketball',
          'How about this movie? Is the plot great?',
          'Do you like RPG game?',
          'You can try this FPS game',
          'The movie is really great, so great! I enjoy the plot']

# 将文档中的词语转换为字典和相应的向量
vectorizer = CountVectorizer()
vectors = vectorizer.fit_transform(corpus)

# 输出所有的词条（所有维度的特征）
print('所有的词条（所有维度的特征）')
print(vectorizer.get_feature_names())
print('\n')

# 输出(文章 ID，词条 ID) 词频
print('(文章 ID，词条 ID) 词频')
print(vectors)
print('\n')

# 构建 tfidf 的值
transformer = TfidfTransformer()
tfidf = transformer.fit_transform(vectorizer.fit_transform(corpus))

# 输出每个文档的向量
tfidf_array = tfidf.toarray()
words = vectorizer.get_feature_names()

for i in range(len(tfidf_array)):
    print ("*********第", i + 1, "个文档中，所有词语的 tf-idf*********")
    # 输出向量中每个维度的取值
    for j in range(len(words)):
```

```
        print(words[j], ' ', tfidf_array[i][j])
    print('\n')

# 进行聚类，在这个版本里默认使用的是欧氏距离
clusters = KMeans(n_clusters=3)
s = clusters.fit(tfidf_array)

# 输出所有质心点，可以看到质心的向量是群组内成员向量的平均值
print('所有质心的向量')
print(clusters.cluster_centers_)
print('\n')

# 输出每个文档所属的群组
print('每个文档所属的群组')
print(clusters.labels_)

# 输出每个群组内的文档
dict = {}
for i in range(len(clusters.labels_)):
    label = clusters.labels_[i]
    if label not in dict.keys():
        dict[label] = []
        dict[label].append(corpus[i])
    else:
        dict[label].append(corpus[i])
print(dict)
```

为了帮助你理解，代码输出了每个群组的质心，也就是其中成员向量的平均值。最后，我们也输出了 3 个群组中所包含的句子。根据运行结果显示，系统可以将属于 3 个主题的句子区分开来。

```
{2: ['I like great basketball game', 'I really really like basketball'], 0: ['This
video game is the best action game I have ever played', 'Do you like RPG game?', 'You
can try this FPS game'], 1: ['How about this movie? Is the plot great?', 'The movie
is really great, so great! I enjoy the plot']}
```

由于 K 均值算法具体的实现可能不一样，而且初始质心的选择也有一定的随机性，因此你看到的结果可能稍有不同。

12.3　文本分类

除了聚类这种非监督式的学习，在监督式的分类算法中，我们也可以利用向量空间模型，最典型的代表是 K 最近邻分类法（K nearest neighbor，KNN）。这是一种基于实例的归纳学习，

训练时计算量几乎没有计算负担，但是在面对新数据对象时却有很高的计算开销。KNN 分类算法的核心思想是，假定所有的数据对象对应于 n 维空间中的点，如果一个数据对象在特征空间中的 K 个最相邻对象中的大多数属于某一个类别，则该对象也属于这个类别，并具有这个类别上样本的特征。KNN 方法在类别决策时，只与极少量的相邻样本有关。由于主要是靠周围有限的邻近样本，因此对于类域的交叉或重叠较多的待分样本集来说，KNN 方法较其他方法更为适合。图 12-2 表示了 K 最近邻分类算法的一个简单过程。因为数据对象的特征维数通常远超过 2 维，所以这里将多维空间中的点简单地投影到二维空间，以便于展示和理解。图 12-2

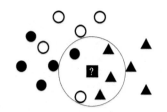

图 12-2 二维空间中 K 最近邻分类算法的过程示意

中的 K 设置为 5，待判定的新数据对象"？"最近的 5 个邻居中，有 3 个三角形、1 个圆形和 1 个圆环，因此取最多数的三角形作为该未知对象的分类标签。

KNN 训练阶段的计算量较小，下面给出算法的大致流程。

（1）向 KNN 输入训练数据、分类标签、特征列表、相似度定义（这里使用向量空间的距离或者夹角余弦来定义相似度）、K 设置值等数据。

（2）KNN 算法预处理训练数据，进行必要的特征转换，例如将所有训练数据转换为向量。

（3）给定待预测的新数据，进行必要的特征转换，将新的数据转换为向量。

（4）在训练数据集中寻找最近的 K 个邻居。

（5）统计 N 个邻居中最多数的分类标签，赋给给定的新数据。

我们可以对 KNN 算法进行一个直观的改进，根据每个近邻和待测点的距离，将更大的权值赋给更近的邻居。你可能觉得 K 最近邻和 K 均值算法很相似，不过两者最大的区别在于 K 最近邻使用向量空间来预测某个新的数据属于哪种分类，而 K 均值则使用向量空间来判断数据集中每个数据点属于哪个聚类。

下面我们仍然使用清华大学自然语言处理实验室推出的中文数据集 THUCNews，以及 Python 代码，来实现基于向量空间的 KNN 算法。具体细节如代码清单 12-2 所示。

代码清单 12-2 K 最近邻分类示例

```
# 训练分类模型的函数
def train(data_path, dict_path):
    # 获取 THUCNews 数据集目录下的所有新闻，并进行分词，然后添加到文档集 corpus
    from os import listdir
    from os.path import isfile, isdir, join
    import jieba
    import pickle
    from sklearn.feature_extraction.text import TfidfVectorizer


    categories = [f for f in listdir(data_path) if isdir(join(data_path, f))]
```

```
corpus = []
corpus_label = []

print('采样新闻内容...')
# 获取每篇新闻稿，根据比例采样。对于进入采样的新闻进行分词，然后加入 corpus
i = 0
sample_fraction = 0.01     # 采样比例
# 获取所有新闻分类
for category in categories:
    # 获取当前新闻分类下的所有文档
    for doc in listdir(join(data_path, category)):

        # 如果进入采样
        if (i % (1/sample_fraction) == 0):
            # 记录当前新闻的分类标签
            corpus_label.append(category)

            # 读取当前新闻的内容
            doc_file = open(join(data_path, category, doc), encoding = 'utf-8')

            # 采用隐马尔可夫模型分词
            corpus.append(' '.join(jieba.cut(doc_file.read(), HMM=True)))
            if i % 100000 == 0:
                print(i, ' finished')

        i += 1

print('新闻分类的模型拟合...')
# 将文本中的词转换为字典和相应的向量，构建 tfidf 的值，不采用规范化，采用 idf 的平滑
tfidf_vectorizer = TfidfVectorizer(norm=None, smooth_idf=True)
tfidf = tfidf_vectorizer.fit_transform(corpus)

# 将向量化后的字典存储下来，便于新文档的向量化
pickle.dump(tfidf_vectorizer, open(dict_path, 'wb'))

# 构建最基本的 KNN 分类器，K 默认是 5，这里取 10
# 默认的 L2 范数容易对短的输入产生偏差，这里使用了夹角余弦 cosine 作为衡量标准
knn = KNeighborsClassifier(n_neighbors=10, metric='cosine')
# 通过 tfidf 向量和分类标签，进行模型的拟合
knn.fit(tfidf, corpus_label)

return knn


# 加载分类模型并进行预测的函数
```

```
def predict(dict_path, knn, topic):
    import jieba
    import pickle


    # 构建问题的 tfidf 向量，这里从存储的字典中加载词，便于确保训练和预测的词一致
    topics = [' '.join(jieba.cut(topic, HMM = True))]
    tfidf_vector = pickle.load(open(dict_path, 'rb'))
    topics_tfidfs = tfidf_vector.transform(topics)

    # 根据训练好的模型来预测输入问题的分类
    return knn.predict(topics_tfidfs[0])[0]



# 主体函数
from pathlib import Path

data_path = str(Path.home()) + '/Coding/data/chn_datasets/THUCNews'
dict_path = 'feature.pkl'

from sklearn.neighbors import KNeighborsClassifier
knn = train(data_path, dict_path)

# 对输入的问题进行分类
while True:
    topic = input('请告诉我你所关心的新闻主题: ')
    if topic == '退出':
        break

    print(predict(dict_path, knn, topic))
```

总结一下，本章介绍了如何在信息检索和机器学习的算法中使用向量空间模型。在这些算法中，数据对象之间的相似度是很关键的。如果我们将样本转换为向量，然后使用向量空间中的距离或者夹角余弦，就能很自然地获得这种相似度，所以向量空间模型和这些算法可以很容易地结合在一起。

## 第 13 章

对象间关系的描述——矩阵

讲完向量和向量空间的应用，本章来讲解矩阵的应用。矩阵由多个长度相等的向量组成，其中的每列或者每行就是一个向量。从数据结构的角度来看，我们可以将向量看作一维数组，将矩阵看作二维数组。具有了二维数组的特性，矩阵就可以表达二元关系了，例如图中结点的邻接关系，或者是用户对物品的评分关系。通过矩阵上的各种运算，我们就可以挖掘这些二元关系，在不同的应用场景下达到不同的目的。这里，我们从图的邻接矩阵出发，展示如何使用矩阵计算来实现 PageRank 算法和协同过滤的推荐算法。

13.1 PageRank 的矩阵实现

在第 8 章我们介绍了 PageRank 算法。其实通过矩阵，我们可以很容易描述网页之间的关系，并实现 PageRank 算法。

13.1.1 PageRank 算法的回顾

在讲马尔可夫模型的时候，我们已经介绍了 PageRank 链接分析算法。在展示这个算法和矩阵操作的关系之前，我们来快速回顾一下它的核心思想。PageRank 是基于马尔可夫链的。它假设了一个 "随机冲浪者" 模型，冲浪者从某张网页出发，根据 Web 图中的链接关系随机访问。在每个步骤中，冲浪者都会从当前网页的链出网页中随机选取一张作为下一步访问的目标。此外，PageRank 还引入了随机的跳转操作，这意味着冲浪者不是按 Web 图的拓扑结构访问下去，而只是随机挑选了一张网页进行跳转。基于之前的假设，PageRank 的公式定义如下：

$$PR(p_i) = \alpha \sum_{p_j \in M_i} \frac{PR(p_j)}{L(p_j)} + \frac{1-\alpha}{N}$$

其中，p_i 表示第 i 张网页，M_i 是 p_i 的入链接集合，p_j 是 M_i 集合中的第 j 张网页，$PR(p_j)$ 表

示网页 p_j 的 PageRank 得分，$L(p_j)$ 表示网页 p_j 的出链接数量，$1/L(p_j)$ 就表示从网页 p_j 跳转到 p_i 的概率，α 是用户不进行随机跳转的概率，N 表示所有网页的数量。PageRank 的计算是通过采样迭代法实现的。一开始所有网页结点的初始 PageRank 值都可以设置为某个相同的数，如 1，然后我们通过上面这个公式得到每个结点新的 PageRank 值。每当一张网页的 PageRank 值发生了改变，它也会影响它的出链接所指向的网页，因此我们可以再次使用这个公式，循环地修正每个网页结点的 PageRank 值。由于这是一个马尔可夫过程，因此我们能从理论上证明所有网页的 PageRank 值最终会达到一个稳定的数值。

13.1.2　简化 PageRank 公式

PageRank 计算公式和矩阵操作有什么联系呢？为了将问题简化，我们暂时不考虑随机跳转的情况，而只考虑用户按照网页间链接进行随机冲浪，那么 PageRank 的公式可以简化为：

$$\sum_{p_j \in M_i} \frac{PR(p_j)}{L(p_j)}$$

这个公式只包含了原公式中的求和部分。我们再来对比看看矩阵点乘的计算公式：

$$z_{i,j} = \sum_k x_{i,k} y_{k,j}$$

以上两个公式在形式上是基本一致的。因此，我们可以将 $\displaystyle\sum_{p_j \in M_i} \frac{PR(p_j)}{L(p_j)}$ 的计算分解为两个矩阵的点乘。一个矩阵是当前每张网页的 PageRank 得分，另一个矩阵就是邻接矩阵。所谓邻接矩阵，其实就是表示图结点相邻关系的矩阵。假设 $x_{i,j}$ 是矩阵中第 i 行、第 j 列的元素，那么我们就可以使用 $x_{i,j}$ 表示从结点 i 到结点 j 的连接，放到 PageRank 的应用场景，$x_{i,j}$ 就表示网页 p_i 到网页 p_j 的链接。最原始的邻接矩阵所包含的元素是 0 或 1，0 表示没有链接，而 1 表示有链接。

考虑到 PageRank 里乘积是 $\dfrac{1}{L(p_j)}$，我们可以对邻接矩阵的每一行进行归一化，用原始的值（0 或 1）除以 $L(p_j)$，而 $L(p_j)$ 表示有某张网页 p_j 的出链接，正好是矩阵中 p_j 这一行的和。所以，我们可以对原始的邻接矩阵进行基于行的归一化，这样就能得到每个元素为 $\dfrac{1}{L(p_j)}$ 的矩阵，其中 j 表示矩阵的第 j 行。注意，这里的归一化是指让所有元素加起来的和为 1。让我们使用一个简单的例子详细解释，假设有如图 13-1 的拓扑。

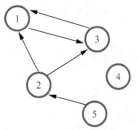

图 13-1　一个简单的网络拓扑

基于图 13-1，原始矩阵为：

$$\begin{bmatrix} 0 & 0 & 1 & 0 & 0 \\ 1 & 0 & 1 & 0 & 0 \\ 1 & 0 & 0 & 0 & 0 \\ 0 & 0 & 0 & 0 & 0 \\ 0 & 1 & 0 & 0 & 0 \end{bmatrix}$$

其中，第 i 行、第 j 列的元素值表示从结点 i 到 j 是不是存在连接，如果是，那么这个值为 1，否则为 0。按照每一行的和分别对每一行进行归一化之后的矩阵变为：

$$\begin{bmatrix} 0 & 0 & 1 & 0 & 0 \\ 1/2 & 0 & 1/2 & 0 & 0 \\ 1 & 0 & 0 & 0 & 0 \\ 0 & 0 & 0 & 0 & 0 \\ 0 & 1 & 0 & 0 & 0 \end{bmatrix}$$

有了上述这个邻接矩阵，我们就可以开始最简单的 PageRank 计算。PageRank 的计算是通过采样迭代法实现的。这里我们将初始值都设为 1，并将第一次计算的结果列在这里。

$$\begin{bmatrix} 1 & 1 & 1 & 1 & 1 \end{bmatrix} \begin{bmatrix} 0 & 0 & 1 & 0 & 0 \\ 1/2 & 0 & 1/2 & 0 & 0 \\ 1 & 0 & 0 & 0 & 0 \\ 0 & 0 & 0 & 0 & 0 \\ 0 & 1 & 0 & 0 & 0 \end{bmatrix} = \begin{bmatrix} 1.5 & 1 & 1.5 & 0 & 0 \end{bmatrix}$$

至此，我们已经成功迈出了第一步，但是还需要考虑随机跳转的可能性。

13.1.3　考虑随机跳转

经过上面的步骤，我们已经求得 $\sum\limits_{p_j \in M_i} \dfrac{PR(p_j)}{L(p_j)}$ 部分。不过，PageRank 引入了随机跳转的机制。这一部分其实也是可以通过矩阵的点乘来实现的。我们将 $\sum\limits_{p_j \in M_i} \dfrac{PR(p_j)}{L(p_j)}$ 部分用 A 表示，那么完整的 PageRank 公式就可以表示为：

$$PR(p_i) = \alpha A + \frac{1-\alpha}{N}$$

于是，我们可以将上述公式分解为如下两个矩阵的点乘：

$$\begin{bmatrix} A & 1/N \end{bmatrix} \begin{bmatrix} \alpha \\ 1-\alpha \end{bmatrix}$$

这里仍然使用前面的例子来看看经过随机跳转之后 PageRank 值变成了多少。这里 α 取 0.9：

$$\begin{bmatrix} 1.5 & 1/5 \\ 1 & 1/5 \\ 1.5 & 1/5 \\ 0 & 1/5 \\ 0 & 1/5 \end{bmatrix} \begin{bmatrix} 0.9 \\ 1-0.9 \end{bmatrix} = \begin{bmatrix} 1.37 & 0.92 & 1.37 & 0.02 & 0.02 \end{bmatrix}$$

前面提到，PageRank 算法需要迭代式计算。为了避免计算后的数值越来越大甚至溢出，我们可以进行归一化处理，保证所有结点的数值之和为 1。经过这个处理之后，我们得到第一轮的 PageRank 值，也就是下面这个行向量：

$$[0.37027027\ 0.24864865\ 0.37027027\ 0.00540541\ 0.00540541]$$

接下来，只需要再重复之前的步骤，直到每个结点的值趋于稳定就可以了。

13.1.4　代码的实现

到这里，我们已经将如何将整个 PageRank 的计算转换成多个矩阵的点乘这个过程讲完了。这样一来，我们就可以利用 Python 等语言提供的库来完成基于 PageRank 的链接分析。首先，我们要进行一些初始化工作，包括设置结点数量、确定随机跳转概率 α、代表拓扑的邻接矩阵以及存放所有结点 PageRank 值的数组，如代码清单 13-1 所示。

代码清单 13-1　PageRank 算法的初始化

```
import numpy as np

# 设置确定随机跳转概率的 alpha、网页结点数
alpha = 0.9
N = 5

# 初始化随机跳转概率的矩阵
jump = np.full([2,1], [[alpha], [1-alpha]], dtype=float)

# 邻接矩阵的构建
adj = np.full([N,N], [[0,0,1,0,0],[1,0,1,0,0],[1,0,0,0,0],[0,0,0,0,0],[0,1,0,0,0]],
dtype=float)

# 对邻接矩阵进行归一化
row_sums = adj.sum(axis=1)              # 对每一行求和
row_sums[row_sums == 0] = 0.1           # 防止由于分母出现 0 而导致的 NaN
adj = adj / row_sums[:, np.newaxis]     # 除以每行之和的归一化

# 初始的 PageRank 值，通常是设置所有值为 1.0
pr = np.full([1,N], 1, dtype=float)
```

之后，我们就能采用迭代法来计算 PageRank 值，实现细节如代码清单 13-2 所示。一般我

们通过比较每个结点最近两次计算的值是否足够接近来确定数值是否已经稳定，以及是否需要结束迭代。这里为简便起见，使用了固定次数的循环来实现。如果拓扑比较复杂，就需要更多次迭代。

代码清单 13-2　PageRank 算法的计算过程

```python
# PageRank 算法本身是通过采样迭代方式进行的，当最终的取值趋于稳定后结束
for i in range(0, 20):

    # 进行点乘，计算 Σ(PR(pj)/L(pj))
    pr = np.dot(pr, adj)

    # 转置保存 Σ(PR(pj)/L(pj)) 结果的矩阵，并增加长度为 N 的列向量，其中每个元素的值为 1/N，
    # 便于下一步的点乘
    pr_jump = np.full([N, 2], [[0, 1/N]])
    pr_jump[:,:-1] = pr.transpose()

    # 进行点乘，计算 α(Σ(PR(pj)/L(pj))) + (1-α)/N
    pr = np.dot(pr_jump, jump)

    # 归一化 PageRank 得分
    pr = pr.transpose()
    pr = pr / pr.sum()

    print("round", i + 1, pr)
```

如果成功运行了上述两段代码，就能看到每个结点最终获得的 PageRank 得分是多少。在第 8 章我们也介绍过如何使用 Python 的 networkx 库来实现 PageRank，代码清单 13-3 提供了一个实现，你可以比较使用矩阵计算所得到的结果和使用 networkx 库所得到的结果。

代码清单 13-3　PageRank 的 networkx 实现

```python
import networkx as nx

# 创建图 13-1 所示的有向图
G = nx.DiGraph()
G.add_nodes_from(['1', '2', '3', '4', '5'])
G.add_edge('1', '3', weight=1)
G.add_edge('2', '1', weight=0.5)
G.add_edge('2', '3', weight=0.5)
G.add_edge('3', '1', weight=1)
G.add_edge('5', '2', weight=1)

# 计算并输出 PageRank
pr = nx.pagerank(G, alpha=0.9)
print(pr)
```

矩阵点乘和其他运算还可以应用在很多其他的领域。例如，我们在第 12 章介绍 K 均值聚类算法时，就提到了需要计算某个数据点向量和其他数据点向量之间的距离或者相似度，以及使用多个数据点向量的平均值来获得质心的向量，这些都可以通过矩阵操作来完成。另外，在协同过滤的推荐中，我们可以使用矩阵点乘来实现多个用户或者物品之间的相似度，以及聚类后的相似度所导致的最终推荐结果。下一节会介绍如何使用矩阵来表示用户和物品的二元关系，并通过矩阵来计算协同过滤的结果。

13.2 用矩阵实现推荐系统

本节我们来讲一下矩阵操作和推荐算法的关系。这里所说的推荐，是指为用户提供可靠的建议并协助用户挑选物品的一种技术。一个好的推荐系统需要建立在海量数据挖掘的基础之上，并根据用户所处的场景和兴趣特点向用户推荐他们可能感兴趣的信息和商品。协同过滤（collaborative filtering）是经典的推荐算法之一，它充分利用了用户和物品之间已知的关系，为用户提供新的推荐内容。我们从这种二元关系出发，讲述如何使用矩阵计算来实现协同过滤推荐算法。

13.2.1 用矩阵实现推荐系统的核心思想

矩阵中的二元关系，除了可以表达图的邻接关系，还可以表达推荐系统中用户和物品的关系。推荐系统的核心思想是，根据用户所处的场景和个人喜好，推荐他们可能感兴趣的信息和商品。例如，你在阅读一部电影的影评时，系统给你推荐了其他"你可能也感兴趣的电影"。可以看出，推荐系统中至少有两个重要的角色：用户和物品。用户是系统的使用者，物品就是将要被推荐的候选对象。例如，亚马逊网站的顾客就是用户，网站所销售的商品就是物品。需要注意的是，除了用户角色都是现实中的自然人，某些场景下被推荐的物品可能也是现实中的自然人。例如，一个招聘网站会给企业雇主推荐合适的人才，这时候应聘者承担的是物品角色。而一个好的推荐算法，需要充分挖掘用户和物品之间的关系。我们可以通过矩阵来表示这种二元关系。这里有一个例子，用矩阵 X 来表示用户对物品的喜好度。

$$\text{用户} \quad X = \begin{bmatrix} 0.11 & 0.20 & 0.0 \\ 0.81 & 0.0 & 0.0 \\ 0.0 & 0.88 & 0.74 \\ 0.0 & 0.0 & 0.42 \end{bmatrix}$$

（顶部标注：物品）

其中，第 i 行是第 i 个用户的数据，而第 j 列是用户对第 j 个物品的喜好度。我们用 $x_{i,j}$ 表示这个数值。这里的喜好程度可以是用户购买商品的次数、对书籍的评分等。假设我们用一个 0 到 1 之间的小数表示。有了这种矩阵，我们就可以通过矩阵的操作充分挖掘用户和物品之间的关系。

下面我们使用经典的协同过滤算法来详细讲解矩阵在其中的运用。在此之前，我们先来看什么是协同过滤。你可以将它理解为最直观的"口口相传"。假设我们愿意接受他人的建议，尤其是很多人都向你建议的时候。其主要思路就是利用已有用户群过去的行为或意见，预测当前用户最可能喜欢哪些东西。根据推荐依据和传播的路径，又可以进一步细分为基于用户的过滤和基于物品的过滤。

13.2.2　基于用户的过滤

　　首先，我们来看基于用户的协同过滤。它是指给定一个用户访问（我们假设有访问就表示感兴趣）物品的数据集合，找出和当前用户的历史行为有相似偏好的其他用户，将这些用户组成"近邻"，对于当前用户没有访问过的物品，利用其近邻的访问记录来预测。图 13-2 对整个过程进行了示意。

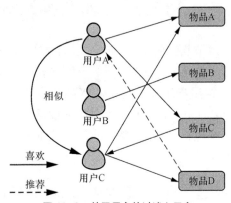

图 13-2　基于用户的过滤之示意

　　根据图 13-2 的访问关系来看，用户 A 访问了物品 A 和 C，用户 B 访问了物品 B，用户 C 访问了物品 A、C 和 D。我们计算出来，用户 C 和 A 更相似，是 A 的近邻，而 B 不是。因此系统会更多地向用户 A 推荐用户 C 访问的物品 D。理解了这个算法的基本概念，我们来看看如何使用公式来表述它。假设有 m 个用户，n 个物品，那么我们就能使用一个 $m \times n$ 维的矩阵 X 来表示用户对物品喜好的二元关系。基于这个二元关系，我们可以列出下面这两个公式：

$$us_{i1,i2} = \frac{X_{i1,} \cdot X_{i2,}}{\|X_{i1,}\|_2 \times \|X_{i2,}\|_2} = \frac{\sum_{j=1}^{n} x_{i1,j} \times x_{i2,j}}{\sqrt{\sum_{j=1}^{n} x_{i1,j}^2} \sqrt{\sum_{j=1}^{n} x_{i2,j}^2}}$$

$$p_{i,j} = \frac{\sum_{k=1}^{m} us_{i,k} \times x_{k,j}}{\sum_{k=1}^{m} us_{i,k}}$$

　　其中，第一个公式比较容易理解，它的核心思想是计算用户和用户之间的相似度。完成了这一步我们就能找到给定用户的"近邻"。我们可以使用向量空间模型中的距离或者夹角余弦来处理，在这里我使用了夹角余弦，其中 $us_{i1,i2}$ 表示用户 $i1$ 和 $i2$ 的相似度，而 $X_{i1,}$ 表示矩阵中第 $i1$ 行的行向量，$X_{i2,}$ 表示矩阵中第 $i2$ 行的行向量。分子是两个表示用户的行向量之点乘，而分母是这两个行向量 L2 范数的乘积。第二个公式利用第一个公式所计算的用户间的相似度，以及用户对物品的喜好度，预测任一个用户对任一个物品的喜好度。其中 $p_{i,j}$ 表示第 i 个用户对第 j 个物品的喜好度，$us_{i,k}$ 表示用户 i 和 k 之间的相似度，$x_{k,j}$ 表示用户 k 对物品 j 的喜好度。注意这里最终需要除以 $\sum_{k+1}^{m} us_{i,k}$ ，是为了进行归一化。从这个公式可以看出，$us_{i,k}$ 越大，$x_{k,j}$ 对最终 $p_{i,j}$ 的影响就越大，反之 $us_{i,k}$ 越小，$x_{k,j}$ 对最终 $p_{i,j}$ 的影响就越小，充分体现了"基于相似用户"的推荐。

接下来，我们通过之前介绍的喜好度矩阵 X 的示例，将这两个公式逐步拆解，并对应到矩阵上的操作。首先，我们来看第一个关于夹角余弦的公式：

$$us_{i1,i2} = \frac{X_{i1,} \cdot X_{i2,}}{\|X_{i1,}\|_2 \times \|X_{i2,}\|_2} = \frac{\sum_{j=1}^{n} x_{i1,j} \times x_{i2,j}}{\sqrt{\sum_{j=1}^{n} x_{i1,j}^2} \sqrt{\sum_{j=1}^{n} x_{i2,j}^2}}$$

在介绍向量空间模型的时候，我们提到夹角余弦可以通过向量的点乘来实现。这对矩阵同样适用，它通过矩阵点乘自身的转置来实现，也就是 XX^T。矩阵 X 的每一行是某个用户的行向量，每个分量表示用户对某个物品的喜好度。而矩阵 X^T 的每一列是某个用户的列向量，每个分量表示用户对某个物品的喜好度。我们假设 XX^T 的结果为矩阵 Y，那么 $y_{i,j}$ 就表示用户 i 和用户 j 这两者喜好度向量的点乘结果，它就是夹角余弦公式中的分子。如果 i 等于 j，那么这个计算值也是夹角余弦公式分母的一部分。从矩阵的角度来看，Y 中任何一个元素都可能用于夹角余弦公式的分子，而对角线上的值会用于夹角余弦公式的分母。这里我们仍然使用之前的喜好度矩阵示例，来计算矩阵 Y 和用户相似度矩阵 US。

先来看 Y 的计算：

$$X = \begin{bmatrix} 0.11 & 0.20 & 0.0 \\ 0.81 & 0.0 & 0.0 \\ 0.0 & 0.88 & 0.74 \\ 0.0 & 0.0 & 0.42 \end{bmatrix}$$

$$X^T = \begin{bmatrix} 0.11 & 0.81 & 0.0 & 0.0 \\ 0.20 & 0.0 & 0.88 & 0.0 \\ 0.0 & 0.0 & 0.74 & 0.42 \end{bmatrix}$$

$$Y = X \cdot X^T = \begin{bmatrix} 0.11 & 0.20 & 0.0 \\ 0.81 & 0.0 & 0.0 \\ 0.0 & 0.88 & 0.74 \\ 0.0 & 0.0 & 0.42 \end{bmatrix} \begin{bmatrix} 0.11 & 0.81 & 0.0 & 0.0 \\ 0.20 & 0.0 & 0.88 & 0.0 \\ 0.0 & 0.0 & 0.74 & 0.42 \end{bmatrix} = \begin{bmatrix} 0.0521 & 0.0891 & 0.176 & 0 \\ 0.0891 & 0.6561 & 0 & 0 \\ 0.176 & 0 & 1.322 & 0.3108 \\ 0 & 0 & 0.3108 & 0.1764 \end{bmatrix}$$

然后用 Y 来计算 US。我们用图 13-3 表示矩阵中的元素和夹角余弦计算的对应关系。

明白了这个对应关系，就可以利用矩阵 Y 获得任意两个用户之间的相似度，并得到一个 $m \times m$ 维的相似度矩阵 US。矩阵 US 中 $us_{i,j}$ 的取值为第 i 个用户与第 j 个用户的相似度。这个矩阵是一个沿对角线对称的矩阵。根据夹角余弦的定义，$us_{i,j}$ 和 $us_{j,i}$ 是相等的。通过示例的矩阵 Y，我们可以计算矩阵 US。我们将相应的结果列在了下方：

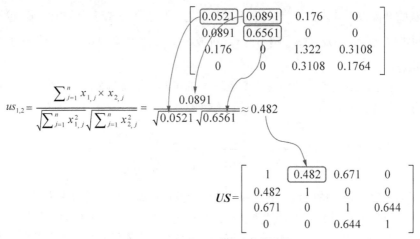

$$us_{1,2} = \frac{\sum_{j=1}^{n} x_{1,j} \times x_{2,j}}{\sqrt{\sum_{j=1}^{n} x_{1,j}^2}\sqrt{\sum_{j=1}^{n} x_{2,j}^2}} = \frac{0.0891}{\sqrt{0.0521}\sqrt{0.6561}} \approx 0.482$$

$$US = \begin{bmatrix} 1 & 0.482 & 0.671 & 0 \\ 0.482 & 1 & 0 & 0 \\ 0.671 & 0 & 1 & 0.644 \\ 0 & 0 & 0.644 & 1 \end{bmatrix}$$

图 13-3　矩阵 Y 和余弦夹角的关系

接下来，再来看第二个归一化的公式：

$$p_{i,j} = \frac{\sum_{k=1}^{m} us_{i,k} \times x_{k,j}}{\sum_{k=1}^{m} us_{i,k}}$$

从矩阵的角度来看，现在我们已经得到用户相似度矩阵 US ，再加上用户对物品的喜好度矩阵 X ，现在需要计算任意用户对任意物品的喜好度推荐矩阵 P 。为了实现上面这个公式的分子部分，我们可以使用 US 和 X 的点乘。我们假设点乘后的结果矩阵为 USP 。这里我们列出了根据示例计算得到的矩阵 USP ：

$$USP = US \cdot X = \begin{bmatrix} 1 & 0.482 & 0.671 & 0 \\ 0.482 & 1 & 0 & 0 \\ 0.671 & 0 & 1 & 0.644 \\ 0 & 0 & 0.644 & 1 \end{bmatrix}\begin{bmatrix} 0.11 & 0.20 & 0.0 \\ 0.81 & 0.0 & 0.0 \\ 0.0 & 0.88 & 0.74 \\ 0.0 & 0.0 & 0.42 \end{bmatrix} = \begin{bmatrix} 0.500 & 0.790 & 0.496 \\ 0.863 & 0.096 & 0 \\ 0.074 & 1.014 & 1.010 \\ 0 & 0.566 & 0.896 \end{bmatrix}$$

分母部分可以使用 US 矩阵的按行求和来实现。我们假设按行求和的矩阵为 USR 。根据示例计算就可以得到 USR ：

$$USR = \begin{bmatrix} 2.153 & 2.153 & 2.153 \\ 1.482 & 1.482 & 1.482 \\ 2.315 & 2.315 & 2.315 \\ 1.644 & 1.644 & 1.644 \end{bmatrix}$$

最终，使用 USP 和 USR 的元素对应做除法，就可以求得矩阵 P ：

$$P = \begin{bmatrix} 0.500 & 0.790 & 0.496 \\ 0.863 & 0.096 & 0 \\ 0.074 & 1.014 & 1.010 \\ 0 & 0.566 & 0.896 \end{bmatrix} / \begin{bmatrix} 2.153 & 2.153 & 2.153 \\ 1.482 & 1.482 & 1.482 \\ 2.315 & 2.315 & 2.315 \\ 1.644 & 1.644 & 1.644 \end{bmatrix} = \begin{bmatrix} 0.232 & 0.367 & 0.230 \\ 0.582 & 0.065 & 0 \\ 0.032 & 0.438 & 0.436 \\ 0 & 0.344 & 0.545 \end{bmatrix}$$

既然已经有 **X** 这个喜好度矩阵了，为什么还要计算 **P** 这个喜好度推荐矩阵呢？实际上，**X** 是已知的、有限的喜好度。例如用户已经看过的、购买过的或评过分的物品。而 **P** 是我们使用推荐算法预测出来的喜好度。即使一个用户对某个物品从未看过、买过或评过分，我们依然可以通过矩阵 **P**，知道这位用户对这个物品大致的喜好度，从而根据这个预测的分数进行物品的推荐，这也是协同过滤的基本思想。从根据示例计算的结果也可以看出这一点，在原始矩阵 **X** 中第 1 个用户对第 3 个物品的喜好度为 0。可是在最终的喜好度推荐矩阵 **P** 中，第 1 个用户对第 3 个物品的喜好度为 0.230，已经明显大于 0 了，因此我们就可以将物品 3 推荐给用户 1。

上面这种基于用户的协同过滤有个问题，那就是没有考虑到用户的喜好度是否具有可比性。假设用户的喜好是根据对商品的评分来决定的，有些用户比较宽容，给所有的商品都打了很高的分，而有些用户比较严苛，给所有商品的打分都很低。评分没有可比性，这就会影响相似用户查找的效果，最终影响推荐结果。这个时候我们可以采用之前介绍的特征值变换，对于原始的喜好度矩阵，按照用户的维度对用户所有的喜好度进行归一化或者标准化处理，然后再进行基于用户的协同过滤。

我们可以使用代码清单 13-4 来验证上述的结果。

代码清单 13-4　基于用户的协同过滤测试

```python
import numpy as np
import sys
import math


# 初始的用户喜好度矩阵 X
X_data = [[0.11, 0.2, 0.0], [0.81, 0.0, 0.0], [0.0, 0.88, 0.74], [0.0, 0.0, 0.42]]
X = np.mat(X_data)

# 通过转置计算矩阵 Y
X_T = X.transpose()
Y = X.dot(X_T)
# 输出 Y 矩阵
print('Y\n', Y)
print()

# 通过矩阵 Y 来计算用户相似度矩阵 US
Y_data = np.array(Y)
US_data = [[0.0] * 4 for i in range(4)]
for userId1 in range(4):
    for userId2 in range(4):
        # 通过矩阵 Y 中的元素，计算夹角余弦
        US_data[userId1][userId2] = Y_data[userId1][userId2] / (math.sqrt((Y_data
[userId1][userId1] * Y_data[userId2][userId2])) + sys.float_info.min)
    US = np.mat(US_data)
```

```
# 输出用户相似度矩阵 US
print('US\n', US)
print()

# 计算并输出为归一化之后的推荐矩阵 USP
USP = US.dot(X)
print('USP\n', USP)
print()

# 计算并输出求用于归一化的分母，因为可能存在负数，所以还需要记录每行的最小值进行移位
mins = [] # 记录每行的最小值
USR_data = []
for userId in range(X.shape[0]):
    min_value = US[userId].min()
    mins.append([min_value] * X.shape[1])
    USR_data.append([(US[userId].sum() - US[userId].min() * US[userId].shape[1])]
 * X.shape[1])
    USR = np.mat(USR_data)
    print('USR\n', USR)
    print()

# 进行对应元素的除法，完成归一化。先减去每一行最小值完成移位，然后再除以每一行的和
P = np.divide(np.subtract(USP, np.mat(mins)), USR)
print('P\n', P)
```

13.2.3 基于物品的过滤

和基于用户的协同过滤有所不同，基于物品的协同过滤是指利用物品间的相似度，而不是用户间的相似度来计算预测值。图 13-4 对整个过程进行了示意。

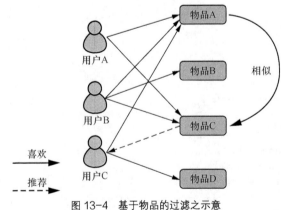

图 13-4 基于物品的过滤之示意

在图 13-4 中，物品 A 和 C 因为都被用户 A 和 B 同时访问，因此它们被认为相似度更高。

当用户 C 访问过物品 A 后，系统会更多地向他/她推荐物品 C，而不是其他物品。基于物品的协同过滤同样有两个公式：

$$is_{j1,j2} = \frac{\boldsymbol{X}_{\cdot,j1} \cdot \boldsymbol{X}_{\cdot,j2}}{\left\|\boldsymbol{X}_{\cdot,j1}\right\|_2 \times \left\|\boldsymbol{X}_{\cdot,j2}\right\|_2} = \frac{\sum_{i=1}^{m} x_{i,j1} \times x_{i,j2}}{\sqrt{\sum_{i=1}^{m} x_{i,j1}^2} \sqrt{\sum_{i=1}^{m} x_{i,j2}^2}}$$

$$p_{i,j} = \frac{\sum_{k=1}^{n} x_{i,k} \times is_{k,j}}{\sum_{k=1}^{n} is_{k,j}}$$

如果你弄明白了基于用户的过滤，那么这两个公式也就不难理解了。第一个公式的核心思想是计算物品和物品之间的相似度，在这里仍然使用夹角余弦。其中 $is_{j1,j2}$ 表示物品 $j1$ 和 $j2$ 的相似度，而 $\boldsymbol{X}_{\cdot,j1}$ 表示 $\boldsymbol{X}$ 中第 $j1$ 列的列向量，而 $\boldsymbol{X}_{\cdot,j2}$ 表示 $\boldsymbol{X}$ 中第 $j2$ 列的列向量。分子是两个表示物品的列向量之点乘，而分母是这两个列向量 L2 范数的乘积。第二个公式利用第一个公式所计算的物品间的相似度，和用户对物品的喜好度，预测任一个用户对任一个物品的喜好度。其中 $p_{i,j}$ 表示第 i 个用户对第 j 个物品的喜好度，$x_{i,k}$ 表示用户 i 对物品 k 的喜好度，$is_{k,j}$ 表示物品 k 和 j 之间的相似度，注意这里除以 $\sum_{k=1}^{n} is_{k,j}$ 是为了进行归一化。从这个公式可以看出，$is_{k,j}$ 越大，$x_{i,k}$ 对最终 $p_{i,j}$ 的影响就越大，反之 $is_{k,j}$ 越小，$x_{i,k}$ 对最终 $p_{i,j}j$ 的影响就越小，充分体现了 "基于相似物品" 的推荐。类似地，用户喜好度的不一致性，同样会影响相似物品查找的效果，并最终影响推荐结果。我们也需要对于原始的喜好度矩阵，按照用户的维度对用户的所有喜好度进行归一化或者标准化处理。

当然，基于用户和物品间关系的推荐算法有很多，对矩阵的操作也远远不止点乘、按行求和、对应元素乘除法。在后面的章节，我们会介绍如何使用矩阵的主成分分析或奇异值分解来进行物品的推荐。

第 14 章

矩阵的特征

在第二篇"概率统计"中我详细讲解了如何使用各种统计指标来进行特征的选择，降低用于监督学习的特征维度。本章的内容会阐述两种针对数值型特征更为通用的降维方法，它们是主成分分析（principal component analysis，PCA）和奇异值分解（singular value decomposition，SVD）。这两种方法是从矩阵分析的角度出发找出数据分布之间的关系，从而达到降低维数或者是推荐的目的，因此并不需要监督学习中样本标签和特征之间的关系。

14.1　主成分分析（PCA）

我们先从主成分分析 PCA 开始看。在解释这个方法之前，我们先快速回顾一下什么是特征的降维。在机器学习领域中，我们要进行大量的特征工程，将物品的特征转换成计算机所能处理的各种数据。通常，如果我们增加物品的特征，就有可能提升机器学习的效果。可是，随着特征数量不断增加，特征向量的维数也会不断升高。这不仅会加大机器学习的难度，还会形成过拟合，影响最终的准确度。针对这种情形，我们需要过滤掉一些不重要的特征，或者是将某些相关的特征合并起来，最终达到在降低特征维数的同时，尽量保留原始数据所包含的信息。了解了这些背景信息，我们再来看 PCA 方法。本节先从它的运算步骤入手讲清楚每一步，再解释其背后的核心思想。

14.1.1　PCA 的主要步骤

和协同过滤的案例一样，我们使用一个矩阵来表示数据集。我们假设数据集中有 m 个样本、n 维特征，而这些特征都是数值型的，那么这个集合可以按照如表 14-1 所示的方式来展示。

表 14-1　数据记录及其特征

样本 ID	特征 1	特征 2	特征 3	...	特征 $n-1$	特征 n
1	1	3	−7	...	−10.5	−8.2

续表

样本 ID	特征 1	特征 2	特征 3	...	特征 n-1	特征 n
2	2	5	−14	...	2.7	4
...	...	...	...	...	...	...
m	−3	−7	2	...	55	13.6

那么这个样本集的矩阵形式就是这样的：

$$X = \begin{bmatrix} 1 & 3 & -7 & \dots & -10.5 & -8.2 \\ 2 & 5 & -14 & \dots & 2.7 & 4 \\ \vdots & \vdots & \vdots & & \vdots & \vdots \\ -3 & -7 & 2 & \dots & 55 & 13.6 \end{bmatrix}$$

这个矩阵是 $m \times n$ 维的，其中每一行表示一个样本，每一列表示一维特征。我们将这个矩阵称为样本矩阵，现在我们的问题是能不能通过某种方法找到一种变换，其可以减少这个矩阵的列数，也就是特征的维数，并且尽可能保留原始数据中的有用信息？针对这个问题，PCA 方法提出了一种可行的解决方案。它包括以下 4 个主要的步骤。

（1）标准化样本矩阵中的原始数据。

（2）获取标准化数据的协方差矩阵。

（3）计算协方差矩阵的特征值和特征向量。

（4）依照特征值的大小挑选主要的特征向量，以转换原始数据并生成新的特征。

1. 标准化样本矩阵中的原始数据

之前我们已经介绍过基于 Z 分数的特征标准化，这里我们需要进行同样的处理才能让每维特征的重要性具有可比性。需要注意的是，这里标准化的数据是针对同一种特征，也是在同一个特征维度之内。不同维度的特征不能放在一起进行标准化。

2. 获取标准化数据的协方差矩阵

首先，我们来看一下什么是协方差（covariance），以及协方差矩阵。协方差用于衡量两个变量的总体误差。假设两个变量分别是 x 和 y ，而它们的采样数量都是 m ，那么协方差的计算公式就是如下这种形式：

$$cov(x, y) = \frac{\sum_{k=1}^{m}(x_k - \overline{x})(y_k - \overline{y})}{m-1}$$

其中，x_k 表示变量 x 的第 k 个采样数据，$\overline{x}$ 表示这 k 个采样的均值。当两个变量是同一个变量时，协方差就变成了方差。

那么，协方差矩阵又是什么呢？我们刚刚提到了样本矩阵，假设 $X_{.1}$ 表示样本矩阵 X 的第 1 列，$X_{.2}$ 表示样本矩阵 X 的第 2 列，依次类推。$cov(X_{.1}, X_{.1})$ 表示第 1 列向量和自身的协方差，$cov(\boldsymbol{X}_{,1}, \boldsymbol{X}_{,2})$ 表示第 1 列向量和第 2 列向量之间的协方差。结合之前协方差的定义，我们可以得知：

$$cov(\boldsymbol{X}_{,i}, \boldsymbol{X}_{,j}) = \frac{\sum_{k=1}^{m}(x_{k,i} - \overline{\boldsymbol{X}_{,i}})(x_{k,j} - \overline{\boldsymbol{X}_{,j}})}{m-1}$$

其中，$x_{k,i}$ 表示矩阵中第 k 行、第 i 列的元素。$\overline{\boldsymbol{X}_{,i}}$ 表示第 i 列的均值。有了这些符号表示，我们就可以生成下面这种协方差矩阵：

$$\boldsymbol{COV} = \begin{bmatrix} cov(\boldsymbol{X}_{,1}, \boldsymbol{X}_{,1}) & cov(\boldsymbol{X}_{,1}, \boldsymbol{X}_{,2}) & \cdots & cov(\boldsymbol{X}_{,1}, \boldsymbol{X}_{,n-1}) & cov(\boldsymbol{X}_{,1}, \boldsymbol{X}_{,n}) \\ cov(\boldsymbol{X}_{,2}, \boldsymbol{X}_{,1}) & cov(\boldsymbol{X}_{,2}, \boldsymbol{X}_{,2}) & \cdots & cov(\boldsymbol{X}_{,2}, \boldsymbol{X}_{,n-1}) & cov(\boldsymbol{X}_{,2}, \boldsymbol{X}_{,n}) \\ \vdots & \vdots & & \vdots & \vdots \\ cov(\boldsymbol{X}_{,n}, \boldsymbol{X}_{,1}) & cov(\boldsymbol{X}_{,n}, \boldsymbol{X}_{,2}) & \cdots & cov(\boldsymbol{X}_{,n}, \boldsymbol{X}_{,n-1}) & cov(\boldsymbol{X}_{,n}, \boldsymbol{X}_{,n}) \end{bmatrix}$$

从协方差的定义可以看出，$cov(\boldsymbol{X}_{,i}, \boldsymbol{X}_{,j}) = cov(\boldsymbol{X}_{,j}, \boldsymbol{X}_{,i})$，所以 $\boldsymbol{COV}$ 是个对称矩阵。另外，我们刚刚提到，对 $cov(\boldsymbol{X}_{,i}, \boldsymbol{X}_{,j})$ 而言，如果 $i = j$，那么 $cov(\boldsymbol{X}_{,i}, \boldsymbol{X}_{,j})$ 也就是 $\boldsymbol{X}_{,i}$ 这组数的方差。所以这个对称矩阵的主对角线上的值就是各维特征的方差。

3. 计算协方差矩阵的特征值和特征向量

这里所说的矩阵的特征向量（eigenvector）和机器学习中的特征向量（feature vector）完全是两回事。矩阵的特征值和特征向量是线性代数中两个非常重要的概念。对于一个矩阵 $\boldsymbol{X}$，如果能找到向量 $\boldsymbol{v}$ 和标量 λ，使得下面这个式子成立：

$$\boldsymbol{Xv} = \lambda \boldsymbol{v}$$

那么，我们就说 $\boldsymbol{v}$ 是矩阵 $\boldsymbol{X}$ 的特征向量，而 λ 是矩阵 $\boldsymbol{X}$ 的特征值。矩阵的特征向量和特征值可能不止一个。说到这里，你可能会好奇，特征向量和特征值表示什么意思呢？我们为什么要关心这两个概念呢？简单来说，我们可以将向量 $\boldsymbol{v}$ 左乘一个矩阵 $\boldsymbol{X}$ 看作对 $\boldsymbol{v}$ 进行旋转或伸缩，如我们之前所介绍的，这种旋转和伸缩都是由于左乘矩阵 $\boldsymbol{X}$ 后产生的"运动"导致的。特征向量 $\boldsymbol{v}$ 表示矩阵 $\boldsymbol{X}$ 运动的方向，特征值 λ 表示运动的幅度，这两者结合就能描述左乘矩阵 $\boldsymbol{X}$ 所带来的效果，因此被看作矩阵的"特征"。PCA 中的主成分就是指特征向量，对应的特征值的大小就表示这个特征向量或者说主成分的重要程度。特征值越大，重要程度越高，越要优先使用这个主成分，并利用这个主成分对原始数据进行转换。

我们先来看看给定一个矩阵，如何计算它的特征值和特征向量，并完成 PCA 的剩余步骤。计算特征值的推导过程如下：

$$\boldsymbol{Xv} = \lambda \boldsymbol{v}$$
$$\boldsymbol{Xv} - \lambda \boldsymbol{v} = 0$$
$$\boldsymbol{Xv} - \lambda \boldsymbol{Iv} = 0$$
$$(\boldsymbol{X} - \lambda \boldsymbol{I})\boldsymbol{v} = 0$$

其中，I 是单位矩阵。对于上面推导中的最后一步，需要计算矩阵的行列式：

$$|(X - \lambda I)| = \begin{vmatrix} x_{1,1} - \lambda & x_{1,2} & x_{1,3} & \cdots & x_{1,n-1} & x_{1,n} \\ x_{2,1} & x_{2,2} - \lambda & x_{2,3} & \cdots & x_{2,n-1} & x_{2,n} \\ x_{3,1} & x_{3,2} & x_{3,3} - \lambda & \cdots & x_{3,n-1} & x_{3,n} \\ \vdots & \vdots & \vdots & & \vdots & \vdots \\ x_{n-1,1} & x_{n-1,2} & x_{n-1,3} & \cdots & x_{n-1,n-1} - \lambda & x_{n-1,n} \\ x_{n,1} & x_{n,2} & x_{n,3} & \cdots & x_{n,n-1} & x_{n,n} - \lambda \end{vmatrix} = 0$$

$$((x_{1,1} - \lambda)(x_{2,2} - \lambda)(x_{3,3} - \lambda) \cdots (x_{n,n} - \lambda) + x_{1,2} x_{2,3} \cdots x_{n-1,n} x_{n,1} + \cdots) - (x_{n,1} x_{n-1,2} \cdots x_{2,n-1} x_{1,n} + \cdots) = 0$$

最后，通过解这个方程式，我们就能求得各种 λ 的解，而这些解就是特征值。计算完特征值，我们可以将不同的 λ 值代入 $\lambda I - X$ 来获取特征向量。

4. 依照特征值的大小挑选主要的特征向量

假设我们获得了 k 个特征值和对应的特征向量，就会有：

$$X v_1 = \lambda_1 v_1$$
$$X v_2 = \lambda_2 v_2$$
$$\vdots$$
$$X v_k = \lambda_k v_k$$

按照所对应的 λ 数值的大小，对这 k 组的 v 排序。排名靠前的 v 就是最重要的特征向量。假设我们只取 n 个特征中前 k_1 个最重要的特征，那么我们使用这 k_1 个特征向量，组成一个 $n \times k_1$ 维的矩阵 D。将包含原始数据的 $m \times n$ 维矩阵 X 左乘矩阵 D，就能重新获得一个 $m \times k_1$ 维的矩阵，从而达到降维的目的。

有的时候，我们无法确定 k_1 取多少合适。一种常见的做法是，看前 k_1 个特征值的和占所有特征值总和的百分比。假设一共有 10 个特征值，总和是 100，最大的特征值是 80，那么第一大特征值占整个特征值总和的 80%，我们就认为它能表示 80% 的信息量，如果还不够多，我们就继续看第二大的特征值，它是 15，前两个特征值之和是 95，占比达到了 95%，如果我们认为足够了，那么就可以只选前两大特征值，将原始数据的特征维数从 10 维降到 2 维。

所有这些描述可能有一些抽象，让我们尝试一个具体的案例。假设我们有一个样本集合，包含了 3 个样本，每个样本有 3 维特征 x_1、x_2 和 x_3，对应的矩阵如下：

$$\begin{bmatrix} 1 & 3 & -7 \\ 2 & 5 & -14 \\ -3 & -7 & 2 \end{bmatrix}$$

在标准化的时候，需要注意的是，我们的分母都使用 m 而不是 $m-1$，这是为了和之后 Python 中 sklearn 库的默认实现保持一致。首先需要获取标准化之后的数据。第一维特征的数据是

$1,2,-3$，均值是 0，方差是 $\sqrt{(1+4+9)/3} \approx 2.16$。所以，标准化之后第一维特征的数据是 $1/2.16 = 0.463$，$2/2.16 = 0.926$，$-3/2.16 = -1.389$。以此类推，我们可以获得第二维和第三维特征标准化之后的数据。当然，全部手工计算的工作量不小，这时可以让计算机做它擅长的事情：重复性计算。代码清单 14-1 展示了如何对样本矩阵的数据进行标准化。

代码清单 14-1   矩阵标准化

```
import numpy as np
from numpy import linalg as LA
from sklearn.preprocessing import scale


# 原始数据，包含了 3 个样本和 3 个特征，每一行表示一个样本，每一列表示一维特征
x = np.mat([[1, 3, -7], [2, 5, -14], [-3, -7, 2]])

# 矩阵按列进行标准化
x_std = scale(x, with_mean=True, with_std=True, axis=0)
print('标准化后的矩阵: \n', x_std, '\n')
```

其中，scale 函数使用了 axis = 0，表示对列进行标准化，因为目前的矩阵排列中，每一列代表一个特征维度，这一点需要注意。如果矩阵排列中每一行代表一个特征维度，那么可以使用 axis = 1 对行进行标准化。最终标准化之后的矩阵是这样的：

$$\begin{bmatrix} 0.463 & 0.508 & -0.102 \\ 0.926 & 0.889 & -1.171 \\ -1.389 & -1.397 & 1.272 \end{bmatrix}$$

接下来是协方差的计算。对于第一维向量的方差是 $(0.463^2 + 0.926^2 + (-1.389)^2)/2 \approx 1.5$。第二维和第二维向量之间的协方差是 $(0.463 \times 0.508 + 0.926 \times 0.889 + (-1.389) \times (-1.397))/2 \approx 1.499$。以此类推，我们就可以获得完整的协方差矩阵。同样，为了减少推算的工作量，使用代码清单 14-2 获得协方差矩阵。

代码清单 14-2   获取协方差矩阵

```
# 计算协方差矩阵，注意这里需要先进行转置，因为这里的函数是看行与行之间的协方差
x_cov = np.cov(x_std.transpose())
# 输出协方差矩阵
print('协方差矩阵: \n', x_cov, '\n')
```

和 sklearn 中的标准化函数 scale 有所不同，numpy 中的协方差函数 cov 除以的是 $(m-1)$，而不是 m。最终完整的协方差矩阵如下：

$$\begin{bmatrix} 1.5 & 1.499 & -1.449 \\ 1.499 & 1.5 & -1.435 \\ -1.449 & -1.435 & 1.5 \end{bmatrix}$$

然后，我们要求解协方差矩阵的特征值和特征向量：

$$\begin{Vmatrix} 1.5 & 1.499 & -1.449 \\ 1.499 & 1.5 & -1.435 \\ -1.449 & -1.435 & 1.5 \end{Vmatrix} = 0$$

通过对行列式的求解，我们可以得到：

$$((1.5 - \lambda)^3 + 1.499 \times (-1.435) \times (-1.449) + (-1.449) \times 1.499 \times (-1.435)) - ((-1.449) \times$$
$$(1.5 - \lambda) \times (-1.449) + (-1.435) \times (-1.435) \times (1.5 - \lambda) + (1.5 - \lambda) \times 1.499 \times 1.499) = 0$$

最后化简为：

$$-\lambda^3 + 4.5\lambda^2 - 0.343\lambda = 0$$
$$\lambda(0.0777 - \lambda)(\lambda - 4.4223) = 0$$

所以 λ 有 3 个近似解，分别是 0、0.0777 和 4.4223。对于特征向量的求解，如果手工推算比较烦琐，我们还是利用 Python 语言直接求出特征值和对应的特征向量，如代码清单 14-3 所示。

代码清单 14-3　获取协方差矩阵

```
# 求协方差矩阵的特征值和特征向量
eigVals, eigVects = LA.eig(x_cov)
print('协方差矩阵的特征值: ', eigVals)
print('协方差矩阵的特征向量（主成分）: \n', eigVects, '\n')
```

我们可以得到 3 个特征值及它们对应的特征向量，如表 14-2 所示。

表 14-2　特征值和特征向量

特征值	特征向量（主成分）
4.42231151e+00	[−0.58077228　−0.57896098　0.57228292]
−3.76638147e−16	[−0.74495961　0.66143044　−0.08686171]
7.76884923e−02	[0.3282358　0.47677453　0.81544301]

注意，Python 代码输出的特征向量是列向量，而表 14-2 中列出的是行向量。我们继续使用下面的这段代码，找出特征值最大的特征向量，也就是最重要的主成分，然后利用这个主成分，对原始的样本矩阵进行转换，如代码清单 14-4 所示。

代码清单 14-4　找出主成分并转换原有矩阵

```
# 找到最大的特征值，及其对应的特征向量
max_eigVal = -1
max_eigVal_index = -1

for i in range(0, eigVals.size):
    if eigVals[i] > max_eigVal:
        max_eigVal = eigVals[i]
```

```
        max_eigVal_index = i
    eigVect_with_max_eigVal = eigVects[:, max_eigVal_index]
```

```
# 输出最大的特征值及其对应的特征向量，也就是第一个主成分
print('最大的特征值: ', max_eigVal)
print('最大特征值所对应的特征向量: ', eigVect_with_max_eigVal)
```

```
# 输出转换后的数据矩阵。注意，这里的 3 个值表示 3 个样本，而特征从 3 维变为 1 维了
print('转换后的数据矩阵: ', x_std.dot(eigVect_with_max_eigVal), '\n')
```

很 明 显，最 大 的 特 征 值 是 4.422311507725755，对 应 的 特 征 向 量 是 $[-0.58077228$
$-0.57896098\ 0.57228292]$，转换后的样本矩阵是：

$$\begin{bmatrix} -0.621 \\ -1.722 \\ 2.344 \end{bmatrix}$$

该矩阵从原来的 3 个特征维度降维成 1 个特征维度了。Python 的 sklearn 库也实现了 PCA，
我们可以通过代码清单 14-5 来尝试一下。

代码清单 14-5　找出主成分并转换原有矩阵

```
import numpy as np
from sklearn.preprocessing import scale
from sklearn.decomposition import PCA


# 原始数据，包含了 3 个样本和 3 个特征，每一行表示一个样本，每一列表示一维特征
x = np.mat([[1, 3, -7], [2, 5, -14], [-3, -7, 2]])

# 矩阵按列进行标准化
x_std = scale(x, with_mean=True, with_std=True, axis=0)
print('标准化后的矩阵: \n', x_std, '\n')

# 挑选前 2 个主成分
pca = PCA(n_components=2)

# 进行 PCA 分析
pca.fit(x_std)

# 输出转换后的数据矩阵。注意，这里的 3 个值表示 3 个样本，而特征从 3 维变为 1 维了
print('方差（特征值）: ', pca.explained_variance_)
print('主成分（特征向量）\n', pca.components_)
print('转换后的样本矩阵: \n', pca.transform(x_std))
print('信息量: ', pca.explained_variance_ratio_)
```

这段代码中，我们将输出的主成分设置为 2，也就是说挑出前 2 个最重要的主成分。相应

地，转换后的样本矩阵有 2 个特征维度：

$$
\begin{bmatrix}
-0.621 & 0.311 \\
-1.722 & -0.227 \\
2.344 & -0.084
\end{bmatrix}
$$

除了输出主成分和转换后的矩阵，sklearn 的 PCA 还提供了信息量的数据，输出如下：

信息量：　[0.98273589 0.01726411]

它是各个主成分的方差所占的比例，表示第一个主成分包含原始样本矩阵中的 98.27% 的信息，而第二个主成分包含原始样本矩阵中的 1.73% 的信息，可想而知，最后一个主成分提供的信息量很少，我们可以忽略不计了。如果我们觉得 95% 以上的信息量足够了，就可以只保留第一个主成分，将原始的样本矩阵的特征维数降到 1 维。

14.1.2　PCA 背后的核心思想

当然，学习的更高境界，不仅要"知其然"，还要做到"知其所以然"。即使现在你对 PCA 的操作步骤了如指掌，可能也还是有不少疑惑，例如，为什么我们要使用协方差矩阵？这个矩阵的特征值和特征向量又表示什么？为什么选择特征值最大的主成分，就能涵盖最多的信息量呢？不用着急，接下来会对此做出更透彻的解释，让你不仅明白如何进行 PCA，同时还明白为什么要这么做。

1.　为什么要使用协方差矩阵

首先要回答的第一个问题是，为什么我们要使用样本数据中各个维度之间的协方差来构建一个新的协方差矩阵？要弄清楚这一点，首先要回到 PCA 最终的目标：降维。降维就是要去除那些表达信息量少，或者冗余的维度。我们首先来看如何定义维度的信息量大小。这里我们认为样本在某个特征维度上的差异越大，那么这个特征包含的信息量就越大，就越重要。反之，信息量就越小，需要被过滤掉。很自然，我们就能想到使用某维特征的方差来定义样本在这个特征维度上的差异。另外，我们要看如何发现冗余的信息。如果两种特征有很高的相关性，那么我们可以从一个维度的值推算出另一个维度的值，这两种特征所表达的信息就是重复的。第二篇"概率统计"介绍过多个变量间的相关性，而在实际应用中，我们可以使用皮尔森（Pearson）相关系数来描述两个变量之间的线性相关程度。这个系数的取值范围是 [−1.0, 1.0]，绝对值越大，说明相关性越强，正数表示正相关，负数表示负相关。图 14-1 展示了正相关和负相关的含义。左侧的 X 曲线和 Y 曲线有非常近似的变化趋势，当 X 上升的时候，Y 往往也是上升的，X 下降的时候，Y 往往也下降，这表示两者有较强的正相关性。右侧的 X 和 Y 两者相反，当 X 上升的时候，Y 往往是下降的，X 下降的时候，Y 往往是上升的，这表示两者有较强的负相关性。

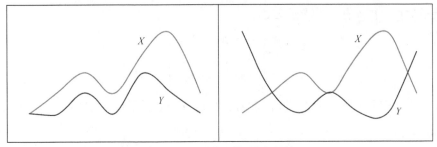

图 14-1　两个变量的正负相关性

使用同样的矩阵标记，皮尔森系数的计算公式如下：

$$pr(\boldsymbol{X}_{.i}, \boldsymbol{X}_{.j}) = \frac{1}{m-1} \sum_{k=1}^{m} \frac{(x_{k,i} - \overline{\boldsymbol{X}_{.i}})(x_{k,j} - \overline{\boldsymbol{X}_{.j}})}{\sigma \boldsymbol{X}_{.i} \sigma \boldsymbol{X}_{.j}}$$

其中，n 表示向量维度，$x_{k,i}$ 和 $x_{k,j}$ 分别为两个特征维度 i 和 j 在第 k 个采样上的数值。$\overline{\boldsymbol{X}_{.i}}$ 和 $\overline{\boldsymbol{X}_{.j}}$ 分别表示两个特征维度上所有样本的均值，$\sigma \boldsymbol{X}_{.i}$ 和 $\sigma \boldsymbol{X}_{.j}$ 分别表示两个特征维度上所有样本的标准差。我们将皮尔森系数的公式稍加变化，来观察一下皮尔森系数和协方差之间的关系：

$$pr(\boldsymbol{X}_{.i}, \boldsymbol{X}_{.j}) = \frac{1}{m-1} \sum_{k=1}^{m} \frac{(x_{k,i} - \overline{\boldsymbol{X}_{.i}})(x_{k,j} - \overline{\boldsymbol{X}_{.j}})}{\sigma \boldsymbol{X}_{.i} \sigma \boldsymbol{X}_{.j}}$$

$$= \frac{\sum_{k=1}^{m} (x_{k,i} - \overline{\boldsymbol{X}_{.i}})(x_{k,j} - \overline{\boldsymbol{X}_{.j}})}{m-1} \frac{1}{\sigma \boldsymbol{X}_{.i} \sigma \boldsymbol{X}_{.j}} = \frac{cov(\boldsymbol{X}_{.i}, \boldsymbol{X}_{.j})}{\sigma \boldsymbol{X}_{.i} \sigma \boldsymbol{X}_{.j}}$$

从上式可以看出，变化后的分子就是协方差。而分母类似于标准化数据中的分母。所以在本质上，皮尔森相关系数和数据标准化后的协方差是一致的。考虑到协方差既可以衡量信息量的大小，又可以衡量不同维度之间的相关性，因此我们就使用各个维度之间的协方差所构成的矩阵，作为 PCA 的对象。就如前面说讲述的，这个协方差矩阵主对角线上的元素是各维度上的方差，也就体现了信息量，而其他元素是两两维度间的协方差，也就体现了相关性。既然协方差矩阵提供了我们所需要的方差和相关性，那么下一步，我们就要考虑对这个矩阵进行怎样的操作了。

2. 为什么要计算协方差矩阵的特征值和特征向量

关于这一点，我们可以从两个角度来理解。

第一个角度是对角矩阵。所谓对角矩阵，就是只有矩阵主对角线之上的元素有非零值，而其他元素的值都为 0。我们刚刚解释了协方差矩阵的主对角线上的元素，都是表示信息量的方差，而其他元素都是表示相关性的协方差。既然我们希望尽可能保留大信息量的维度，而去除相关的维度，那么就意味着我们希望对协方差进行对角化，尽可能地使得矩阵只有主对角线上有非零元素。假如我们确实可以将矩阵尽可能地对角化，那么对于对角化之后的矩阵，它的主对角线上的元素就是或者接近矩阵的特征值，而特征值本身又表示转换后的方差，也就是信息量。此时，对应的各个特征向量之间基本是正交的，也就是相关性极弱甚至没有相关性。

第二个角度是特征值和特征向量的几何意义。之前我们介绍过，在向量空间中，对某个向量左乘一个矩阵，实际上是对这个向量进行了一次变换。在这个变换的过程中，被左乘的向量主要发生旋转和伸缩这两种变换。如果左乘矩阵对某一个向量或某些向量只产生伸缩变换，而不对这些向量产生旋转的效果，那么这些向量就称为这个矩阵的特征向量，而伸缩的比例就是特征值。换句话说，某个矩阵的特征向量表示这个矩阵在空间中的变换方向，这些方向都是趋于正交的，而特征值表示每个方向上伸缩的比例。如果一个特征值很大，那么说明在对应的特征向量所表示的方向上，伸缩幅度很大。这也是我们需要使用原始数据去左乘这个特征向量来获取降维后的新数据的原因。因为这样做可以帮助我们找到一个方向，让它最大限度地包含原始的信息。需要注意的是，这个新的方向往往不代表原始的特征，而是多个原始特征的组合和缩放。

14.2 奇异值分解（SVD）

本节我们来讲一下另一种降维的方法——奇异值分解（SVD）。它的核心思想和 PCA 不同。PCA 是通过分析不同维特征之间的协方差，找到包含最多信息量的特征向量，从而实现降维。而 SVD 这种方法试图通过样本矩阵本身的分解，找到一些"潜在的因素"，然后通过将原始的特征维度映射到较少的潜在因素之上，来达到降维的目的。这个方法的思想和步骤有些复杂，它的核心是矩阵分解，先从方阵的特征分解开始。

14.2.1 方阵的特征分解

在解释方阵的分解时，我们会用到两个你可能不太熟悉的概念：方阵和酉矩阵。为了让你更顺畅地理解整个分解的过程，这里先解释一下这两个概念。方阵（square matrix）是一种特殊的矩阵，它的行数和列数相等。如果一个矩阵的行数和列数都是 n，那么我们将它称为 n 阶方阵。如果一个矩阵和其转置矩阵相乘得到的是单位矩阵，那么它就是一个酉矩阵（unitary matrix），如下式所示：

$$X^T X = I$$

其中，X^T 表示 X 的转置，I 表示单位矩阵。换句话说，矩阵 X 为酉矩阵的充分必要条件是 X 的转置矩阵和 X 的逆矩阵相等，即

$$X^T = X^{-1}$$

理解这两个概念之后，我们来观察矩阵的特征值和特征向量。前两节介绍了，对于一个 $n \times n$ 维的矩阵 X，n 维向量 v，标量 λ，如果有：

$$Xv = \lambda v$$

就说 λ 是 X 的特征值，v 是 X 的特征向量，并对应于特征值 λ。之前我们说过特征向量表示矩阵变换的方向，而特征值表示变换的幅度。实际上，通过特征值和特征矩阵，我们还可以将矩阵 X 进行特征分解（eigen decomposition）。这里矩阵的特征分解，是指将矩阵分解为由其特征值和特征向量表示的矩阵之积的方法。如果我们求出了矩阵 X 的 k 个特征值 $\lambda_1, \lambda_2, \cdots, \lambda_n$，以及这 n 个特征值所对应的特征向量 $v_1, v_2, \cdots, v_n$，那么就有：

$$XV = V\Sigma$$

其中，V 是这 n 个特征向量所组成的 $n \times n$ 维矩阵，而 Σ 为这 n 个特征值为主对角线的 $n \times n$ 维矩阵。进一步推导，我们可以得到：

$$XVV^{-1} = V\Sigma V^{-1}$$

$$XI = V\Sigma V^{-1}$$

$$X = V\Sigma V^{-1}$$

如果我们将 V 的这 n 个特征向量进行标准化处理，那么对于每个特征向量 V_i，就有 $\|V_{i2}\| = 1$，而这表示 $V_i^\mathrm{T} V_i$，此时 V 的 n 个特征向量为标准正交基，满足 $V^\mathrm{T} V = I$，也就是说 V 为酉矩阵，有 $V^\mathrm{T} = V^{-1}$。这样一来，我们就可以将特征分解表达式写作：

$$X = V\Sigma V^\mathrm{T}$$

我们以介绍 PCA 时所用的矩阵为例，验证矩阵的特征分解。当时，我们有如下矩阵：

$$X = \begin{bmatrix} 1.5 & 1.4991357 & -1.44903232 \\ 1.4991357 & 1.5 & -1.43503825 \\ -1.44903232 & -1.43503825 & 1.5 \end{bmatrix}$$

$$V = \begin{bmatrix} -0.58077228 & -0.74495961 & 0.3282358 \\ -0.57896098 & 0.66143044 & 0.47677453 \\ 0.57228292 & -0.08686171 & 0.81544301 \end{bmatrix}$$

$$V^\mathrm{T} = \begin{bmatrix} -0.58077228 & -0.57896098 & 0.57228292 \\ -0.74495961 & 0.66143044 & -0.08686171 \\ 0.3282358 & 0.47677453 & 0.81544301 \end{bmatrix}$$

$$\Sigma = \begin{bmatrix} 4.42231151e+0 & 0 & 0 \\ 0 & -3.76638147e-16 & 0 \\ 0 & 0 & 7.76884923e-02 \end{bmatrix}$$

下面我们需要证明 $X = V\Sigma V^\mathrm{T}$ 成立，具体的推算过程如下：

$$V\Sigma V^{\mathrm{T}} = \begin{bmatrix} -0.58077228 & -0.74495961 & 0.3282358 \\ -0.57896098 & 0.66143044 & 0.47677453 \\ 0.57228292 & -0.08686171 & 0.81544301 \end{bmatrix}$$

$$\begin{bmatrix} 4.42231151e+0 & 0 & 0 \\ 0 & -3.76638147e-16 & 0 \\ 0 & 0 & 7.76884923e-02 \end{bmatrix}$$

$$\begin{bmatrix} -0.58077228 & -0.57896098 & 0.57228292 \\ -0.74495961 & 0.66143044 & -0.08686171 \\ 0.3282358 & 0.47677453 & 0.81544301 \end{bmatrix}$$

$$= \begin{bmatrix} 1.5 & 1.4991357 & -1.44903232 \\ 1.4991357 & 1.5 & -1.43503825 \\ -1.44903232 & -1.43503825 & 1.5 \end{bmatrix} = X$$

讲到这里，相信你对矩阵的特征分解有了一定程度的认识。可是，矩阵 X 必须为对称方阵才能进行有实数解的特征分解。那么如果 X 不是方阵，那么应该如何进行矩阵的分解呢？这个时候就需要用到奇异值分解 SVD 了。

14.2.2 矩阵的奇异值分解

SVD 和特征分解相比，在形式上是类似的。假设矩阵 X 是一个 $m \times n$ 维的矩阵，那么 X 的 SVD 为：

$$X = U\Sigma V^{\mathrm{T}}$$

不同的地方在于，SVD 并不要求要分解的矩阵为方阵，所以这里的 U 和 V^{T} 并不是互为逆矩阵。其中，U 是一个 $m \times m$ 维的矩阵，V 是一个 $n \times n$ 维的矩阵。Σ 是一个 $m \times n$ 维的矩阵，对 Σ 来说，只有主对角线上的元素可以为非零值，其他元素都是 0，而主对角线上的每个元素就称为奇异值。U 和 V 都是酉矩阵，即满足 $U^{\mathrm{T}}U = I$ 和 $V^{\mathrm{T}}V = I$ 。

现在问题来了，我们应该如何求出用于 SVD 的 U 、Σ 和 V 这 3 个矩阵呢？之所以不能使用有实数解的特征分解，是因为此时矩阵 X 不是对称的方阵。我们可以将 X 的转置 X^{T} 和 X 做矩阵乘法，得到一个 $n \times n$ 维的对称方阵 $X^{\mathrm{T}}X$ 。这个时候，我们就能对 $X^{\mathrm{T}}X$ 这个对称方阵进行特征分解了，得到的特征值和特征向量满足下面这个公式：

$$(X^{\mathrm{T}}X)v_i = \lambda_i v_i$$

这样一来，我们就得到了矩阵 $X^{\mathrm{T}}X$ 的 n 个特征值和对应的 n 个特征向量 v 。通过 $X^{\mathrm{T}}X$ 的所有特征向量构造一个 $n \times n$ 维的矩阵 V ，这就是上述 SVD 公式里面的 V 矩阵了。通常我们将 V 中的每个特征向量叫作 X 的右奇异向量。同样的道理，如果我们将 X 和 X^{T} 做矩阵乘法，那么会得到一个 $m \times m$ 维的方阵 XX^{T} 。由于 XX^{T} 也是方阵，因此我们同样可以对它进行特征分解，得到的特征值和特征向量满足下面这个公式：

$$(XX^\mathrm{T})u_i = \lambda_i u_i$$

类似地，我们得到了矩阵 XX^T 的 m 个特征值和对应的 m 个特征向量 u。通过 XX^T 的所有特征向量构造一个 $m \times m$ 的矩阵 U。这就是上述 SVD 公式里面的 U 矩阵了。通常，我们将 U 中的每个特征向量叫作 X 的左奇异向量。现在，包含左右奇异向量的 U 和 V 都求解出来了，只剩下奇异值矩阵 Σ 了。之前我们提到，Σ 除了对角线上的元素是奇异值，其他位置的元素都是 0，所以我们只需要求出每个奇异值 σ 就可以了。这个解可以通过下面的公式推导求得：

$$X = U\Sigma V^\mathrm{T}$$

$$XV = U\Sigma V^\mathrm{T}V$$

因为 V 是酉矩阵，所以 $V^\mathrm{T}V = I$，就有：

$$XV = U\Sigma I$$

$$XV = U\Sigma$$

$$Xv_i = \sigma_i u_i$$

$$\sigma_i = Xv_i / u_i$$

其中 v_i 和 u_i 都是列向量。一旦我们求出了每个奇异值 σ，就能得到奇异值矩阵 Σ。通过上述几个步骤，我们就能将一个 $m \times n$ 维的实数矩阵，分解成 $X = U\Sigma V^\mathrm{T}$ 的形式。接下来，我们还可以证明 $X^\mathrm{T}X$ 的特征向量组成了 SVD 中的 V 矩阵，而 XX^T 的特征向量组成了 SVD 中的 U 矩阵。不过，我们还没有证明这两点。下面我们就来讲一下如何证明它们。

首先，我们来看看 V 矩阵的证明：

$$X = U\Sigma V^\mathrm{T}$$

$$X^\mathrm{T} = (U\Sigma V^\mathrm{T})^\mathrm{T} = V\Sigma^\mathrm{T}U^\mathrm{T}$$

$$X^\mathrm{T}X = (V\Sigma^\mathrm{T}U^\mathrm{T})(U\Sigma V^\mathrm{T}) = V\Sigma^\mathrm{T}(U^\mathrm{T}U)\Sigma V^\mathrm{T} = V\Sigma^2 V^\mathrm{T}$$

其中，$(U\Sigma V^\mathrm{T})^\mathrm{T} = V\Sigma^\mathrm{T}U^\mathrm{T}$ 的证明，我们会在后面有关最小二乘法的章节进行证明。另外，U 是酉矩阵，所以 $U^\mathrm{T}U = I$。Σ 是对角矩阵，所以 $\Sigma^\mathrm{T}\Sigma = \Sigma^2$，而且 Σ^2 仍然是对角矩阵。因为 Σ^2 是对角矩阵，所以通过 $X^\mathrm{T}X = V\Sigma^2 V^\mathrm{T}$，我们可以看出 V 中的向量就是 $X^\mathrm{T}X$ 的特征向量，而特征值是 Σ^2 对角线上的值。同理，我们也可以证明 U 中的向量就是 XX^T 的特征向量：

$$XX^\mathrm{T} = (U\Sigma V^\mathrm{T})(V\Sigma^\mathrm{T}U^\mathrm{T}) = U\Sigma^\mathrm{T}(V^\mathrm{T}V)\Sigma U^\mathrm{T} = U\Sigma^2 U^\mathrm{T}$$

从这个证明的过程，我们也发现了，XX^T 或者 $X^\mathrm{T}X$ 特征值矩阵等于奇异值矩阵的平方，也就是说我们也可以通过 XX^T 或者 $X^\mathrm{T}X$ 特征值的平方根来求奇异值。

说到这里，你可能会疑惑，将矩阵分解成这个形式有什么用呢？实际上，在不同的应用中，这种分解表示不同的含义。下面我会使用潜在语义分析的案例讲解在发掘语义关系的时候 SVD 起到了怎样的关键作用。

14.2.3 潜在语义分析和 SVD

在讲向量空间模型的时候，我们解释了文档和词条所组成的矩阵。对于一个大的文档集合，我们首先要构造字典，然后根据字典构造每篇文档的向量，最后通过所有文档的向量构造矩阵。矩阵的行和列分别表示文档和词条。基于这个矩阵、向量空间中的距离、余弦夹角等度量，我们就可以进行基于相似度的信息检索或文档聚类。不过，最简单的向量空间模型采样的是精确匹配的词条，它没有办法处理词条形态的变化、同义词、近义词等情况。我们需要使用拉丁语系的取词根操作，并手动建立同义词、近义词字典。这些处理方式都需要人类的语义知识，也非常依赖人工干预。另外，有些词并不是同义词或者近义词，但是相互之间也是有语义关系的。例如"学生""老师""学校""课程"等。

那么，我们有没有什么模型，可以自动地挖掘在语义层面的信息呢？当然，目前的计算机还没有办法真正地理解人类的自然语言，它们需要通过大量的数据来找到词之间的关系。下面我们就来看看潜在语义分析（latent semantic analysis，LSA）或者叫潜在语义索引（latent semantic index，LSI）这种方法，是如何做到这一点的。和一般的向量空间模型有所不同，LSA 通过词条和文档所组成的矩阵，发掘词和词之间的语义关系，并过滤掉原始向量空间中存在的一些"噪声"，最终提高信息检索和机器学习算法的精确度。LSA 主要包括以下这些步骤。

（1）分析文档集合，建立表示文档和词条关系的矩阵。

（2）对文档-词条矩阵进行 SVD。在 LSA 的应用场景下，分解之后所得到的奇异值 σ 对应了一个语义上的"概念"，而 σ 值的大小表示这个概念在整个文档集合中的重要程度。U 中的左奇异值向量表示每篇文档和这些语义"概念"的关系强弱，V 中的右奇异值向量表示每个词条和这些语义"概念"的关系强弱。所以，SVD 将原来的词条-文档关系，转换成了词条-语义概念-文档关系。图 14-2 展示了这个过程。

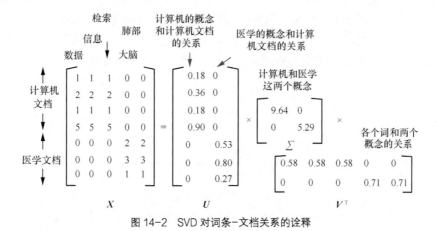

图 14-2 SVD 对词条-文档关系的诠释

在图 14-2 中，我们有一个 7×5 维的矩阵 X，表示 7 篇文档和 5 个单词。经过 SVD 之后，我们得到了两个主要的语义概念，一个概念描述了计算机领域，另一个概念描述了医学领域。矩阵 U 描述文档和这两个概念之间的关系，而矩阵 V^T 描述各个词和这两个概念之间的关系。如果要对文档进行检索，我们可以使用 U 这个降维之后的矩阵，找到哪些文档和计算机领域相关。同样，对于聚类算法，我们也可以使用 U 来判断哪些文档属于同一个类。

（3）对 SVD 后的矩阵进行降维，这个操作和 PCA 的降维操作是类似的。

（4）使用降维后的矩阵重新构建概念-文档矩阵，新矩阵中的元素不再表示词条是否出现在文档中，而是表示某个概念是否出现在文档中。

同样，我们可以让计算机进行这些烦琐的计算过程，具体实现细节如代码 14-6 所示。

代码清单 14-6　使用 sklearn 实现 SVD

```
import numpy as np
from numpy import linalg as LA

# 初始化图 14-2 中的示例矩阵
x = np.mat([[1, 1, 1, 0, 0], [2, 2, 2, 0, 0], [1, 1, 1, 0, 0], [5, 5, 5, 0, 0], [0,
0, 0, 2, 2], [0, 0, 0, 3, 3], [0, 0, 0, 1, 1]])

# 进行 SVD
u, sigma, vt = LA.svd(x, full_matrices=False, compute_uv=True)
print('U 矩阵: \n', u, '\n')
print('Sigma 奇异值: \n', sigma, '\n')
print('V 矩阵: \n', vt, '\n')
```

观察一下代码运行的结果，你会发现计算机输出了所有的奇异值，但是最小的 3 个值趋于 0，最大的 2 个值和图 14-2 中的一致。另外，你可能会注意到输出的奇异值向量的每个维度都是负值，而且正好是图 14-2 中每个维度值乘以-1。这些差异是 sklearn 库的实现所导致的，它只是进行了向量方向的 180 度调转，并不影响变换的幅度和最终的结论。总的来说，LSA 的分解，不仅可以帮助我们找到词条之间的语义关系，还可以降低向量空间的维度。在这个基础之上再运行其他的信息检索或者机器学习算法，会更加有效。

第 15 章

回归分析

在第二篇"概率统计"中我们用 Boston Housing 的数据概要地阐述了如何使用多元线性回归。可是，计算机系统究竟是如何根据观测到的数据来拟合线性回归模型呢？本章我们就从简单的线性方程组出发，延伸到矩阵、最小二乘法和梯度下降，来讲一下如何求解线性回归的问题。

15.1 线性方程组

回归分析属于监督学习算法，主要研究一个或多个随机变量 $y_1, y_2, \cdots, y_i$ 与另一些变量 $x_1, x_2, \cdots, x_k$ 之间的关系。其中，我们将 $y_1, y_2, \cdots, y_i$ 称为因变量，$x_1, x_2, \cdots, x_k$ 称为自变量。按照不同的维度，我们可以将回归分为 3 种。

- 按照自变量数量，当自变量 x 的个数大于 1 时就是多元回归；
- 按照因变量数量，当因变量 y 的个数大于 1 时就是多重回归；
- 按照模型种类，如果因变量和自变量呈线性关系时，就是线性回归模型；如果因变量和自变量呈非线性关系时，就是非线性回归分析模型。

对回归分析来说，最简单的情形是只有一个自变量和一个因变量，且它们大体上是呈线性关系的，这就是一元线性回归。对应的模型很简单，就是 $Y = a + bX + \varepsilon$。这里的 X 是自变量，Y 是因变量，a 是截距，b 是自变量的系数。前面这些你估计都很熟悉，最后还有一个 ε，这表示随机误差，只不过我们通常假定随机误差的均值为 0。进一步来说，如果我们暂时不考虑 a 和 ε，将它扩展为多元的形式，那么就可以得到类似下面这种形式的方程：

$$b_1 \times x_1 + b_2 \times x_2 + \cdots + b_{n-1} \times x_{n-1} + b_n \times x_n = y$$

假设我们有多个这样的方程，就能构成线性方程组，这里列出一个例子：

$$2x_1 + x_2 + x_3 = 0$$

$$4x_1 + 2x_2 + x_3 = 56$$

$$2x_1 - x_2 + 4x_3 = 4$$

对于上面这个方程组，如果存在至少一组 x_1、x_2 和 x_3，使得 3 个方程都成立，那么就称方程有解；如果不存在，那么就称方程无解。如果方程有解，那么解可能是一个，也可能是多个。我们通常关心的是，方程组是否有解，以及 x_1 一直到 x_n 分别是多少。为了实现这个目的，人们想了很多方法来求解方程组，这些方法看起来多种多样，其实主要分为两大类，即直接法和迭代法。直接法就是通过有限次的算术运算，计算精确解。而迭代法，我们在第 2 章就提到过，它是一种不断用变量的旧值递推新值的过程。我们可以用迭代法不断地逼近方程的精确解。这一章首先介绍精确地求解。

15.1.1   高斯消元法

这里从上面这个方程组的例子出发，阐述最常见的高斯消元法，以及如何使用矩阵操作来实现它。高斯消元法主要分为两步，消元（forward elimination）和回代（back substitution）。所谓消元，就是要减少某些方程中元的数量。如果某个方程中的元只剩一个 x_m 了，那么这个自变量 x_m 的解就能知道了。所谓回代，就是将已知的解 x_m 代入方程中，求出其他未知的解。我们先从消元开始，来看这个方程组：

$$2x_1 + x_2 + x_3 = 0$$

$$4x_1 + 2x_2 + x_3 = 56$$

$$2x_1 - x_2 + 4x_3 = 4$$

首先保持第一个方程不变，然后消除第二个和第三个方程中的 x_1。对于第二个方程，方法是让第二个方程减去第一个方程的两倍，方程的左侧变为：

$$(4x_1 + 2x_2 + x_3) - 2(2x_1 + x_2 + x_3) = -x_3$$

方程的右侧变为：

$$56 - 2 \times 0 = 56$$

所以第二个方程变为：

$$-x_3 = 56$$

这样 3 个方程就变为：

$$2x_1 + x_2 + x_3 = 0$$

$$-x_3 = 56$$

$$2x_1 - x_2 + 4x_3 = 4$$

对于第三个方程同样如此，我们需要消除其中的 x_1，方法是让第三个方程减去第一个方程，之后 3 个方程变为：

$$2x_1 + x_2 + x_3 = 0$$

$$-x_3 = 56$$

$$-2x_2 + 3x_3 = 4$$

至此，我们使用第一个方程作为参照，消除了第二个和第三个方程中的 x_1，我们称这里的第一个方程为"主元行"。接下来，我们要将第二个方程作为"主元行"，来消除第三个方程中的 x_2。你应该能发现，第二个方程中的 x_2 已经没有了，失去了参照，这个时候我们需要将第二个方程和第三个方程互换，变为：

$$2x_1 + x_2 + x_3 = 0$$

$$-2x_2 + 3x_3 = 4$$

$$-x_3 = 56$$

到了这个时候，因为第三个方程已经没有 x_2 了，所以无须再消元。如果还有 x_2，那么就需要参照第二个方程来消除第三个方程中的 x_2。观察一下现在的方程组，第一个方程有 3 个自变量，第二个方程有 2 个自变量，第三个方程只有 1 个自变量。这个时候，我们就可以从第三个方程开始回代的过程了。通过第三个方程，显然我们可以得到 $x_3 = -56$，然后将这个值代入第二个方程，就可以得到 $x_2 = -86$。最后将 x_2 和 x_3 的值代入第一个方程式，我们可以得到 $x_1 = 71$。

15.1.2 使用矩阵实现高斯消元法

如果方程和元的数量很小，那么高斯消元法并不难理解。可是如果方程和元的数量很多，整个过程就变得比较烦琐了。实际上，我们可以将高斯消元法转换为矩阵的操作，以便于理解和记忆。为了进行矩阵操作，首先我们要将方程中的系数 b_i 转换成矩阵，我们将这个矩阵记作 $\boldsymbol{B}$。对于上面的方程组示例，系数矩阵为：

$$\boldsymbol{B} = \begin{bmatrix} 2 & 1 & 1 \\ 4 & 2 & 1 \\ 2 & -1 & 4 \end{bmatrix}$$

那么，最终我们通过消元，将系数矩阵 $\boldsymbol{B}$ 变为：

$$\begin{bmatrix} 2 & 1 & 1 \\ 0 & -2 & 3 \\ 0 & 0 & -1 \end{bmatrix}$$

由此可以看出，消元的过程就是将原始的系数矩阵变为上三角矩阵。这里的上三角矩阵表示，矩阵中只有主对角线以及主对角线以上的三角部分里有数值。我们用 $\boldsymbol{U}$ 表示上三角矩阵。经过回代，我们最终得到的结果是：

$$x_1 = 71$$

$$x_2 = -86$$
$$x_3 = -56$$

我们可以将这几个结果看作：

$$1 \times x_1 + 0 \times x_2 + 0 \times x_3 = 71$$
$$0 \times x_1 + 1 \times x_2 + 0 \times x_3 = -86$$
$$0 \times x_1 + 0 \times x_2 + 1 \times x_3 = -56$$

再将系数写成矩阵的形式，就是：

$$\begin{bmatrix} 1 & 0 & 0 \\ 0 & 1 & 0 \\ 0 & 0 & 1 \end{bmatrix}$$

这其实就是单位矩阵。所以，回代的过程是将上三角矩阵变为单位矩阵的过程。为了便于后面的回代计算，我们也可以将方程等号右边的值加入系数矩阵，我们称这个新的矩阵为增广矩阵，将这个矩阵记为 A。现在让我们来观察一下这个增广矩阵 A：

$$A = \begin{bmatrix} 2 & 1 & 1 & 0 \\ 4 & 2 & 1 & 56 \\ 2 & -1 & 4 & 4 \end{bmatrix}$$

对于这个矩阵，我们的最终目标是，将除了最后一列之外的部分变成单位矩阵，而此时最后一列中的每个值，就是每个自变量所对应的解了。之前我们已经讲过矩阵相乘在向量空间模型、PageRank 算法和协同过滤推荐中的应用。这里，我们同样可以使用这种操作来进行消元。为了方便理解，我们可以遵循之前消元的步骤一步步来看。对于方程组消元的第一步，首先保持第一个方程不变，然后消除第二个和第三个方程中的 x_1。这就意味着要将 $A_{2,1}$ 和 $A_{3,1}$ 变为 0。对于第一个方程，如果要保持它不变，我们可以让向量 $[1,0,0]$ 左乘 A。对于第二个方程，具体操作是让第二个方程减去第一个方程的两倍，达到消除 x_1 的目的。我们可以让向量 $[-2,1,0]$ 左乘 A。对于第三个方程，具体操作是让第三个方程减去第一个方程，达到消除 x_1 的目的。我们可以让向量 $[-1,0,1]$ 左乘 A。我们使用这 3 个行向量组成一个矩阵 E_1：

$$E_1 = \begin{bmatrix} 1 & 0 & 0 \\ -2 & 1 & 0 \\ -1 & 0 & 1 \end{bmatrix}$$

因此，我们用下面这个矩阵 E_1 和 A 的点乘，来实现消除第二个和第三个方程中 x_1 的目的：

$$E_1 A = \begin{bmatrix} 1 & 0 & 0 \\ -2 & 1 & 0 \\ -1 & 0 & 1 \end{bmatrix} \begin{bmatrix} 2 & 1 & 1 & 0 \\ 4 & 2 & 1 & 56 \\ 2 & -1 & 4 & 4 \end{bmatrix} = \begin{bmatrix} 2 & 1 & 1 & 0 \\ 0 & 0 & -1 & 56 \\ 0 & -2 & 3 & 4 \end{bmatrix}$$

你会发现，由于使用了增广矩阵，矩阵中最右边的一列，也就是方程等号右侧的数值也会随之发生改变。下一步是消除第三个方程中的 x_2。依照之前的经验，我们要将第二个方程作为"主元行"，来消除第三个方程中的 x_2。可是第二个方程中的 x_2 已经没有了，失去了参照，这个时候我们需要将第二个方程和第三个方程互换。这种互换的操作如何使用矩阵来实现呢？其实不难，例如，使用下面这个矩阵 E_2 左乘增广矩阵 A：

$$E_2 = \begin{bmatrix} 1 & 0 & 0 \\ 0 & 0 & 1 \\ 0 & 1 & 0 \end{bmatrix}$$

上面这个矩阵第一行 [1 0 0] 表示只取第一行的方程，而第二行 [0 0 1] 表示只取第三个方程，而第三行 [0 1 0] 表示只取第二个方程。我们先让 E_1 左乘 A，然后让 E_2 左乘 E_1A 的结果，就能得到消元后的系数矩阵：

$$E_2(E_1A) = \begin{bmatrix} 1 & 0 & 0 \\ 0 & 0 & 1 \\ 0 & 1 & 0 \end{bmatrix}\begin{bmatrix} 2 & 1 & 1 & 0 \\ 0 & 0 & -1 & 56 \\ 0 & -2 & 3 & 4 \end{bmatrix} = \begin{bmatrix} 2 & 1 & 1 & 0 \\ 0 & -2 & 3 & 4 \\ 0 & 0 & -1 & 56 \end{bmatrix}$$

我们将 E_1 点乘 E_2 的结果记作 E_3，并将 E_3 称为消元矩阵：

$$E_2(E_1A) = (E_2E_1)A = \left(\begin{bmatrix} 1 & 0 & 0 \\ -2 & 1 & 0 \\ -1 & 0 & 1 \end{bmatrix}\begin{bmatrix} 1 & 0 & 0 \\ 0 & 0 & 1 \\ 0 & 1 & 0 \end{bmatrix}\right)\begin{bmatrix} 2 & 1 & 1 & 0 \\ 4 & 2 & 1 & 56 \\ 2 & -1 & 4 & 4 \end{bmatrix}$$

$$== \begin{bmatrix} 1 & 0 & 0 \\ -1 & 0 & 1 \\ -2 & 1 & 0 \end{bmatrix}\begin{bmatrix} 2 & 1 & 1 & 0 \\ 4 & 2 & 1 & 56 \\ 2 & -1 & 4 & 4 \end{bmatrix} = E_3A$$

$$E_3 = \begin{bmatrix} 1 & 0 & 0 \\ -1 & 0 & 1 \\ -2 & 1 & 0 \end{bmatrix}$$

对目前的结果矩阵来说，除了最后一列，它已经变成了一个上三角矩阵，也就是说消元步骤完成。接下来，我们要使除最后一列之外的部分变成一个单位矩阵，就能得到最终的方程组解。和消元不同的是，我们将从最后一行开始。对于最后一个方程，只需要将所有系数取反就行了，所以会使用下面这个矩阵 S_1 实现：

$$S_1 = \begin{bmatrix} 1 & 0 & 0 \\ 0 & 1 & 0 \\ 0 & 0 & -1 \end{bmatrix}$$

$$S_1(E_3A) = \begin{bmatrix} 1 & 0 & 0 \\ 0 & 1 & 0 \\ 0 & 0 & -1 \end{bmatrix}\begin{bmatrix} 2 & 1 & 1 & 0 \\ 0 & -2 & 3 & 4 \\ 0 & 0 & -1 & 56 \end{bmatrix} = \begin{bmatrix} 2 & 1 & 1 & 0 \\ 0 & -2 & 3 & 4 \\ 0 & 0 & 1 & -56 \end{bmatrix}$$

接下来要消除第二个方程中的 x_3，将第二个方程减去第三个方程的 3 倍，然后除以–2。首先是减去第三个方程的 3 倍：

$$\begin{bmatrix} 1 & 0 & 0 \\ 0 & 1 & -3 \\ 0 & 0 & 1 \end{bmatrix}\begin{bmatrix} 2 & 1 & 1 & 0 \\ 0 & -2 & 3 & 4 \\ 0 & 0 & 1 & -56 \end{bmatrix} = \begin{bmatrix} 2 & 1 & 1 & 0 \\ 0 & -2 & 0 & 172 \\ 0 & 0 & 1 & -56 \end{bmatrix}$$

然后将第二个方程除以 –2：

$$\begin{bmatrix} 1 & 0 & 0 \\ 0 & -\dfrac{1}{2} & 0 \\ 0 & 0 & 1 \end{bmatrix}\begin{bmatrix} 2 & 1 & 1 & 0 \\ 0 & -2 & 0 & 172 \\ 0 & 0 & 1 & -56 \end{bmatrix} = \begin{bmatrix} 2 & 1 & 1 & 0 \\ 0 & 1 & 0 & -86 \\ 0 & 0 & 1 & -56 \end{bmatrix}$$

最后，对于第一个方程，我们要将第一个方程减去第二个和第三个方程，最后除以 2，我们将这几步合并了，并列在下方：

$$\begin{bmatrix} \dfrac{1}{2} & 0 & 0 \\ 0 & 1 & 0 \\ 0 & 0 & 1 \end{bmatrix}\begin{bmatrix} 1 & -1 & -1 \\ 0 & 1 & 0 \\ 0 & 0 & 1 \end{bmatrix}\begin{bmatrix} 2 & 1 & 1 & 0 \\ 0 & 1 & 0 & -86 \\ 0 & 0 & 1 & -56 \end{bmatrix} = \begin{bmatrix} \dfrac{1}{2} & -\dfrac{1}{2} & -\dfrac{1}{2} \\ 0 & 1 & 0 \\ 0 & 0 & 1 \end{bmatrix}\begin{bmatrix} 2 & 1 & 1 & 0 \\ 0 & 1 & 0 & -86 \\ 0 & 0 & 1 & -56 \end{bmatrix} = \begin{bmatrix} 1 & 0 & 0 & 71 \\ 0 & 1 & 0 & -86 \\ 0 & 0 & 1 & -56 \end{bmatrix}$$

最终，结果矩阵的最后一列就是方程组的解。我们将回代部分的矩阵都点乘起来：

$$S = \begin{bmatrix} \dfrac{1}{2} & -\dfrac{1}{2} & -\dfrac{1}{2} \\ 0 & 1 & 0 \\ 0 & 0 & 1 \end{bmatrix}\begin{bmatrix} 1 & 0 & 0 \\ 0 & -\dfrac{1}{2} & 0 \\ 0 & 0 & 1 \end{bmatrix}\begin{bmatrix} 1 & 0 & 0 \\ 0 & 1 & -3 \\ 0 & 0 & 1 \end{bmatrix}\begin{bmatrix} 1 & 0 & 0 \\ 0 & 1 & 0 \\ 0 & 0 & -1 \end{bmatrix} = \begin{bmatrix} \dfrac{1}{2} & \dfrac{1}{4} & \dfrac{5}{4} \\ 0 & -\dfrac{1}{2} & -\dfrac{3}{2} \\ 0 & 0 & -1 \end{bmatrix}$$

而消元矩阵 $\boldsymbol{E}_3$ 为：

$$\boldsymbol{E}_3 = \begin{bmatrix} 1 & 0 & 0 \\ -1 & 0 & 1 \\ -2 & 1 & 0 \end{bmatrix}$$

我们可以让矩阵 $\boldsymbol{S}$ 左乘矩阵 $\boldsymbol{E}_3$，就会得到下面的结果：

$$\boldsymbol{S}\boldsymbol{E}_3 = \begin{bmatrix} \dfrac{1}{2} & \dfrac{1}{4} & \dfrac{5}{4} \\ 0 & -\dfrac{1}{2} & -\dfrac{3}{2} \\ 0 & 0 & -1 \end{bmatrix}\begin{bmatrix} 1 & 0 & 0 \\ -1 & 0 & 1 \\ -2 & 1 & 0 \end{bmatrix} = \begin{bmatrix} -\dfrac{9}{4} & \dfrac{5}{4} & \dfrac{1}{4} \\ \dfrac{7}{2} & -\dfrac{3}{2} & -\dfrac{1}{2} \\ 2 & -1 & 0 \end{bmatrix}$$

我们将这个矩阵记作 **SE**，将乘以最初的系数矩阵 **B**，就得到了一个单位矩阵。根据逆矩阵的定义，**SE** 就是 **B** 的逆矩阵。换个角度来思考，使用消元法进行线性方程组求解的过程，就是在找系数矩阵的逆矩阵的过程。

本节我们一起探讨了求解线性方程组最常见的方法之一——高斯消元法。这个方法主要包含消元和回代两个步骤。这些步骤都可以使用矩阵的操作来进行。从矩阵的角度来说，消元就是将系数矩阵变为上三角矩阵，而回代是将这个上三角矩阵变为单位矩阵。我们可以直接将用于消元和回代的矩阵，用于由系数和因变量值组成的增广矩阵，并获得最终的方程解。

线性方程组的概念也是线性回归分析的基础。在线性回归时，我们也能获得由很多观测数据值所组成的方程组。但是，在进行线性回归分析时，方程组的处理方式和普通的方程组求解有一些不同。其中有两个最主要的区别。第一个区别是，在线性回归分析中，样本数据会告诉我们自变量和因变量的值，要求的是系数。而在线性方程组中，我们已知系数和因变量的值，要求的是自变量的值。第二个区别是，在线性回归分析中，方程的数量要远远大于自变量的数量，而且我们不要求每个方程都完全成立。这里，不要求完全成立的意思是，拟合出来的因变量值可以和样本数据给定的因变量值存在差异，也就是允许模型拟合存在误差。关于模型拟合的概念我们在 10.3 节中重点讲解了，所以你应该能理解，模型的拟合不可能完美，这和我们求解线性方程组精确解的概念是不同的。正是因为这两点区别，我们无法直接使用消元法来求解线性回归。下一节会来详细解释，如何使用最小二乘法来解决线性回归的问题。

15.2 最小二乘法

15.1 节提到了，求解线性回归和普通的线性方程组最大的不同在于误差 ε。在求解线性方程组的时候，我们并不考虑误差的存在，因此存在无解的可能。而线性回归允许误差 ε 的存在，我们要做的就是尽量将 ε 最小化，并控制在一定范围之内。这样我们就可以求方程的近似解。而这种近似解对海量的大数据分析来说是非常重要的。但是现实中的数据一定存在各种各样原因所导致的误差，因此即使自变量和因变量呈线性关系，也基本上不可能完美符合这种线性关系。总的来说，线性回归分析并不一定需要 100% 精确，而误差 ε 的存在可以帮助我们降低对精度的要求。通常，多元线性回归会写作：

$$y = b_0 + b_1 \times x_1 + b_2 \times x_2 + \cdots + b_{n-1} \times x_{n-1} + b_n \times x_n + \varepsilon$$

这里的 $x_1, x_2, \cdots, x_n$ 是自变量，y 是因变量，b_0 是截距，$b_1, b_2, \cdots, b_n$ 是自变量的系数，ε 是随机误差。在线性回归中，为了实现最小化 ε 的目标，我们可以使用最小二乘法进行直线的拟合。最小二乘法通过最小化误差的平方和，来寻找和观测数据匹配的最佳函数。由于这些内容有些抽象，下面我们会结合一些例子来解释最小二乘法的核心思想，以及如何使用这种方法进行求解。

15.2.1　通过观测值的拟合

在详细阐述最小二乘法之前，我们先来回顾一下模型拟合。在监督学习中，拟合模型其实是指通过模型的假设和训练样本，推导出具体参数的过程。有了这些参数，我们就能对新的数据进行预测。而在线性回归中，我们需要找到观测数据之间的线性关系。假设我们有两个观测数据，对应于二维空间中的两个点，这两个点可以确定唯一的一条直线，两者呈线性关系，如图 15-1 所示。

之后，我们又加入了一个点。这个点不在原来的那条直线上，如图 15-2 所示。

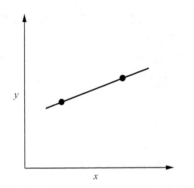 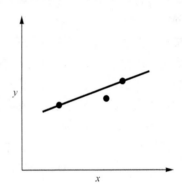

图 15-1　二维空间中的两个点确定一条直线　　　　图 15-2　二维空间中的 3 个点没有经过同一条直线

这个时候，从线性方程的角度来看，就不存在精确解了。因为没有哪条直线能同时穿过这 3 个点。图 15-2 也体现了线性回归分析和求解线性方程组是不一样的，线性回归并不需要求精确解。如果我们加入更多的观测点，就更是如此了，如图 15-3 所示。

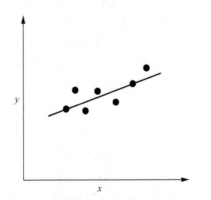

图 15-3　二维空间中的若干点没有经过同一条直线

从图 15-3 中你应该可以看出，这条直线不是完全精准地穿过这些点，而只是穿过了其中两个，大部分点和这条直线有一定距离。这个时候，线性回归就有用武之地了。由于我们假设存

在 ε ，因此在线性回归中，我们允许某条直线只穿过其中少量的点。不过，既然我们允许这种情况发生，那么就存在无穷多这样的直线，例如图 15-4 中展示的几条，都是可以的。

当然，我们从直觉出发，一定不会选取那些远离这些点的直线，而是会选取尽可能靠近这些点的那些直线，如图 15-5 中展示的两条。

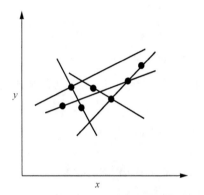

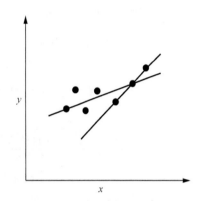

图 15-4　二维空间中的若干直线都对这些点进行了拟合　　　图 15-5　拟合程度较好的两条直线

既然这样，我们就需要定义哪条直线是最优的，以及在给出了最优的定义之后如何能求解出这条最优的直线。最小二乘法可以回答这两个问题，下面我们具体来看。

15.2.2　最小二乘法

最小二乘法（least squares method）的主要思想就是求解未知参数，使得理论值与观测值之差（即误差，或者残差）的平方和最小。我们可以使用下面这个公式来描述：

$$\varepsilon = \sum_{i=1}^{m}(y_i - \hat{y}_i)^2$$

其中，y_i 表示来自数据样本的观测值，而 $\hat{y}_i$ 是假设的函数的理论值，ε 就是我们之前提到的误差，在机器学习中也常称为损失函数，它是观测值和真实值之差的平方和。最小二乘法里的“二乘”就是指的平方操作。有了这个公式，我们的目标就很清楚了，就是要发现使 ε 最小时的参数。那么最小二乘法是如何利用最小化 ε 的这个条件来求解的呢？让我们从矩阵的角度出发来理解整个过程。有了上面的定义之后，我们就可以写出最小二乘问题的矩阵形式：

$$min\|\boldsymbol{XB} - \boldsymbol{Y}\|_2^2$$

其中 $\boldsymbol{B}$ 为系数矩阵，$\boldsymbol{X}$ 为自变量矩阵，$\boldsymbol{Y}$ 为因变量矩阵。换句话说，我们要在向量空间中找到一个 $\boldsymbol{B}$，使向量 $\boldsymbol{XB}$ 与 $\boldsymbol{Y}$ 之间欧氏距离的平方数最小。结合之前所讲的矩阵点乘知识，我们将上述式子改写为：

$$\|\boldsymbol{XB} - \boldsymbol{Y}\|_2^2 = tr((\boldsymbol{XB} - \boldsymbol{Y})^{\mathrm{T}}(\boldsymbol{XB} - \boldsymbol{Y}))$$

其中 $(XB-Y)^{\mathrm{T}}$ 表示矩阵 $(XB-Y)$ 的转置。而 $tr()$ 函数表示取对角线上所有元素的和，对某个矩阵 A 来说，$tr(A)$ 的值计算如下：

$$tr(A) = \sum_{i=1}^{m} a_{ij}$$

进一步，根据矩阵的运算法则，我们可以得到：

$$\|XB-Y\|_2^2 = tr((XB-Y)^{\mathrm{T}}(XB-Y)) = tr((B^{\mathrm{T}}X^{\mathrm{T}} - Y^{\mathrm{T}})(XB-Y))$$
$$= tr(B^{\mathrm{T}}X^{\mathrm{T}}XB - B^{\mathrm{T}}X^{\mathrm{T}}Y - Y^{\mathrm{T}}XB + Y^{\mathrm{T}}Y)$$

我们知道，求极值问题直接对应的就是导数为 0，因此我们对上述的矩阵形式进行求导，得到下面的式子：

$$\frac{\partial \|XB-Y\|_2^2}{\partial B} = \frac{\partial (tr(B^{\mathrm{T}}X^{\mathrm{T}}XB - B^{\mathrm{T}}X^{\mathrm{T}}Y - Y^{\mathrm{T}}XB + Y^{\mathrm{T}}Y))}{\partial B}$$
$$= X^{\mathrm{T}}XB + X^{\mathrm{T}}XB - X^{\mathrm{T}}Y - X^{\mathrm{T}}Y = 2X^{\mathrm{T}}XB - 2X^{\mathrm{T}}Y$$

如果要使 $\|XB-Y\|_2^2$ 最小，就要满足两个条件：第一个条件是 $\dfrac{\partial \|XB-Y\|_2^2}{\partial B} = 0$，也就是

$2X^{\mathrm{T}}XB - 2X^{\mathrm{T}}Y = 0$；第二个条件是 $\dfrac{\partial (2X^{\mathrm{T}}XB - 2X^{\mathrm{T}}Y)}{\partial B} > 0$。因为 $\dfrac{\partial (2X^{\mathrm{T}}XB - 2X^{\mathrm{T}}Y)}{\partial B} = 2X^{\mathrm{T}}X > 0$，

所以第二个条件是满足的。只要满足 $2X^{\mathrm{T}}XB = 2X^{\mathrm{T}}Y$，就能获得 ε 的最小值。从这个条件出发，就能求出矩阵 B：

$$2X^{\mathrm{T}}XB = 2X^{\mathrm{T}}Y$$
$$X^{\mathrm{T}}XB = X^{\mathrm{T}}Y$$
$$(X^{\mathrm{T}}X)^{-1}X^{\mathrm{T}}XB = (X^{\mathrm{T}}X)^{-1}X^{\mathrm{T}}Y$$
$$IB = (X^{\mathrm{T}}X)^{-1}X^{\mathrm{T}}Y$$
$$B = (X^{\mathrm{T}}X)^{-1}X^{\mathrm{T}}Y$$

其中 I 为单位矩阵。而 $(X^{\mathrm{T}}X)^{-1}$ 表示 $X^{\mathrm{T}}X$ 的逆矩阵。所以，最终系数矩阵为 $(X^{\mathrm{T}}X)^{-1}X^{\mathrm{T}}Y$。

15.2.3　补充证明和解释

为了保持推导的连贯性，在上述的推导过程中，我们跳过了几个步骤的证明。下面给出详细的解释，供你更深入地学习和研究。

1. 证明 $(XB)^{\mathrm{T}} = B^{\mathrm{T}}X^{\mathrm{T}}$

对于 XB 中的每个元素 $xb_{i,j}$，有：

$$xb_{i,j} = \sum_{k=1}^{n} x_{i,k} \times b_{k,j}$$

而对于 $(\boldsymbol{XB})^{\mathrm{T}}$ 中的每个元素 $xb_{i,j}^{\mathrm{T}}$，有：

$$(xb)_{i,j}^{\mathrm{T}} = \sum_{k=1}^{n} x_{j,k} \times b_{k,i}$$

对于 $\boldsymbol{B}^{\mathrm{T}}$ 中的每个元素有：

$$b_{i,k}^{\mathrm{T}} = b_{k,i}$$

对于 $\boldsymbol{X}^{\mathrm{T}}$ 中的每个元素有：

$$x_{k,j}^{\mathrm{T}} = x_{j,k}$$

那么，对于 $\boldsymbol{B}^{\mathrm{T}}\boldsymbol{X}^{\mathrm{T}}$ 中的每个元素 $(b^{\mathrm{T}}x^{\mathrm{T}})_{i,j}$，就有：

$$(b^{\mathrm{T}}x^{\mathrm{T}})_{i,j} = \sum_{k=1}^{n} b_{i,k}^{\mathrm{T}} \times x_{k,j}^{\mathrm{T}} = \sum_{k=1}^{n} b_{k,i} \times x_{j,k} = (xb)_{i,j}^{\mathrm{T}}$$

所以有：

$$(\boldsymbol{XB})^{\mathrm{T}} = \boldsymbol{B}^{\mathrm{T}}\boldsymbol{X}^{\mathrm{T}}$$

2. 证明 $(\boldsymbol{XB} - \boldsymbol{Y})^{\mathrm{T}} = \boldsymbol{B}^{\mathrm{T}}\boldsymbol{X}^{\mathrm{T}} - \boldsymbol{Y}^{\mathrm{T}}$

和证明 1 类似，对于 $(\boldsymbol{XB} - \boldsymbol{Y})^{\mathrm{T}}$ 中的每个元素 $(xb-y)_{i,j}^{\mathrm{T}}$ 有：

$$(xb-y)_{i,j}^{\mathrm{T}} = \sum_{k=1}^{n} x_{j,k} \times b_{k,i} - y_{j,i} = \sum_{k=1}^{n} b_{k,i} \times x_{j,k} - y_{j,i} = \sum_{k=1}^{n} b_{i,k}^{\mathrm{T}} \times x_{k,j}^{\mathrm{T}} - y_{j,i} = (b^{\mathrm{T}}x^{\mathrm{T}} - y^{\mathrm{T}})_{i,j}$$

由于 $(xb-y)_{i,j}^{\mathrm{T}} = (b^{\mathrm{T}}x^{\mathrm{T}} - y^{\mathrm{T}})_{i,j}$，所以 $(\boldsymbol{XB} - \boldsymbol{Y})^{\mathrm{T}} = \boldsymbol{B}^{\mathrm{T}}\boldsymbol{X}^{\mathrm{T}} - \boldsymbol{Y}^{\mathrm{T}}$。

3. 证明 $\dfrac{\partial (tr(\boldsymbol{B}^{\mathrm{T}}\boldsymbol{X}^{\mathrm{T}}\boldsymbol{Y}))}{\partial \boldsymbol{B}} = \boldsymbol{X}^{\mathrm{T}}\boldsymbol{Y}$

$$\frac{\partial (tr(\boldsymbol{B}^{\mathrm{T}}\boldsymbol{X}^{\mathrm{T}}\boldsymbol{Y}))}{\partial b_{i,j}} = \frac{\partial \left(\sum_{j=1}^{n} \sum_{i=1}^{m} b_{j,i}^{\mathrm{T}} \times (x^{\mathrm{T}}y)_{i,j} \right)}{\partial b_{i,j}} = \frac{\partial \left(\sum_{j=1}^{n} \sum_{i=1}^{m} b_{i,j} \times (x^{\mathrm{T}}y)_{i,j} \right)}{\partial b_{i,j}} = (x^{\mathrm{T}}y)_{i,j}$$

$$\frac{\partial (tr(\boldsymbol{B}^{\mathrm{T}}\boldsymbol{X}^{\mathrm{T}}\boldsymbol{Y}))}{\partial \boldsymbol{B}} = \frac{\partial \left(\sum_{j=1}^{n} \sum_{i=1}^{m} b_{i,j} \times (x^{\mathrm{T}}y)_{i,j} \right)}{\partial \boldsymbol{B}} = \boldsymbol{X}^{\mathrm{T}}\boldsymbol{Y}$$

同理，可以证明 $\dfrac{\partial (tr(\boldsymbol{Y}^{\mathrm{T}}\boldsymbol{XB}))}{\partial \boldsymbol{B}} = (\boldsymbol{Y}^{\mathrm{T}}\boldsymbol{X})^{\mathrm{T}} = \boldsymbol{X}^{\mathrm{T}}\boldsymbol{Y}$

4. 证明 $\dfrac{\partial(tr(\boldsymbol{B}^{\mathrm{T}}\boldsymbol{X}^{\mathrm{T}}\boldsymbol{X}\boldsymbol{B}))}{\partial \boldsymbol{B}} = 2\boldsymbol{X}^{\mathrm{T}}\boldsymbol{X}\boldsymbol{B}$

$$\frac{\partial(tr(\boldsymbol{B}^{\mathrm{T}}\boldsymbol{X}^{\mathrm{T}}\boldsymbol{X}\boldsymbol{B}))}{\partial \boldsymbol{B}} = \frac{\partial(tr(\boldsymbol{B}^{\mathrm{T}}(\boldsymbol{X}^{\mathrm{T}}\boldsymbol{X}\boldsymbol{B})))}{\partial \boldsymbol{B}} + \frac{\partial(tr((\boldsymbol{B}^{\mathrm{T}}\boldsymbol{X}^{\mathrm{T}}\boldsymbol{X})\boldsymbol{B}))}{\partial \boldsymbol{B}}$$

$$= (\boldsymbol{X}^{\mathrm{T}}\boldsymbol{X}\boldsymbol{B}) + (\boldsymbol{B}^{\mathrm{T}}\boldsymbol{X}^{\mathrm{T}}\boldsymbol{X})^{\mathrm{T}} = \boldsymbol{X}^{\mathrm{T}}\boldsymbol{X}\boldsymbol{B} + \boldsymbol{X}^{\mathrm{T}}\boldsymbol{X}\boldsymbol{B} = 2\boldsymbol{X}^{\mathrm{T}}\boldsymbol{X}\boldsymbol{B}$$

5. 对矩阵求导数来获得 ε 的最小值

最后，我们来讲一下如何使用求导获取极小值。极值是一个函数的极大值或极小值。如果一个函数在一点的某个邻域内的每个点都有确定的值，而以该点所对应的值是最大（小）的，那么该函数在该点的值就是一个极大（小）值。而函数的极值可以通过它的一阶和二阶导数来确定。对于一元可微函数 $f(x)$，它在某点 x_0 有极值的充分必要条件是 $f(x)$ 在 x_0 的邻域内一阶可导，在 x_0 处二阶可导，且一阶导数 $f'(x_0) = 0$，二阶导数 $f''(x_0) \neq 0$。其中 f' 和 f'' 分别表示一阶导数和二阶导数。在一阶导数 $f'(x_0) = 0$ 的情况下，如果 $f''(x_0) < 0$，则 f 在 x_0 取得极大值；如果 $f''(x_0) > 0$，则 f 在 x_0 取得极小值。这就是为什么在求矩阵 $\boldsymbol{B}$ 的时候，我们要求 $2\boldsymbol{X}^{\mathrm{T}}\boldsymbol{X}\boldsymbol{B} - 2\boldsymbol{X}^{\mathrm{T}}\boldsymbol{Y} = \boldsymbol{0}$ 并且 $2\boldsymbol{X}^{\mathrm{T}}\boldsymbol{X}\boldsymbol{B} - 2\boldsymbol{X}^{\mathrm{T}}\boldsymbol{Y}$ 的导数要大于 0，这样我们才能确保求得极小值。

15.2.4　演算示例

到目前为止，我们都只是从理论上理解最小二乘法，可能你还没有太深的感触。本节会通过一个具体的例子来逐步进行演算，并使用 Python 代码对最终的结果进行验证。

假设我们手头上有一个数据集，里面有 3 条数据记录。每条数据记录有 2 维特征，也就是 2 个自变量，和 1 个因变量，如表 15-1 所示。

表 15-1　数据记录及其特征

数据记录 ID	特征 1（自变量 x_1）	特征 2（自变量 x_2）	因变量
1	0	1	1.5
2	1	−1	−0.5
3	2	8	14

如果我们假设这些自变量和因变量都呈线性关系，那么我们就可以使用如下这种线性方程，来表示数据集中的样本：

$$b_1 \times 0 + b_2 \times 1 = 1.5$$

$$b_1 \times 1 - b_2 \times 1 = -0.5$$

$$b_1 \times 2 + b_2 \times 8 = 14$$

也就是说，我们通过观测数据已知自变量 x_1、x_2 和因变量 y 的值，而要求解的是 b_1 和 b_2 这两个系数。如果我们能求出 b_1 和 b_2，那么在处理新数据的时候，就能根据新的自变量 x_1 和 x_2 的取值，来预测 y 的值。可是我们说过，对于由实际项目中的数据集所构成的这类方程组，在绝大多数情况下，都没有精确解。所以这个时候我们无法使用之前介绍的高斯消元法，而是要考虑最小二乘法。根据上一节的结论，我们知道对于系数矩阵 B，有：

$$B = (X^\mathrm{T}X)^{-1}X^\mathrm{T}Y$$

有了这个公式，要求 B 就不难了，让我们从最基本的几个矩阵开始：

$$X = \begin{bmatrix} 0 & 1 \\ 1 & -1 \\ 2 & 8 \end{bmatrix}$$

$$Y = \begin{bmatrix} 1.5 \\ -0.5 \\ 14 \end{bmatrix}$$

$$X^\mathrm{T} = \begin{bmatrix} 0 & 1 & 2 \\ 1 & -1 & 8 \end{bmatrix}$$

$$X^\mathrm{T}X = \begin{bmatrix} 0 & 1 & 2 \\ 1 & -1 & 8 \end{bmatrix}\begin{bmatrix} 0 & 1 \\ 1 & -1 \\ 2 & 8 \end{bmatrix} = \begin{bmatrix} 5 & 15 \\ 15 & 66 \end{bmatrix}$$

矩阵 $(X^\mathrm{T}X)^{-1}$ 的求解稍微烦琐一点。之前我们说过，线性方程组之中，高斯消元和回代的过程，就是将系数矩阵变为单位矩阵的过程。我们可以利用这一点，来求解 X^{-1}。我们将原始的系数矩阵 X 列在左侧，然后将单位矩阵列在右侧，像 $[X\,|\,I]$ 这种形式，其中 I 表示单位矩阵。然后我们对左侧的矩阵进行高斯消元和回代，将左侧矩阵 X 变为单位矩阵。同时，我们也将这个相应的矩阵操作运用在右侧。这样当左侧变为单位矩阵之后，右侧的矩阵就是原始矩阵 X 的逆矩阵 X^{-1}，具体证明如下：

$$[X\,|\,I]$$
$$\left[X^{-1}X\,|\,X^{-1}I\right]$$
$$\left[I\,|\,X^{-1}I\right]$$
$$\left[I\,|\,X^{-1}\right]$$

好了，给定下面的 $X^\mathrm{T}X$ 矩阵之后，我们使用上述方法来求 $(X^\mathrm{T}X)^{-1}$。具体的推导过程如下：

$$\left[\begin{array}{cc|cc} 5 & 15 & 1 & 0 \\ 15 & 66 & 0 & 1 \end{array}\right] = \left[\begin{array}{cc|cc} 5 & 15 & 1 & 0 \\ 0 & 21 & -3 & 1 \end{array}\right] = \left[\begin{array}{cc|cc} 5 & 15 & 1 & 0 \\ 0 & 1 & -\dfrac{1}{7} & \dfrac{1}{21} \end{array}\right]$$

$$= \begin{bmatrix} 5 & 0 \\ 0 & 1 \end{bmatrix} \begin{array}{|cc} \dfrac{22}{7} & -\dfrac{5}{7} \\ -\dfrac{1}{7} & \dfrac{1}{21} \end{array} = \begin{bmatrix} 1 & 0 \\ 0 & 1 \end{bmatrix} \begin{array}{|cc} \dfrac{22}{35} & -\dfrac{1}{7} \\ -\dfrac{1}{7} & \dfrac{1}{21} \end{array}$$

$$(\boldsymbol{X}^{\mathrm{T}}\boldsymbol{X})^{-1} = \begin{bmatrix} \dfrac{22}{35} & -\dfrac{1}{7} \\ -\dfrac{1}{7} & \dfrac{1}{21} \end{bmatrix}$$

求出 $(\boldsymbol{X}^{\mathrm{T}}\boldsymbol{X})^{-1}$ 之后，我们就可以使用 $\boldsymbol{B} = (\boldsymbol{X}^{\mathrm{T}}\boldsymbol{X})^{-1}\boldsymbol{X}^{\mathrm{T}}\boldsymbol{Y}$ 来计算矩阵 $\boldsymbol{B}$ 。

$$(\boldsymbol{X}^{\mathrm{T}}\boldsymbol{X})^{-1}\boldsymbol{X}^{\mathrm{T}} = \begin{bmatrix} \dfrac{22}{35} & -\dfrac{1}{7} \\ -\dfrac{1}{7} & \dfrac{1}{21} \end{bmatrix} \begin{bmatrix} 0 & 1 & 2 \\ 1 & -1 & 8 \end{bmatrix} = \begin{bmatrix} -\dfrac{1}{7} & \dfrac{27}{35} & \dfrac{4}{35} \\ \dfrac{1}{21} & -\dfrac{4}{21} & \dfrac{2}{21} \end{bmatrix}$$

$$\boldsymbol{B} = (\boldsymbol{X}^{\mathrm{T}}\boldsymbol{X})^{-1}\boldsymbol{X}^{\mathrm{T}}\boldsymbol{Y} = \begin{bmatrix} -\dfrac{1}{7} & \dfrac{27}{35} & \dfrac{4}{35} \\ \dfrac{1}{21} & -\dfrac{4}{21} & \dfrac{2}{21} \end{bmatrix} \begin{bmatrix} 1.5 \\ -0.5 \\ 14 \end{bmatrix} = \begin{bmatrix} 1 \\ 1.5 \end{bmatrix}$$

最终，我们求出系数矩阵为 $[1\,1.5]$ ，也就是说 $b_1 = 1, b_2 = 1.5$ 。实际上，这两个数值是精确解。我们用高斯消元也是能获得同样结果的。接下来，让我们稍微修改一下 3 个 y 值，让这个方程组没有精确解：

$$b_1 \times 0 + b_2 \times 1 = 1.4$$

$$b_1 \times 1 - b_2 \times 1 = -0.48$$

$$b_1 \times 2 + b_2 \times 8 = 13.2$$

你可以尝试用高斯消元法对这个方程组求解，你会发现只需要两个方程就能求出解，但是无论是哪两个方程求出的解，都无法满足第三个方程。那么通过最小二乘法，我们能不能求导一个近似解，保证 ε 足够小呢？下面，让我们遵循之前求解 $(\boldsymbol{X}^{\mathrm{T}}\boldsymbol{X})^{-1}\boldsymbol{X}^{\mathrm{T}}\boldsymbol{Y}$ 的过程来计算 $\boldsymbol{B}$ ：

$$\boldsymbol{Y} = \begin{bmatrix} 1.4 \\ -0.48 \\ 13.2 \end{bmatrix}$$

$$\boldsymbol{B} = (\boldsymbol{X}^{\mathrm{T}}\boldsymbol{X})^{-1}\boldsymbol{X}^{\mathrm{T}}\boldsymbol{Y} = \begin{bmatrix} -\dfrac{1}{7} & \dfrac{27}{35} & \dfrac{4}{35} \\ \dfrac{1}{21} & -\dfrac{4}{21} & \dfrac{2}{21} \end{bmatrix} \begin{bmatrix} 1.4 \\ -0.48 \\ 13.2 \end{bmatrix} = \begin{bmatrix} 0.938 \\ 1.415 \end{bmatrix}$$

计算完毕之后，你会发现两个系数的值分别变为 $b_1 = 0.938$ ， $b_2 = 1.415$ 。因为这不是精确解，所以让我们看看有了这系数矩阵 $\boldsymbol{B}$ 之后，原有的观测数据中，真实值和预测值的差别。首先我们通过系数矩阵 $\boldsymbol{B}$ 和自变量矩阵 $\boldsymbol{X}$ 计算出来预测值：

$$\hat{\boldsymbol{Y}} = \boldsymbol{XB} = \begin{bmatrix} 0 & 1 \\ 1 & -1 \\ 2 & 8 \end{bmatrix} \begin{bmatrix} 0.938 \\ 1.415 \end{bmatrix} = \begin{bmatrix} 1.415 \\ -0.477 \\ 13.196 \end{bmatrix}$$

然后是样本数据中的观测值。这里我们假设这些值是真实值。

$$\boldsymbol{Y} = \begin{bmatrix} 1.4 \\ -0.48 \\ 13.2 \end{bmatrix}$$

根据误差 ε 的定义，我们可以得到：

$$\varepsilon = \sum_{i=1}^{m}(y_i - \hat{y})^2 = \sqrt{(1.4-1.415)^2 + (-0.48+0.477)^2 + (13.2-13.196)^2} = 0.0158$$

说到这里，你可能会怀疑，通过最小二乘法所求得的系数 $b_1 = 0.938$ 和 $b_2 = 1.415$，是否能让 ε 最小呢？这里，我们随机修改一下这两个系数，变为 $b_1 = 0.95$ 和 $b_2 = 1.42$，然后我们再次计算预测的 y 值和 ε：

$$\hat{\boldsymbol{Y}}_1 = \boldsymbol{XB}_1 = \begin{bmatrix} 0 & 1 \\ 1 & -1 \\ 2 & 8 \end{bmatrix} \begin{bmatrix} 0.95 \\ 1.42 \end{bmatrix} = \begin{bmatrix} 1.42 \\ -0.47 \\ 13.26 \end{bmatrix}$$

$$\varepsilon = \sum_{i=1}^{m}(y_i - \hat{y}_1)^2 = \sqrt{(1.4-1.42)^2 + (-0.48+0.47)^2 + (13.2-13.26)^2} = 0.064$$

很明显，0.064 大于之前的 0.0158。这两次计算预测值 y 的过程，其实也是我们使用线性回归，对新的数据进行预测的过程。简单地总结一下，线性回归模型根据大量的训练样本，推算出系数矩阵 $\boldsymbol{B}$，然后根据新数据的自变量 $\boldsymbol{X}$ 向量或者矩阵，计算出因变量的值，作为新数据的预测值。接下来，我们使用 Python 代码，来验证一下之前的推算结果是否正确，并看看最小二乘法和 Python sklearn 库中的线性回归这两种结果的对比。首先，我们使用 Python numpy 库中的矩阵操作来实现最小二乘法。主要的函数操作涉及矩阵的转置、点乘和求逆。具体的代码和注释如代码清单 15-1 所示。

代码清单 15-1　通过矩阵操作来实现最小二乘法和线性回归

```
from numpy import *

x = mat([[0, 1], [1, -1], [2, 8]])
y = mat([[1.4], [-0.48], [13.2]])

# 分别求出矩阵 X^T、(X^T)X、(X^T)X 的逆
# 注意，这里的 I 表示逆矩阵而不是单位矩阵
print('X 矩阵的转置 X^T: \n', x.transpose(), '\n')
```

```
print('\nX^T 点乘 X: \n', x.transpose().dot(x), '\n')
print('\n(X^T)X 矩阵的逆\n', (x.transpose().dot(x)).I, '\n')
print('\n(X^T)X 矩阵的逆点乘 X^T\n', (x.transpose().dot(x)).I.dot(x.transpose()), '\n')
print('\n 系数矩阵 B: \n', (x.transpose().dot(x)).I.dot(x.transpose()).dot(y), '\n')
```

通过上述代码，你可以看到每一步的结果，以及最终的矩阵 **B**。你可以将输出结果和之前手工推算的结果进行对比，看看是否一致。除此之外，我们还可将最小二乘法的线性拟合结果和 sklearn 库中的 `LinearRegression().fit()` 函数的运行结果相比较，具体的代码和注释如代码清单 15-2 所示。

代码清单 15-2　通过 sklearn 库来实现线性回归

```
import pandas as pd
from sklearn.linear_model import LinearRegression

# 构建 Dataframe
df = pd.DataFrame(data=[[0, 1, 1.4], [1, -1, -0.48], [2, 8, 13.2]], columns=['x1',
'x2', 'y'])
# Dataframe 中除了最后一列，其余列都是特征，或者说自变量
df_features = df.drop(['y'], axis=1)
# Dataframe 最后一列是目标变量，或者说因变量
df_targets = df['y']

# 使用特征和目标数据，拟合线性回归模型
regression = LinearRegression().fit(df_features, df_targets)
print('拟合程度的好坏: ', regression.score(df_features, df_targets), '\n')
print('截距: ', regression.intercept_, '\n')
print('各个特征的系数: ', regression.coef_, '\n')
```

在最终的结果中，1.0 表示拟合程度非常好，而 −0.014545454545452863 表示一个截距，[0.9490909 1.41454545] 表示系数 b_1 和 b_2 的值。这个结果和我们使用最小二乘法的结果有所差别，主要原因是 `LinearRegression().fit()` 默认考虑了有线性函数存在截距的情况。那么我们使用最小二乘法是否也可以考虑存在截距的情况呢？答案是肯定的，不过我们首先要略微修改一下方程组和矩阵 **X**。如果我们假设截距存在，那么线性回归方程就要改写为：

$$b_0 + b_1 \times x_1 + b_2 \times x_2 + \cdots + b_{n-1} \times x_{n-1} + b_n \times x_n = y$$

其中，b_0 表示截距，而我们这里的方程组就要改写为：

$$b_0 + b_1 \times 0 + b_2 \times 1 = 1.4$$

$$b_0 + b_1 \times 1 - b_2 \times 1 = -0.48$$

$$b_0 + b_1 \times 2 + b_2 \times 8 = 13.2$$

而矩阵 **X** 要改写为：

$$X = \begin{bmatrix} 1 & 0 & 1 \\ 1 & 1 & -1 \\ 1 & 2 & 8 \end{bmatrix}$$

然后我们执行代码清单 15-3，就会得到和 `LinearRegression().fit()` 一致的结果了。

代码清单 15-3　通过矩阵操作来实现最小二乘法和线性回归

```
from numpy import *

x = mat([[1, 0, 1], [1, 1, -1], [1, 2, 8]])
y = mat([[1.4], [-0.48], [13.2]])

# 分别求出矩阵 X^T、(X^T)X、(X^T)X 的逆
# 注意，这里的 I 表示逆矩阵而不是单位矩阵
print('X 矩阵的转置 X^T: \n', x.transpose(), '\n')
print('\nX^T 点乘 X: \n', x.transpose().dot(x), '\n')
print('\n(X^T)X 矩阵的逆\n', (x.transpose().dot(x)).I, '\n')
print('\n(X^T)X 矩阵的逆点乘 X^T\n', (x.transpose().dot(x)).I.dot(x.transpose()), '\n')
print('\n 系数矩阵 B: \n', (x.transpose().dot(x)).I.dot(x.transpose()).dot(y), '\n')
```

需要注意的是，使用线性回归的时候，有一个前提假设，就是数据的自变量和因变量之间呈线性关系。如果不是线性关系，那么使用线性模型来拟合的效果一定不会好。例如，之前在解释欠拟合的时候，我们使用过图 15-6 所示的这个例子。

图 15-6 中的这张图的数据分布并没有表达线性关系，所以我们需要对原始的数据进行非线性变换，或者是使用非线性的模型来拟合。那么，我们如何判断一个数据集是否能用线性模型表示呢？在线性回归中，我们可以使用决定系数 $R2$。这个统计指标使用了回归平方和与总平方和之比，是反

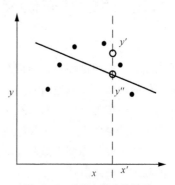

图 15-6　直线欠拟合的情况

映模型拟合度的重要指标。它的取值在 0 到 1 之间，越接近于 1 表示拟合的程度越好，数据分布越接近线性关系。随着自变量个数的增加，$R2$ 将不断增大，因此我们还需要考虑方程所包含的自变量个数对 $R2$ 的影响，这个时候可使用校正的决定系数 $RC2$。所以，在使用各种科学计算库进行线性回归时，你需要关注 $R2$ 或者 $RC2$，来看看是不是一个好的线性拟合。在之前的代码中我们提到的 `regression.score` 函数，其实就是返回了线性回归的 $R2$。

第 16 章

神经网络

线性代数在神经网络以及深度学习算法中也有广泛的应用，这一章我们从理论到实践给出详细讲解。

16.1 神经网络的基本原理

很长时间以来，科研人员一直希望使用机器来模拟人的大脑，让机器也能像人类一样思考。而大脑思考的关键环节就是神经元、神经末梢以及它们所组成的网络。外部刺激通过神经末梢被转化成电信号，而电信号又被传输到神经元。无数的神经元所构成的神经中枢会综合各种输入信号，做出最终的判断。这也是人体根据外部刺激做出反应的基本原理。专家发现神经元是人类思考的基础，所以试图打造"人造神经元"，并组成人工神经网络。在这个大背景之下，最早的人造神经元模型感知器（perceptron）于 20 世纪 60 年代左右诞生。图 16-1 展示了这个模型的基本结构和原理。

图 16-1 中有一个感知器，x_1 和 x_2 是两个输入变量，y 是输出变量，这个过程就模拟了神经末梢接受各种外部环境的变化，最后产生一个电波脉冲。你也许会奇怪，这样的神经元如何才能帮助计算机进行学习呢？假设这个神经元担当的是布尔与（AND）的功能，那么每种输入只有 0 或 1 两种可能，而且当两个输入都为 1 的时候输出为 1，而两个输入都为 0 的时候

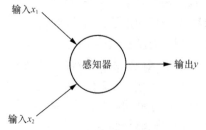

图 16-1 感知器模型的结构

输出为 0。为了实现这个功能，我们可以将神经元所进行的计算设计为一种线性模式，例如 $y = x_1 + x_2$，并设计一个输出阈值2。如此一来，当两个输入都为 1 的时候，输出值为 2 达到了阈值，最终输出为 1，否则输出为 0。此外，每个输入的权重可以不一样，进而公式可以写为 $y = w_1 x_1 + w_2 x_2$。假设 w_1 为 0.8，w_2 为 0.2，而输出 y 的阈值为 0.5，那么当 x_1 为 1 的时候，无论

x_2 取值是否为 1，最终输出 y 都会超过阈值 0.5，使最终的输出为 1。理解了简单的感知器，我们再来看看如何通过多个简单的感知器来构建更为复杂的决策系统。通常，这种更复杂的系统是由多个简单的感知器以网络的形式组成的，如图 16-2 所示。

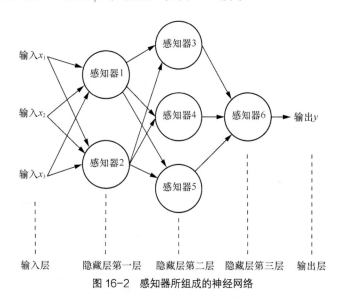

图 16-2　感知器所组成的神经网络

在图 16-2 中，我们使用了更多的感知器。此外，我们将网络分为输入层、隐藏层和输出层。输入层和输出层分别对应于输入变量和输出变量，而中间的 6 个感知器构成了所谓的"隐藏层"。第一个隐藏层中的感知器接收输入层的输入，进行计算并给出输出，然后这些输出会作为第二个隐藏层的输入，如此循环，直到第三个隐藏层中的感知器给出输出。注意，图 16-2 的输出层只有一个输出，实际上输出层可以有多个输出。整个过程就好比人体中的单个神经元构成了神经中枢，从每个神经元的感知开始，直到最终神经中枢做出决策。其中，隐藏层扮演了重要的角色。在深度学习中所谓的"深度"，其含义之一就是更多的隐藏层、更复杂的神经网络。

我们还可以通过各种激活函数（activation function），对神经网络的输出进行变换，例如常见的 Softmax 函数：

$$f(y_i) = \frac{\mathrm{e}^{y_i}}{\sum \mathrm{e}^{y_i}} = \frac{exp(y_i)}{\sum exp(y_i)}$$

其中，y_i 是第 i 个输出。另外，还有常见的 Sigmoid、Tanh 和 ReLU 等函数。下面是 Sigmoid 函数的公式：

$$f(y) = \frac{1}{(1 + \mathrm{e}^{-y})}$$

其中，y 为某个感知器的输出，$f(y)$ 为变换后的输出。对于 Sigmoid 函数，如果 y 趋向正无穷大，表示感知器接收到了强烈的正向信号，那么 $f(y)$ 就会趋近于 1；如果 y 趋向负无穷大，表示感知器接收到了强烈的负向信号，那么 $f(y)$ 就会趋近于 0。同时，我们仍然可以保证输出是一个连续函数。对二元分类来说，我们可以推导出函数 Softmax 和 Sigmoid 是等价的。

下面是 Tanh 函数的公式：

$$f(y) = \frac{2}{(1+e^{-2y})} - 1$$

而线性修正单元（Rectified Linear Unit，ReLU）函数的公式为：

$$f(y) = \max(0, y)$$

图 16-3 列出了这 3 种函数的分布曲线。

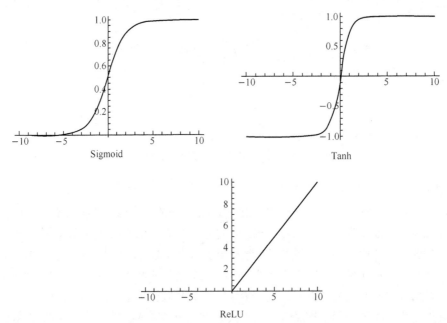

图 16-3 Sigmoid、Tanh 和 ReLU 输出（激活）函数的对比

这些输出函数都是非线性的，可以让神经网络学习非线性的函数。

到这里，我们阐述了感知器所构成的基本神经网络，以及从多个输入到最终输出的流程。这就是前向传播（forward propagation，FP）算法的核心思想。假设神经网络有 n 个输入，第一个隐藏层有 m 个输出，那么这 m 个输出可以表示为：

$$y_1 = w_{1,1} \times x_1 + w_{2,1} \times x_2 + \cdots + w_{n,1} \times x_n + b_1$$

$$y_2 = w_{1,2} \times x_1 + w_{2,2} \times x_2 + \cdots + w_{n,2} \times x_n + b_2$$

$$\vdots$$

$$y_m = w_{1,m} \times x_1 + w_{2,m} \times x_2 + \cdots + w_{n,m} \times x_n + b_m$$

上述公式和线性回归的公式本质上是一致的，其中 $w_{i,j}$ 表示从第 i 个输入到第 j 个感知器的权重，而 b_j 表示第 j 个感知器的截距或者说常量。为了更简洁地表示，我们可以通过矩阵来表示整个计算的过程：

$$Y = WX^{\mathrm{T}} + b^{\mathrm{T}}$$

其中，W 是 $m \times n$ 维的权重矩阵，X^{T} 和 b^{T} 是 n 维的列向量。以此类推，我们再将这一系列输出 y 作为第二个隐藏层的输入，直到最终的输出层。可是，你的脑海里可能会产生这样的疑问：应该如何确定权重矩阵中的各种权重值呢？对监督式的机器学习来说，我们有大量的标注数据，完全可以根据历史的输入和输出数据，反向推导出最为合理的权重。这个时候就需要反向传播算法发挥作用了。在介绍反向传播（backward propagation，BP）算法之前，让我们快速回顾一下梯度下降算法。梯度下降算法使用迭代的优化过程，向函数上当前点所对应的梯度之反方向，按照规定步长进行搜索，最终发现局部极小值。假设 $f(x)$ 是一个关于变量 x 的函数，为了求得 $f(x)$ 的极小值 $f_{\min}(x)$，我们为 x 随机选取一个初始值，然后根据如下方式更新 x：

$$x_{n+1} = x_n - \alpha \times \frac{\partial f(x)}{\partial x}$$

其中 x_n 表示当前的 x 值，而 x_{n+1} 表示新的 x 值，α 是前进的步长，这就是梯度下降中的递推关系。整个过程如图 16-4 所示。

从图 16-4 可以看出，当梯度绝对值较大的时候，值 x 的修正幅度较大，而当梯度绝对值较小的时候，我们认为已经趋近于局部极值了，所以修正幅度较小。另外，步长 α 不能太大，因为这样更容易错过真实的局部极小值了。下面我们使用一个通俗易懂的例子，来展示该算法是如何工作的。假设有一个函数是 $y = wx$，当输入 $x = 1$ 的时候，输出 $y = 2$，那么如何使用梯度下降来求解 w 呢？

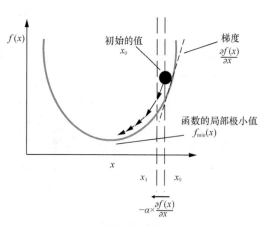

图 16-4 梯度下降算法的原理示意

梯度下降会假设一个 w 的初始值，然后不断缩小基于这个初始值所计算出的 y 值和真实的 y 值之差，并不断地逼近 w 的真实值。计算出的 y 值和真实的 y 值之差通过 $J(w) = (wx - y)^2$ 表示，$J(w)$ 也叫作损失函数。该损失函数对 w 求导，根据求导的链式法则有：

$$\frac{\partial J(w)}{\partial w} = \frac{\partial (wx - y)^2}{\partial w} = 2(wx - y)x$$

所以有：

$$w_{n+1} = w_n - \alpha \frac{\partial J(w)}{\partial w} = w_n - 2\alpha(wx - y)x$$

第一轮，我们假设 w 为 1，使用 $w_{(0)} = 1$ 来表示。已知 $x = 1$，$y = 2$，并设步长 $\alpha = 0.4$，那么就有：

$$w_{(1)} = w_{(0)} - 2\alpha(w_{(0)}x - y)x = 1 - 2 \times 0.4 \times (1 \times 1 - 2) \times 1 = 1.8$$

接下去在第二轮迭代中，w 已经变为 1.8，以此类推，继续更新：

$$w_{(2)} = w_{(1)} - 2\alpha(w_{(1)}x - y)x = 1.8 - 2 \times 0.4 \times (1.8 \times 1 - 2) \times 1 = 1.96$$

$$w_{(3)} = w_{(2)} - 2\alpha(w_{(2)}x - y)x = 1.96 - 2 \times 0.4 \times (1.96 \times 1 - 2) \times 1 = 1.992$$

$$w_{(4)} = w_{(3)} - 2\alpha(w_{(3)}x - y)x = 1.992 - 2 \times 0.4 \times (1.992 \times 1 - 2) \times 1 = 1.9984$$

$$\cdots$$

最终，你会发现，通过不断的迭代，权重 w 的数组就逐渐逼近其真实值 2 了。这个过程展现了梯度下降算法的基本工作原理。值得注意的是，梯度下降算法可以找到局部极小值，但并不能保证找到全局极小值。下面我们来看看反向传播算法是如何利用梯度下降和训练数据来学习各个感知器权重的。假设神经网络只有一个隐藏层，我们尝试通过它和一些训练数据来学习如下公式中的权重 w_1、w_2 和常量 b：

$$y = w_1 \times x_1 + w_2 \times x_2 + b$$

下面是估算权重和常量的主要步骤。

（1）和梯度下降算法相似，首先假设 w_1、w_2 和 b 的初始值。

（2）通过某个样本的输入值和权重的假设值进行正向传播的计算。

（3）将前向传播计算后所得到的 y 值和该样本的 y 值进行比对，通过梯度下降来修正 w_1、w_2 和 b 的现有值。需要注意的是，这里有两个参数 x_1 和 x_2，所以要针对两个变量分别求偏导，并进行对应权重和常量的更新。具体修正的公式如下：

$$\frac{\partial J(w)}{\partial w_1} = \frac{\partial (w_1 x_1 + w_2 x_2 + b - y)^2}{\partial w_1} = 2(w_1 x_1 + w_2 x_2 + b - y)x_1$$

$$\frac{\partial J(w)}{\partial w_2} = \frac{\partial (w_1 x_1 + w_2 x_2 + b - y)^2}{\partial w_2} = 2(w_1 x_1 + w_2 x_2 + b - y)x_2$$

$$\frac{\partial J(w)}{\partial b} = \frac{\partial (w_1 x_1 + w_2 x_2 + b - y)^2}{\partial b} = 2(w_1 x_1 + w_2 x_2 + b - y)$$

（4）根据修正后的权重值，重复第 2 步到第 3 步，直到发现局部最优解，从而确定 w_1、w_2 和 b 的值。

另外，如果训练数据和输入值（或者说机器学习的特征）的量很大，那么人们还会使用随机梯度下降（stochastic gradient descent）算法对这个迭代求解的过程进行优化。这里"随机"是指每次不会采用所有的训练样本，而只是随机地选取一个样本来进行训练。当然，如果只选取一个样本，就容易错过局部最优解，因此可以使用折中的方法，每次使用小批量（mini batch）的样本进行训练。

如果神经网络有多层，那么我们需要使用反向传播算法。其中，"反向"的含义是指从输出层开始，逐层地调整前一层的权重值，直到输入层。需要注意的是，当第一轮前向计算结束后，我们只能知道最终输出层和真实值的误差，而无法知道中间每个隐藏层的误差。为了获得这些误差，我们需要从最终输出层开始，通过第 n 层的误差、第 n 层和第 $n-1$ 层之间的当前权重，以及第 $n-1$ 层的输出，逆向地计算第 $n-1$ 层的误差，具体公式为：

$$\delta_{n-1} = (W_n^{\mathrm{T}} \delta_n) y_{n-1}$$

其中，δ_{n-1} 和 δ_n 分别是第 $n-1$ 层和第 n 层的误差，y_{n-1} 是第 $n-1$ 层的输出，W_n^{T} 是第 n 层和第 $n-1$ 层之间当前权重矩阵的矩阵转置。一旦获得了第 $n-1$ 层的误差，我们就能调整第 $n-1$ 层的权重，并继续反向推进，获得第 $n-2$ 层的误差，调整第 $n-2$ 层的误差，直到输入层。图 16-5 是反向传播的示意，展示了前向传播和反向传播算法共同工作的基本原理。

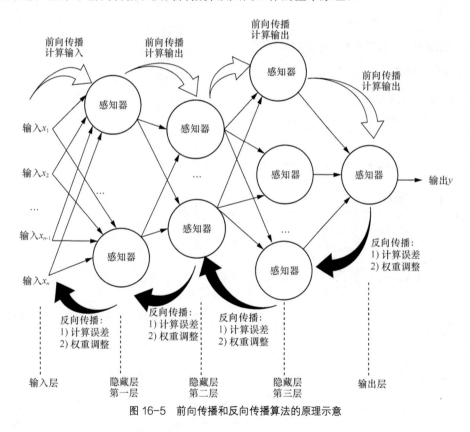

图 16-5   前向传播和反向传播算法的原理示意

16.2 基于 TensorFlow 的实现

了解了神经网络的基本原理之后，我们来尝试使用 TensorFlow 进行一些实战，以加深印象。

TensorFlow 是谷歌公司发明的机器学习开源软件库，特别加入了对深度学习的支持，它的前身是谷歌大脑团队所建立的 DistBelief。TensorFlow 1.0 版本发布于 2017 年 2 月，2.0 版本发布于 2019 年 10 月，可以运行在多个 CPU 和 GPU 之上，并适用于不同的操作系统和移动平台，如 Linux、macOS、Windows、Android 和 iOS。TensorFlow 的计算使用有状态的数据流图表示，它的名字来源于神经网络对多维数组执行的操作，这些多维数组称为张量（tensor）。由于用户的模型以图的形式展现，使用者可以推迟或者删除不必要的操作，还能够复用部分的中间结果。用户还可以很轻松地实现反向传播的过程。

在 Python 中使用 TensorFlow 之前，你需要使用以下命令安装 TensorFlow。

```
pip3 install tensorflow
```

默认情况下安装的应该是 TensorFlow 2.0 的版本。安装完毕，我们使用代码清单 16-1 来实现神经网络中的前向传播。

代码清单 16-1　神经网络的前向传播

```
import tensorflow as tf

# 构建输入层和隐藏层
X = tf.constant([[1.0], [2.0], [3.0]])
W_l1 = tf.constant([[0.1, 0.28], [0.15, 0.22], [0.08, 0.17]])
W_l2 = tf.constant([[0.2, 0.1, 0.3], [0.1, 0.7, 0.6]])
W_l3 = tf.constant([[0.52], [0.18], [0.79]])

# 打印每个隐藏层的输出
Y_l1 = tf.matmul(tf.transpose(W_l1), X)
print('Y_l1\n', Y_l1, '\n')
Y_l2 = tf.matmul(tf.transpose(W_l2), Y_l1)
print('Y_l2\n', Y_l2, '\n')
Y_l3 = tf.matmul(tf.transpose(W_l3), Y_l2)
print('Y_l3\n', Y_l3, '\n')
```

代码中设置了输出层 *X* 的值，以及从输入层一直到最终输出层的各级权重，输出的结果是：

```
Y_l1
 tf.Tensor(
[[0.64]
 [1.23]], shape=(2, 1), dtype=float32)

Y_l2
 tf.Tensor(
[[0.25100002]
 [0.925     ]
 [0.93000007]], shape=(3, 1), dtype=float32)
```

```
Y_l3
 tf.Tensor([[1.0317202]], shape=(1, 1), dtype=float32)
```

我们使用图 16-6 来展示整个前向传播的过程。

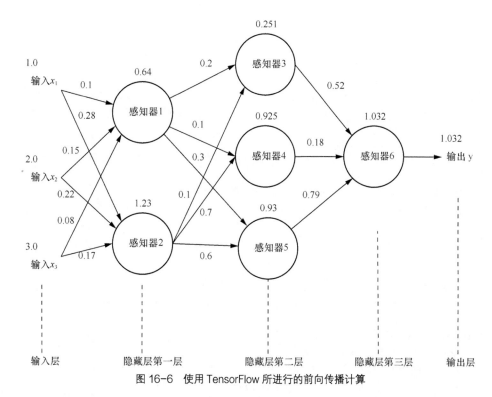

图 16-6 使用 TensorFlow 所进行的前向传播计算

我们可以使用 TensorFlow 来实现线性回归，此时线性回归的方式不再是精确解，而是基于梯度下降的近似解。代码清单 16-2 一开始根据权重 w 和截距 b 的真实值，以及随机的噪声，产生 1000 个样本点，然后通过这些点以及梯度下降算法，逐步逼近权重和截距的真实值。

代码清单 16-2   通过梯度下降实现线性回归

```
import matplotlib.pyplot as plt
import tensorflow as tf


# 设置真实的权重和截距（偏差）
target_w = 2.0
target_b = 0.8
# 设置随机产生样本的数量
num_samples = 1000


# 通过随机数，初始化 X 和 Y 的值，注意 X 和 Y 是数组
```

```
X = tf.random.normal(shape = [num_samples, 1]).numpy()
# 添加噪声，让数据更具有随机性
noise = tf.random.normal(shape = [num_samples, 1]).numpy()
Y = X * target_w + target_b + noise

plt.scatter(X, Y)

class Fitted_Model(object):
    def __init__(self):
        self.w = tf.Variable(tf.random.uniform([1]))    # 随机产生权重 w 的初始值
        self.b = tf.Variable(tf.random.uniform([1]))    # 随机产生截距（偏差）b 的初始值

    def __call__(self, x):
        return self.w * x + self.b   # 按照目前的 w 和 b，计算 y 的预估值

# 实例化模型
model = Fitted_Model()

# 可视化产生的样本点
plt.scatter(X, Y)

# 展示基于随机初始化的直线
plt.plot(X, model(X), c = 'black', label='guess', linestyle = ':')

# 计算基于方差的损失函数
def loss_function(model, X, Y):
    Y_predicted = model(X)
    return tf.reduce_mean(tf.square(Y_predicted - Y))

# 设置迭代次数和学习率
iteration_cnt = 100
learning_rate = 0.05

# 进行迭代
for iteration in range(iteration_cnt):
    with tf.GradientTape() as tape:
        loss = loss_function(model, X, Y)   # 通过损失函数，计算误差
        dw, db = tape.gradient(loss, [model.w, model.b])   # 根据误差，计算梯度
        model.w.assign_sub(learning_rate * dw)   # 根据梯度更新 w
        model.b.assign_sub(learning_rate * db)   # 根据梯度更新 b
        # 输出中间值，便于理解梯度下降算法的效果
        print('Iteration {}/{}, loss is [{:.3f}], w is {:.3f}, b is {:.3f}'.format
(iteration, iteration_cnt, loss, float(model.w.numpy()), float(model.b.numpy())))

# 展示最终拟合出来的直线，并和初始的直线进行比较
plt.plot(X, model(X), c = 'black', label = 'gradient')
```

```
plt.legend()
plt.show()
```

输出的中间结果大致为：

```
Iteration 0/100, loss is [5.006], w is 0.265, b is 0.523
Iteration 1/100, loss is [4.244], w is 0.444, b is 0.549
Iteration 2/100, loss is [3.627], w is 0.604, b is 0.573
...
iIteration 97/100, loss is [0.997], w is 2.039, b is 0.845
Iteration 98/100, loss is [0.997], w is 2.039, b is 0.845
Iteration 99/100, loss is [0.997], w is 2.039, b is 0.845
```

因为梯度下降算法会设置随机的初始值，而且样本的产生也有随机性，所以你看到的结果可能稍有不同，但是趋势是一致的，权重 w 趋近于真实值 2.0，截距 b 趋近于真实值 0.8。此外，代码也进行了简单的可视化，将拟合后的直线和最初随机猜测的直线进行了比较，如图 16-7 所示。很明显，进行梯度下降的 100 次迭代逼近之后，拟合的直线更符合数据的分布。

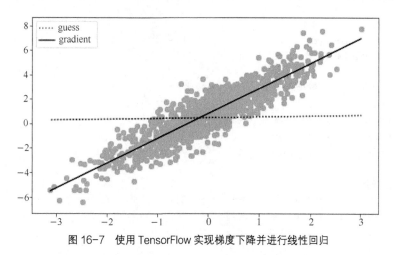

图 16-7　使用 TensorFlow 实现梯度下降并进行线性回归

当然，TensorFlow 的强大之处在于可以快速地构建神经网络，所以我们使用代码清单 16-3 中的代码构建一个类似于图 16-6 所示的神经网络，并实现线性回归。为了展示 TensorFlow 1.0 版本的使用，这段代码兼容了 1.0 版本的语法。

代码清单 16-3　神经网络实现线性回归

```
# 兼容 TensorFlow 1.0 的代码
import tensorflow.compat.v1 as tf
tf.disable_v2_behavior()

import numpy as np
import matplotlib.pyplot as plt
```

```
%matplotlib inline

# 设置真实的权重和截距（偏差）
target_w = 2.0
target_b = 0.8
# 设置随机产生样本的数量
num_samples = 1000

# 生成分布在-0.5 到 0.5 之间的 1000 个点
X = np.linspace(-0.5, 0.5, 1000)[:, np.newaxis]
# 添加噪声，让数据更具有随机性
noise = np.random.normal(0, 0.1, X.shape)
Y = X * target_w + target_b + noise

# 可视化产生的样本点
plt.figure(figsize=(8, 4.5))
plt.scatter(X, Y)

# 定义两个占位符
x = tf.placeholder(tf.float32, [None, 1]) # 形状为 n 行 1 列，同 x_data 的 shape
y = tf.placeholder(tf.float32, [None, 1])

# 构建神经网络，3 个中间层分别有 2、2、3 个神经元
# 第一个中间层
W_l1 = tf.Variable(tf.random_normal([1, 2]))
B_l1 = tf.Variable(tf.zeros([1, 2]))
Y_l1 = tf.matmul(x, W_l1) + B_l1

# 第二个中间层
W_l2 = tf.Variable(tf.random_normal([2, 2]))
B_l2 = tf.Variable(tf.zeros([1, 2]))
Y_l2 = tf.matmul(Y_l1, W_l2) + B_l2

# 第三个中间层
W_l3 = tf.Variable(tf.random_normal([2, 3]))
B_l3 = tf.Variable(tf.zeros([1, 3]))
Y_l3 = tf.matmul(Y_l2, W_l3) + B_l3

# 最终输出层
W_l4 = tf.Variable(tf.random_normal([3, 1]))
B_l4 = tf.Variable(tf.zeros([1, 1]))
Y_l4 = tf.matmul(Y_l3, W_l4) + B_l4

# 定义损失函数
loss = tf.reduce_mean(tf.square(Y - Y_l4))
```

```
# 设置迭代次数和学习率
iteration_cnt = 1000
learning_rate = 0.05

# 通过梯度下降，最小化损失函数
optimizer = tf.train.GradientDescentOptimizer(learning_rate)
train_step = optimizer.minimize(loss)

# 初始化全局变量
init = tf.global_variables_initializer()

# 定义会话
with tf.Session() as sess:
    sess.run(init)
    for _ in range(iteration_cnt):
        sess.run(train_step, feed_dict={x:X, y:Y})

    # 获取预测值
    predict = sess.run(Y_l4, feed_dict={x:X})

# 展示最终拟合出来的直线
plt.plot(X, predict, c = 'black')
```

可视化之后，我们得到了类似图 16-8 中的结果，神经网络同样可以提供学习线性函数的能力。

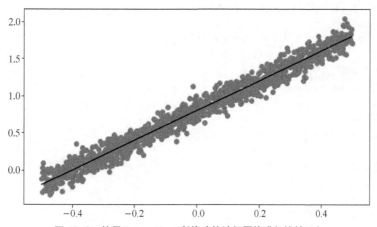

图 16-8　使用 TensorFlow 所构建的神经网络进行线性回归

如果我们在神经网络中采用了非线性的输出函数，那么这些网络同样可以学习非线性的函数。代码清单 16-4 使用了 tanh 函数，拟合了函数 $y = x^2$。

代码清单 16-4　神经网络实现非线性回归

```
# 兼容 TensorFlow 1.0 的代码
```

```
import tensorflow.compat.v1 as tf
tf.disable_v2_behavior()

import numpy as np
import matplotlib.pyplot as plt
%matplotlib inline

# 设置随机产生样本的数量
num_samples = 1000

# 生成分布在-0.5 到 0.5 之间的 1000 个点
X = np.linspace(-0.5, 0.5, 1000)[:, np.newaxis]
# 添加噪声，让数据更具有随机性
noise = np.random.normal(0, 0.05, X.shape)
Y = X * X + noise

# 可视化产生的样本点
plt.figure(figsize=(8, 4.5))
plt.scatter(X, Y)

# 定义两个占位符
x = tf.placeholder(tf.float32, [None, 1])  # 形状为 n 行 1 列，同 x_data 的 shape
y = tf.placeholder(tf.float32, [None, 1])

# 构建神经网络，3 个中间层分别有 2、2、3 个神经元
# 第一个中间层
W_l1 = tf.Variable(tf.random_normal([1, 2]))
B_l1 = tf.Variable(tf.zeros([1, 2]))
# 输出进行了非线性的变换
Y_l1 = tf.nn.tanh(tf.matmul(x, W_l1) + B_l1)

# 第二个中间层
W_l2 = tf.Variable(tf.random_normal([2, 2]))
B_l2 = tf.Variable(tf.zeros([1, 2]))
# 输出进行了非线性的变换
Y_l2 = tf.nn.tanh(tf.matmul(Y_l1, W_l2) + B_l2)

# 第三个中间层
W_l3 = tf.Variable(tf.random_normal([2, 3]))
B_l3 = tf.Variable(tf.zeros([1, 3]))
# 输出进行了非线性的变换
Y_l3 = tf.nn.tanh(tf.matmul(Y_l2, W_l3) + B_l3)

# 最终输出层
W_l4 = tf.Variable(tf.random_normal([3, 1]))
B_l4 = tf.Variable(tf.zeros([1, 1]))
```

```
# 输出进行了非线性的变换
Y_l4 = tf.nn.tanh(tf.matmul(Y_l3, W_l4) + B_l4)

# 定义损失函数
loss = tf.reduce_mean(tf.square(Y - Y_l4))

# 设置迭代次数和学习率
iteration_cnt = 1000
learning_rate = 0.05

# 通过梯度下降，最小化损失函数
optimizer = tf.train.GradientDescentOptimizer(learning_rate)
train_step = optimizer.minimize(loss)

# 初始化全局变量
init = tf.global_variables_initializer()

# 定义会话
with tf.Session() as sess:
    sess.run(init)
    for _ in range(iteration_cnt):
        sess.run(train_step, feed_dict={x:X, y:Y})

    # 获取预测值
    predict = sess.run(Y_l4, feed_dict={x:X})

# 展示最终拟合出来的曲线
plt.plot(X, predict, c = 'black')
```

学习的结果如图 16-9 所示。

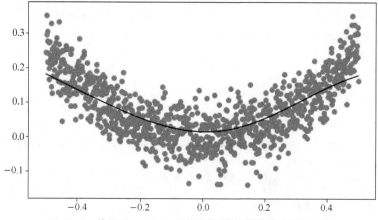

图 16-9 使用 TensorFlow 所构建的神经网络拟合非线性函数

16.3　Word2Vec

　　神经网络还有很多其他的应用，包括 Word2Vec。之前我们介绍了 LSI 如何使用 SVD 来进行向量维度的降低，以及语义的挖掘。本节我们来介绍另一种非常主流的方法：基于神经网络的 Word2Vec。这个方法顾名思义，是要将词（Word）转换成向量（Vec）。从具体的实现上来细分，又可以分为 Skip-Gram 和 CBOW，这两者有相似之处也有不同之处。相同之处是，Skip-Gram 和 CBOW 都会指定某个中心词，然后考查中心词前后各若干词，也就是中心词的上下文。这些方法的基本假设是 Harris 于 1954 年提出的分布假设（distributed hypothesis）：如果两个中心词具有很相似的上下文，那么这两个词就有较强的语义关系。例如，我们有两句话"we do not want to buy this product"和"we want to purchase this product"，中心词"buy"和"purchase"的上下文非常相似，所以认为两者有语义关联。如果在不同的语句中，这两个词的上下文都比较相似，那么两者的关联性就更强。另一个相同之处在于，两者都通过神经网络来学习词向量。不同之处在于，Skip-Gram 所构建的神经网络的输入层是中心词的向量，而最终的输出层是上下文词的向量，Skip-Gram 形象地表示了从中心词出发，如何预测跳出若干步的词。而 CBOW（continuous bag-of-words）构建的神经网络则恰恰相反，输入层是上下文词的向量，而最终的输出层是中心词的向量，continuous bag-of-words 形象地表示了如何通过临近若干词所组成的词袋来预测中心词。

　　先来详细讲解一下 Skip-Gram，以"we want to purchase this product"这句话为例，图 16-10 展示了 Skip-Gram 的基本思想：

　　在这个例子中，我们设置中心词 w_t 为"purchase"，跳跃窗口的大小为 2，也就是考虑 purchase 前后各 2 个词，我们要让 $P(w_{t-2}|w_t)$、$P(w_{t-1}|w_t)$、$P(w_{t+1}|w_t)$ 和 $P(w_{t+2}|w_t)$ 这几个概率最大化。所以对应的训练样本为：

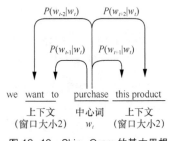

图 16-10　Skip-Gram 的基本思想

（purchase, want）

（purchase, to）

（purchase, this）

（purchase, product）

　　假设采样独热编码之后，purchase 这个词的向量为[0, 0, 0, 1, 0, 0]，其他词也做相应编码，那么训练样本变为如下这个样子：

（[0,0,0,1,0,0]，[0,1,0,0,0,0]）

（[0,0,0,1,0,0]，[0,0,1,0,0,0]）

（[0,0,0,1,0,0]，[0,0,0,0,1,0]）

$([0,0,0,1,0,0]，[0,0,0,0,0,1])$

其中，训练样本的第一部分为输入，第二部分为输出，例如，对$([0,0,0,1,0,0]，[0,1,0,0,0,0])$而言，输入是$[0,0,0,1,0,0]$，输出是$[0,1,0,0,0,0]$。我们需要一种词嵌入的方式，可以将输入$[0,0,0,1,0,0]$转换为输出$[0,1,0,0,0,0]$。Word2Vec 的方法基本都是使用神经网络的方式来进行训练，然后使用训练后的中间隐藏层来作为词嵌入的权重矩阵。具体的神经网络构建方式有很多种，而图 16-11 展示了 Skip-Gram 模型常采用的神经网络基本结构。

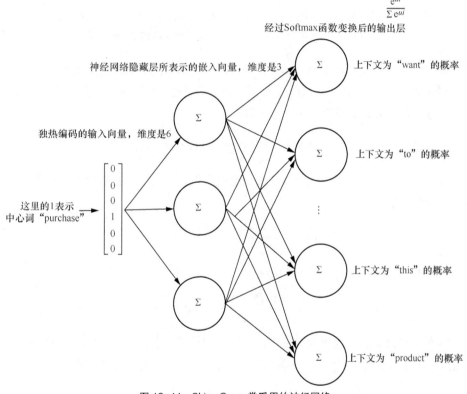

图 16-11　Skip-Gram 常采用的神经网络

图 16-11 从左往右依次是输入层、神经网络隐藏层，以及基于 Softmax 函数的输出层。输入层是基于独热编码的 6 维输入向量，而隐藏层是词嵌入的向量，维度应该远远低于原始的独热编码向量，这里为 3 维。最后的输出层使用了 Softmax 函数：

$$f(u_i) = \frac{\mathrm{e}^{u_i}}{\sum \mathrm{e}^{u_i}} = \frac{exp(u_i)}{\sum exp(u_i)}$$

这样可以保证各个上下文词出现的概率都为正数，而且它们的和为 1。当然，我们这里的例子非常简单，维度非常低，数据量非常少，无法训练出有意义的结果。但是想象一下，如果我们有一个很庞大的文档集合，那么效果就会相当不同了。对于大的数据集，原始的独热编码维度可能达到数万，而神经网络的中间隐藏层可能只有数百，那么就达到了降维并且挖掘词之间语义的效果。说到这里，你可能会好奇，为什么要构建这样一个神经网络来学习？为什么隐藏层的学习结果就是嵌入后的词向量？我们下面从公式的角度出发，进行推导和验证。对于给定的中心词，我们要预测前后上下文的词，那么目标函数可以设定为：

$$J(\theta) = \prod_{t=1}^{V} \prod_{-m \leqslant j \leqslant m, j \neq 0} P(w_{t+j} \mid w_t; \theta)$$

其中 V 表示整个词条集合，t 表示某个中心词，m 表示跳跃窗口的大小，θ 表示模型的超参数。所以 $\prod_{-m \leqslant j \leqslant m, j \neq 0} P(w_{t+j} \mid w_t; \theta)$ 表示对某个词条 w_t 来说，跳跃窗口内词条出现的概率，而整个公式表示对于所有词条，相应跳跃窗口内词条出现的概率。那么接下来就是要最大化这个概率。对这种乘积的常规变换处理是，取对数 log 然后再取负数，这样的变换将一系列求积变成了求和，便于之后的求导等运算，这里以 e 为底求对数：

$$-\ln J(\theta) = -\sum_{t=1}^{V} \sum_{-m \leqslant j \leqslant m, j \neq 0} \ln P(w_{t+j} \mid w_t)$$

随着词嵌入向量 v_c 的变换，这个 log 值也会发生变化。为了求它的极值，要让上述公式的导数为 0，针对变量 v_c 求偏导：

$$\frac{\partial J(\theta)}{\partial v_c} = -\sum_{t=1}^{V} \sum_{-m \leqslant j \leqslant m, j \neq 0} \frac{\partial \ln P(w_{t+j} \mid w_t)}{\partial v_c}$$

要让上述偏导为 0，也就是要求下式成立：

$$\frac{\partial \ln P(w_{t+j} \mid w_t)}{\partial v_t} = 0$$

接下来的问题就是，如何确定 $P(w_{t+j} \mid w_t)$？我们将某个上下文词 c 的嵌入向量 u_c（隐藏层中的向量）和中心词的原始向量 v_t 相乘，然后经过 Softmax 函数的变换，那么这个值就是：

$$P(w_{t+j} \mid w_t) = \frac{exp(u_{t+j}^{\mathrm{T}} v_t)}{\sum_{i=1}^{V} exp(u_i^{\mathrm{T}} v_t)}$$

这里之所以使用两个向量点乘，是因为我们假设两个词条如果语义相近，那么它们的向量也应该有较高的相似度，点乘后的值较高。如果某个词 w_{t+1} 和 w_t 的相似度远远高于其他词和 w_t 的相似度，那么根据上述公式计算得出的 $P(w_{t+1} \mid w_t)$ 就会高于其他概率例如 $P(w_{t+2} \mid w_t)$ 或 $P(w_{t-1} \mid w_t)$。确定了如何使用 Softmax 函数表示 $P(w_{t+j} \mid w_t)$ 之后，将其代入 $\frac{\partial \ln P(w_{t+j} \mid w_t)}{\partial v_t} = 0$，得到：

$$\frac{\partial \ln \dfrac{exp(u_{t+j}^{\mathrm{T}} v_t)}{\sum_{i=1}^{V} exp(u_i^{\mathrm{T}} v_t)}}{\partial v_t} = 0$$

进一步推导

$$\frac{\partial \left(\ln exp(u_{t+j}^{\mathrm{T}} v_t) - \ln \sum_{i=1}^{V} exp(u_i^{\mathrm{T}} v_t) \right)}{\partial v_t} = 0$$

$$\frac{\partial \ln exp(u_{t+j}^{\mathrm{T}} v_t)}{\partial v_t} - \frac{\partial \ln \sum_{i=1}^{V} exp(u_i^{\mathrm{T}} v_t)}{\partial v_t} = 0$$

$$\frac{\partial u_{t+j}^{\mathrm{T}} v_t}{\partial v_t} - \frac{\partial \ln \sum_{i=1}^{V} exp(u_i^{\mathrm{T}} v_t)}{\partial v_t} = 0$$

利用 $\dfrac{\partial \boldsymbol{A}^{\mathrm{T}} \boldsymbol{X}}{\partial \boldsymbol{X}} = \boldsymbol{A}$ 得到:

$$u_{t+j} - \frac{\partial \ln \sum_{i=1}^{V} exp(u_i^{\mathrm{T}} v_t)}{\partial v_t} = 0$$

减号右侧的求导 $\dfrac{\partial \ln \sum_{i=1}^{V} exp(u_i^{\mathrm{T}} v_t)}{\partial v_t}$ 略微复杂一点，需要用到求导的链式法则，我们分步来看。

首先是利用 $\dfrac{\partial \ln x}{\partial x} = \dfrac{1}{x}$ ，得到:

$$u_{t+j} - \frac{1}{\sum_{i=1}^{V} exp(u_i^{\mathrm{T}} v_t)} \frac{\partial \sum_{k=1}^{V} exp(u_k^{\mathrm{T}} v_t)}{\partial v_t} = 0$$

$$u_{t+j} - \frac{1}{\sum_{i=1}^{V} exp(u_i^{\mathrm{T}} v_t)} \sum_{k=1}^{V} \frac{\partial exp(u_k^{\mathrm{T}} v_t)}{\partial v_t} = 0$$

再利用 $\dfrac{\partial \mathrm{e}^x}{\partial x} = x$ ，得到:

$$u_{t+j} - \frac{1}{\sum_{i=1}^{V} exp(u_i^{\mathrm{T}} v_t)} \sum_{k=1}^{V} exp(u_k^{\mathrm{T}} v_t) \frac{\partial u_k^{\mathrm{T}} v_t}{\partial v_t} = 0$$

$$u_{t+j} - \frac{1}{\sum_{i=1}^{V} exp(u_i^{\mathrm{T}} v_t)} \sum_{k=1}^{V} exp(u_k^{\mathrm{T}} v_t) u_k = 0$$

$$u_{t+j} - \left(\sum_{k=1}^{V} \frac{exp(u_k^{\mathrm{T}} v_t)}{\sum_{i=1}^{V} exp(u_i^{\mathrm{T}} v_t)} \right) u_k = 0$$

其中，$\dfrac{exp(u_k^{\mathrm{T}}v_t)}{\sum_{i=1}^{V}exp(u_i^{\mathrm{T}}v_t)}$ 正好就是 $P(w_{t+k}\mid w_t)$，所以上式重写为：

$$u_{t+j} - \sum_{k=1}^{V}P(w_{t+k}\mid w_t)u_k = 0$$

$$u_{t+j} = \sum_{k=1}^{V}P(w_{t+k}\mid w_t)u_k$$

之前介绍的神经网络中的反向传播训练过程正好和上式一致，所以这就是可以用神经网络来实现 Skip-Gram 模型的原因。如果读者对神经网络的算法还不熟悉，可以参考前面相关章节的详细介绍。说完了 Skip-Gram，再来讲解一下 CBOW 模型，同样以"we want to purchase this product"这句话为例，图 16-12 展示了 CBOW 的基本思想。

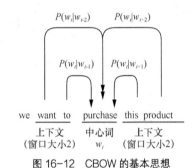

图 16-12　CBOW 的基本思想

从图 16-12 可看到，CBOW 和 Skip-Gram 正好相反，它希望通过上下文来预测中心词。在这个例子中，我们设置中心词 w_t 为"purchase"，跳跃窗口的大小为 2，也就是考虑 purchase 前后各 2 个词，我们要让 $P(w_t\mid w_{t-2})$、$P(w_t\mid w_{t-1})$、$P(w_t\mid w_{t+1})$ 和 $P(w_t\mid w_{t+2})$ 这几个概率最大化。所以对应的训练样本为：

(want, purchase)

(to, purchase)

(this, purchase)

(product, purchase)

采样独热编码之后，训练样本变为如下这个样子：

$([0,1,0,0,0,0],\ [0,0,0,1,0,0])$

$([0,0,1,0,0,0],\ [0,0,0,1,0,0])$

$([0,0,0,0,1,0],\ [0,0,0,1,0,0])$

$([0,0,0,0,0,1],\ [0,0,0,1,0,0])$

类似地，CBOW 模型常采用图 16-13 的神经网络基本结构。

如果读者有兴趣，可以模仿 Skip-Gram 模型的公式，自行推导 CBOW 的求解公式。

这里小结一下，Word2Vec 和 LSA 都属于词嵌入的方式，都是无监督学习。它们和 WordNet 不同，无须人工对字典的过多干预和设计，只需要海量的文档集合。与 LSA 相比，Word2Vec 对数据规模的要求更高，但是往往效果更好。

我们将使用 Python 中的 gensim 库来体验 Word2Vec。首先，如果本机没有这个包，使用如下命令安装：

```
pip3 install gensim
```

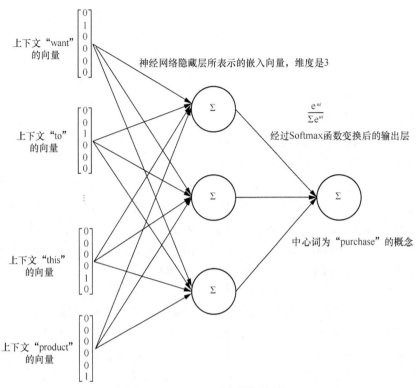

图 16-13 CBOW 采用的神经网络

安装之后，通过代码清单 16-5，使用 Reuters 数据集训练一个 Word2Vec 的模型。

代码清单 16-5 Word2Vec 的使用

```
from nltk.corpus import reuters
from gensim.models import Word2Vec

# 从 Reuters 数据集读取数据
file_ids = reuters.fileids()
sents_segmented = []
for file_id in file_ids:
    # 进行简单的句子切分
    sents = reuters.raw(file_id).lower().replace('\n', ' ').split('. ')
    sent_segmented = []
    for sent in sents:
        # 进行简单的词切分
        words = sent.split(' ')
        sent_segmented.append(words)
    # 将完成词切分后的句子记录下来
```

```
    sents_segmented.extend(sent_segmented)

# 创建 Word2Vec 模型，size 指定了词嵌入向量的维数（默认值 100），window 指定了跳跃窗口的
# 大小（上下文词的数量，默认值 5），sg=1 指定了算法是 Skip-Gram，如果 sg=0 则是 CBOW
model = Word2Vec(sents_segmented, min_count = 1, size = 50, workers = 3, window =
3, sg = 1)

print('和词 china 最近似的 5 个词')
print(model.wv.most_similar('china')[:5])
print()
print('词 china 和词 computer 之间的相似度')
print(model.similarity('china', 'computer'))
```

这段代码中，最为关键的部分是创建 Word2Vec 的模型，其中主要的参数包括 size、window 和 sg。参数 size 指定了词嵌入向量的维数，window 指定了跳跃窗口的大小，以词数量计，而 sg 表示使用 Skip-Gram 还是 CBOW。示例代码使用了 Skip-Gram 模型，并且设置了比默认值更小的 size 和 window，目的是为了加速模型的训练，你也可以尝试不同的参数值来看看最终效果有何不同。代码的输出主要是两部分，第一部分是和词"china"最相似的若干词，一般都是一些国家，而且多半是亚洲国家。第二部分是词"china"和"computer"的相似度，可以看出这两个词的相似度小于 0.5，远远低于"china"和其他表示国家的词的相似度，这就体现了词嵌入向量的作用：如果两个词的语义相关度越高，那么两者向量间的相似度就越高。下面以我本机的一次实验结果为例，供你参考。请注意，你看到的结果可能和下面的内容有所不同，这是因为在训练神经网络的时候，初始权重和迭代过程都有一定的随机性，但是并不影响刚刚提到的结论。

```
和词 china 最近似的 5 个词
[('indonesia', 0.865297257900238), ('thailand', 0.8526462316513062), ('india',
0.8503623008728027), ('colombia', 0.8499025702476501), ('bangladesh',
0.8498883247375488)]

词 china 和词 computer 的相似度
0.48874706
```

后记

很高兴你能坚持将本书读完。我知道要理解其中所有的细节，确实不是件容易的事情。其实对我而言，完成本书的写作也不是件容易的事情。

大家都知道数学和编程是紧密相关的，但是涉及具体的知识点的时候，就感觉没有那么相关了。对于数学和编程之间的关系，每个人都有自己的理解。我很清楚，对程序员来说，如果无法厘清这两者的关系，就很难写出一本非常实用的数学书。因此，在本书的写作过程中，我反复地问自己："数学和编程究竟是什么关系？如何把这种关系的本质通过文字和代码表达出来？"

我通过不断的思考以及与编辑的讨论，慢慢发现，多数人对这两者关系不清楚的主要原因是，从数学的知识体系出发，一直到具体的编程应用，这整个过程是一个很长的链条。而要把编程领域中的数学讲清楚，我们至少要经历"数学概念-数学模型-数据结构-基础算法/机器学习算法-编码实现"这几个关键步骤。具体来说，首先要充分理解数学概念；然后是构建数学模型，在这些基础之上，我们才能把它们转换成编程领域中对应的数据结构和算法；最终才能付诸于编码实现。

经过这些深度思考，我终于搞明白了本书最终所要传达的信息。在这个基础之上，我每天阅读参考资料、编程实践、写稿校对。加班加点到深夜，对我来说已然是家常便饭了。也正是因此，在撰写本书的过程中，我也收获颇丰。总的来说，这几个月的创作充满了艰辛，但是也使我产生了成就感。如果本书能够帮助你收获知识，以及提升知识之外的一些对数学的认知，那么这就是本书的最大意义和价值。

最后，感谢人民邮电出版社和极客时间给了我一个机会，能够重新梳理自己这么多年的学习心得和工作经验，更要感谢购买本书的各位读者，希望你们能不断给我反馈和意见。本书的讲述虽然到此结束了，但是学习应该是持续性的，祝福各位读者在工作、生活中都能取得不断的进步！